# 白光发光二极管制作技术
## ——由芯片至封装

## （原著第二版）

刘如熹　主编

方志烈　审定

化学工业出版社

本书由中国台湾、香港地区以及日本等众多研发专家撰写，内容丰富、通俗易懂，涵盖发光二极管沉积与金属电极制作技术、封装材料(含荧光粉、胶材与散热衬底)及应用白光 LED 等相关知识。主要内容包括氮化物发光二极管沉积制作技术、高亮度 AlGaInP 四元化合物发光二极管沉积制作技术、发光二极管电极制作技术、紫外光及蓝光发光二极管激发的荧光粉介绍、氮及氮氧化物荧光粉制作技术、发光二极管封装材料介绍及趋势探讨、发光二极管封装衬底及散热技术、白光发光二极管封装与应用、高功率发光二极管封装技术及应用。

本书可供 LED 工程技术人员、大学高年级学生、LED 制造与照明设计的相关人员阅读使用。

## 图书在版编目（CIP）数据

白光发光二极管制作技术：由芯片至封装/刘如熹
主编. —北京：化学工业出版社，2014.7
　ISBN 978-7-122-20536-0

　Ⅰ．①白… Ⅱ．①刘…Ⅲ．①发光二极管—制作
Ⅳ．①TN383

中国版本图书馆 CIP 数据核字（2014）第 083998 号

白光发光二极体制作技术——由晶粒金属化至封装，第二版
作者：刘如熹、许育宝、徐大正、丁逸圣、林群哲、解荣军、广崎尚登、黄振东、陈海英、肖国伟、苏宏元
ISBN 978-957-21-8707-4
本书中文简体字版由台湾全华图书股份有限公司独家授权，仅限于中国大陆地区出版发行，不含香港、澳门、台湾地区。

　北京市版权局著作权合同登记号：01-2014-2342

责任编辑：吴　刚　　　　　　　　文字编辑：孙凤英
责任校对：边　涛　　　　　　　　装帧设计：全华科友

出版发行：化学工业出版社（北京市东城区青年湖南街 13 号　邮政编码 100011）
印　　刷：北京永鑫印刷有限责任公司
装　　订：三河市宇新装订厂
710mm×1000mm 1/16　印张 19¾　字数 309 千字　　2015 年 1 月北京第 1 版第 1 次印刷

购书咨询：010-64518888（传真：010-64519686）　售后服务：010-64518899
网　　址：http://www.cip.com.cn

凡购买本书，如有缺损质量问题，本社销售中心负责调换。

定　　价：120.00 元

# 推　荐　序

Haitz 等人于 20 世纪末提出半导体将在照明领域完成继电子学之后的又一次革命，即半导体照明革命。

发光二极管的发明者 Holonyak 在 2000 年以"发光二极管是灯的最终形式吗？"为题发表文章，在作了详细的理论分析后，得出的结论是"原则上发光二极管是灯的最终形式，实际上也是如此，它的发展确实能够将所有功率和颜色都实现，了解这一点极为重要"。目前所有颜色的高亮度发光二极管都能生产，白光发光二极管的发光效率提高了二十多倍，实验室水平达到 276 lm/W，生产的最高水平达到 200 lm/W。实现半导体照明革命可以节省电费 1000 亿美元，节省相应的照明灯具 1000 亿美元，还可免去超过 125GW 的发电容量，节省开支 500 亿美元，合计节省 2500 亿美元，并可减少二氧化碳、二氧化硫等污染废气排放 3.5 亿吨。

我国自 2003 年启动国家半导体照明工程以来，经过十年的努力，年产值已达 2576 亿元，初具规模并形成了完整的产业链。涌现了一批年销量近亿元的企业和数家近 10 亿元的企业，涉及半导体照明的上市公司已有 70 余家。MOCVD 关键生产设备已有 1090 台，芯片国产化率达 75%，封装技术接近国际水平，照明等应用技术具有一定优势。全系列 LED 取代灯进入国内外市场，灯具发光效率达 80~120 lm/W。我国已成为全球 LED 封装和应用产品重要的生产和出口基地。

未来的五年，半导体照明产品将开始进入商用市场的成熟期和家用市场的黄金期，LED 照明产品的市场渗透率有望超过 85%。

发光二极管研发和生产都需要技术的引领，广大技术人员迫切需要了解和加深学习专业知识。中国台湾地区的 LED 产业无论是在研发还是生产方面，都积累了许多先进的宝贵经验。我们感谢化学工业出版社组织出版本书，将中国台湾地区的成功经验介绍给广大工程技术人员。这对促进海峡两岸携手合作，推动这项节能环保的新兴科技和产业，对世界人类作出贡献，做了一件大好事。

本书由中国台湾、香港地区以及日本的众多研发专家合力撰写，包括外延技术、芯片制造、封装材料、封装技术及白光 LED 应用等相关内容。比较已出版的同类书籍，本书对荧光粉、胶材、衬底材料以及散热技术的论述尤为深入，相信从事半导体照明研发和生产的技术人员均可从中得到教益。

复旦大学

方志烈

# 前　言

近年来，由于全球气候变暖，使得自然环境与人类生活均饱受威胁。与民生相关的电、汽油、天然气等能源的价格全面上涨。为降低温室效应，联合国制定了《京都议定书》，其中限制了各国温室气体的排放量，提倡"全民减排与节能"运动。

发光二极管（light emitting diode, LED）为中国台湾光电产业中最具竞争力的产品之一，台湾的光电产业发展至今所构建最完整的项目也首推 LED，由上游的外延片、中游的芯片至下游的封装，均有企业投入。台湾目前已成为全球可见光 LED 下游封装产品最大的供应中心，高亮度 LED 也已进入世界排名，全球竞争力大幅提升。目前，中国台湾的发光二极管产业仅次于日本、美国，排名世界第三。中国台湾 LED 中下游的芯片切割、封装和应用产业结构完整，上游外延片的研发及生产也在快速成长中，台湾地区具有成为全球第一大 LED 生产地的实力。

LED 依制作流程可分为上游、中游、下游与应用四步，上游为衬底单晶片与外延片的制造，中游为芯片，下游为 LED 产品的封装，应用层面是将 LED 产品运用于显示广告牌、指示灯或照明灯等产品上。中国台湾的企业初期由 LED 下游封装起家，逐步发展至中游的芯片，近几年更切入上游外延片的制造。

早期蓝光发光二极管受限于制作流程并无重大突破，直至 1994 年，日亚化学 Nakamura 等人成功生长出蓝光发光二极管，并搭配黄色铈掺杂的钇铝石榴石(cerium doped yttrium aluminum garnet, YAG:Ce)，从而成功发展了白光LED。其可应用于未来的照明领域，被视为自 1879 年爱迪生发明电灯泡以来，人类照明方式的另一次革命。

本书由中国台湾、香港地区及日本的众多研发专家撰写，包含沉积与金属电极制作技术、封装材料(含荧光粉、胶材与散热衬底)及应用白光 LED 等相关知识。本书得以付梓，诚挚感谢所有作者于百忙之中戮力完成，并感谢晶元光电王健源博士协助联络。希望借由本书能使初学者得以了解白光 LED 制作技术与应用的全貌。

台湾大学化学系

刘如熹

# 目　录

# 第 4 章　紫外线及蓝光发光二极管激发的荧光粉介绍

# 第 5 章　氮及氮氧化物荧光粉制作技术

# 第 6 章　发光二极管封装材料介绍及趋势探讨

# 第7章　发光二极管封装衬底及散热技术

# 第 8 章　白光发光二极管封装与应用

# 第9章　高功率发光二极管封装技术及应用

# 第 1 章

# 氮化物发光二极管沉积制作技术

## 1.1 引言

自 1962 年至今，发光二极管已广泛用于各种电器产品的显示应用上。因发光二极管的亮度不断地提升，加上蓝、绿光与紫外线发光二极管研发成功，使发光二极管的应用层面愈来愈广，带来无限的商机。发光二极管主要应用于车用市场，大、中、小尺寸液晶面板背光源和照明设备等三大领域。其中，氮化物（GaN-based）系列具有宽直接带隙（direct band gap），波长可从紫外线至红外线，涵盖整个可见光区（图 1-1），但是由于缺乏适合的衬底，很难生长出高质量的氮化物薄膜。直到 1971 年 Pankove[1]实验室第一个制造出氮化物系列的发光二极管。然而，由于一直无法找到晶格常数匹配的衬底和无法得到高质量的 P 型氮化镓，使得在1984 年之前氮化物系列的发光二极管研究无法有所突破。1986 年 Amano[2]研究团队以金属有机物化学气相沉积法，于低温外延生长一层薄的氮化铝缓冲层以减少缺陷密度，再于高温生长氮化镓层。利用此方法可以得到像镜面的薄膜。1989 年Amano[4]研究团队首先利用低能量电子束（low-energy electron-beam irradiation，LEEBI）照射掺杂 Mg 的氮化镓得到 P 型氮化镓，利用此技术可使掺杂浓度达约$10^{17}$ cm$^{-3}$和电阻率约 12 Ω·cm。1991 年日亚公司中村修二（Nakamura）[3]改用低温的氮化镓缓冲层，也可得到高质量且像镜面的薄膜。Nakamura[5]研究团队发现只要利用在高温和氮气的环境中，即可得低阻值的 P 型氮化镓，至此如何得到 P型氮化镓的问题也获得解决。如图 1-2 所示，自从 1994 年 Nakamura 研制出高亮度蓝光 LED 之后，氮化物近二十年发展迅速，日本日亚公司在 2006 年已经研制出亮度为 133 lm/W 的发光二极管，在 2008 年更将其亮度推到 249 lm/W，因此本文着重于对氮化镓系列材料研究做系统性的介绍。

目前主要有三种方式生长氮化物系列材料：氢化物气相外延法（hydride vapor-phase epitaxy，HVPE）、分子束外延法（molecular-beam epitaxy，MBE）和金属有机物化学气相沉积法（metalorganic chemical vapor deposition，MOCVD）。在业界最主要的方式是 MOCVD 外延生长高质量的氮化物系列材料，其中采用的ⅢA 族有机金属包括：三甲基镓（trimethyl-gallium，TMGa）、三甲基铝（trimethyl-aluminum，TMAl）、三甲基铟（trimethyl-indium，TMIn）和三乙基镓（triethyl-gallium，TEGa）。另外，ⅤA 族及掺杂物分别通入氨气（NH$_3$）提供氮

原子而硅烷（SiH₄）、二茂镁（CP₂Mg）则提供 N 型氮化镓和 P 型氮化镓的掺杂剂，所以本文特别叙述此种沉积法。

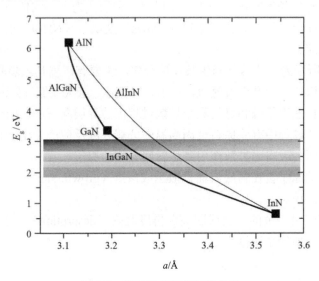

**图 1-1　带隙与晶格常数的关系**

（1Å=10⁻¹⁰m，后同）

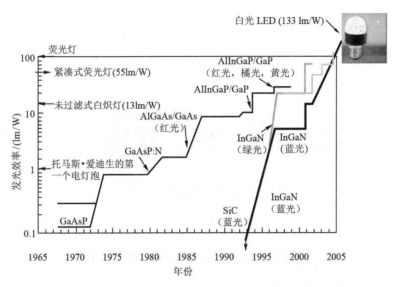

**图 1-2　发光二极管的进展**（数据源：UCSB, Nakamura 实验室）

## 1.2 MOCVD 的化学反应

MOCVD 在生长氮化镓过程中，是以氮气和氢气为承载气体将反应原料带进反应腔，氮化镓反应原料为三甲基镓（TMGa）及氨气（$NH_3$），借以在高温环境下进行化学反应。

如图 1-3 所示为氮化镓外延生长反应程序，主要有下列几项步骤。

①将反应原料三甲基镓及氨气，利用承载气体（氢气或氮气）带至反应腔中。

②反应原料三甲基镓和氨气利用扩散过程由边界层向衬底表面输送。

③在扩散的过程中有些原料会因高温热分解或因反应产生副产物。

④衬底表面会吸附因扩散作用到达衬底表面的原子。

⑤被吸附的原子会在衬底表面扩散至成核点（growth site），参与表面化学反应，形成薄膜沉积。

⑥在衬底表面多余的产物或因高温再度脱附（desorption），通过传输边界层进入主气流，由抽气系统排出。

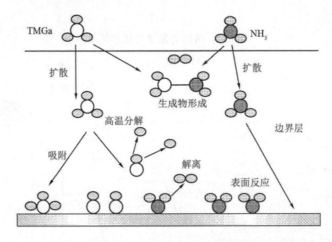

图 1-3 氮化镓外延生长反应程序[6]

基本金属有机物化学气相沉积的化学反应式可由式（1-1）表示：

$$Ga(CH_3)_{3(v)} + NH_{3(v)} \longrightarrow GaN_{(s)} + 3CH_{4(v)} \tag{1-1}$$

式中，v 代表气相；s 代表固相。

事实上，详细的化学反应目前仍然未知。DenBaar[6]在 1986 年发表可能的反应方程式包含 TMGa 的分解：

$$Ga(CH_3)_{3(v)} \longrightarrow Ga(CH_3)_{2(v)} + CH_{3(v)} \tag{1-2}$$

$$Ga(CH_3)_{2(v)} \longrightarrow Ga(CH_3)_{(v)} + CH_{3(v)} \tag{1-3}$$

$$Ga(CH_3)_{(v)} \longrightarrow CH_{3(v)} + Ga_{(v)} \tag{1-4}$$

另外ⅤA族的来源（氨气）被认为在高温生长的环境下，氨气在氮化镓表面和腔体表面分解，提供氮原子或含有氮的原子团，

$$NH_{3(s/v)} \longrightarrow NH_{(3-x)(s/v)} + xH_{(s/v)} \tag{1-5}$$

因此最后可以将氮化镓的反应生长机制，用下列反应式来表示

$$GaCH_{3(s/v)} + NH_{(s/v)} \longrightarrow GaN_{(s)} + CH_4 \tag{1-6}$$

 # 1.3　衬底

一个良好的衬底必须具备以下的特性，晶格常数、热膨胀系数和外延生长的薄膜必须有很好的匹配且能大尺寸和大量生产，然而，大尺寸及质量良好的氮化镓衬底目前并没有办法大量制造，所以大部分研究氮化镓薄膜的人员都使之生长在蓝宝石或碳化硅衬底上。

## 1.3.1　蓝宝石（$Al_2O_3$）

对于氮化物系列外延生长最常使用的是 $c$ 面蓝宝石（0001）衬底。蓝宝石主要的特性是透明并在高温下很稳定，适合氮化物系列的外延生长。如图 1-4 所示为氮化镓与 $c$ 面蓝宝石间方位的关系[7]。氮化镓生长在 $c$ 面蓝宝石衬底上，氮化镓薄膜会旋转 30°，如果没有旋转 30°，晶格常数会相差 30%左右，导致更多的位错缺陷。氮化镓薄膜旋转 30°生长和 $c$ 面蓝宝石的晶格常数约有 15%不匹配的情况发生，造成氮化镓沉积质量低劣。部分研究人员认为，氮化镓长在 $c$ 面蓝宝石衬底上会有压电场存在，使得在长波长部分发光效率变得很差，因此建议氮化镓生长在 $r$ 面（$1\bar{1}02$）蓝宝石上面，减少压电场效应，不过此部分的研究目前并没有重大的进展。另外，由于蓝宝石不导电，所以 P 电极和 N 电极必须制作在芯片同

一面，利用干法刻蚀的方式，刻蚀至 N 型的氮化镓层，使得氮化物发光二极管的制作过程比四元发光二极管复杂。因 P 与 N 电极在芯片同一面，所以氮化物发光二极管有电流分布不均匀的现象，所以要克服此现象，P 与 N 电极的设计变得相当重要。

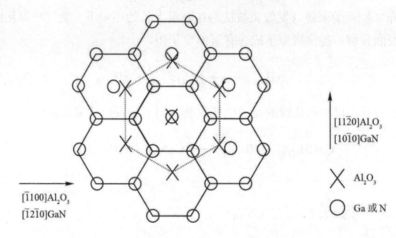

$[11\overline{2}0]Al_2O_3$
$[10\overline{1}0]GaN$

$\times$    $Al_2O_3$

$\bigcirc$    Ga 或 N

$[\overline{1}100]Al_2O_3$
$[\overline{1}2\overline{1}0]GaN$

**图 1-4　氮化镓与 $c$ 面蓝宝石间方位的关系**[7]

## 1.3.2　6H-碳化硅（SiC）

科锐（Cree）公司使用碳化硅衬底来生长氮化物系列材料。碳化硅衬底最主要的优点为导电且晶格常数对氮化铝只有 3.5% 的不匹配现象。因碳化硅衬底是导电材料，芯片的正电极和负电极可制作在不同面，缩小芯片的大小，避免电流过大的现象。

## 1.3.3　硅衬底（Si）

目前，部分研究团队也尝试在硅衬底上生长氮化物系列材料。硅衬底的优点在于可以与硅电子组件整合、散热快、便宜、面积大且硅衬底本身也是导电材料，故可将 P 与 N 电极做在芯片两边，缩小芯片的大小。但是其缺点在于热膨胀系数和晶格常数与氮化镓有很大的不匹配，分别为 56% 与 17%，导致氮化镓外延生长在硅衬底上很容易产生裂痕和缺陷。另一个问题是，镓很容易跟硅产生反应，造成在氮化镓与硅衬底的界面会有孔洞，因此目前生长在硅衬底上，最主要的缓冲层为高温的氮化铝。

## 1.3.4　其他衬底

目前不少研究团队尝试在不同材料的衬底上生长氮化镓，例如砷化镓（GaAs）[8]，$MgAl_2O_4$[9]，$SiO_2$[10]，ZnO[11]，但效果没有蓝宝石衬底和碳化硅衬底好。若需要则应采用氮化镓衬底，但因生长困难且价钱太贵，无法应用于发光二极管工业化生产上。

## 1.4　GaN 材料

在制造半导体器件时，如何控制掺杂物是非常重要的。不同的掺杂物决定了费米能级（Fermi level）的位置，当费米能级靠近导带（conduction band）时，可得到 N 型半导体；相反的，靠近价带（valence band）时，可得到 P 型半导体。一般而言，刚长完且未掺杂的氮化镓薄膜为 N 型氮化镓，使用霍尔效应测量发现其载流子浓度在 $10^{16}$~$10^{17}\,cm^{-3}$ 之间，如此高的载流子浓度，是由氮空位和其他物质（包括氧、硅和氮）的杂质等引起的。

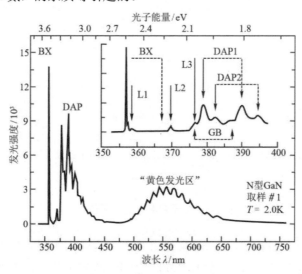

图 1-5　氮化镓薄膜的 PL 光谱[12]

从如图 1-5 所示[12]的光致发光（photoluminescence，PL）发现，氮化镓薄膜于波长 560 nm 上有一波峰，此波峰一般称为黄光区（yellow band），主要可能是由如图 1-6 所示[12]的浅施主（shallow donor）和深受主（deep acceptor）之间的结合产生。一般浅施主由氮空位和其他杂质氧或硅所提供，而深受主主要是由镓空位所提供。

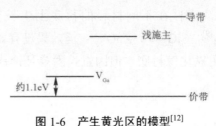

图 1-6  产生黄光区的模型[12]

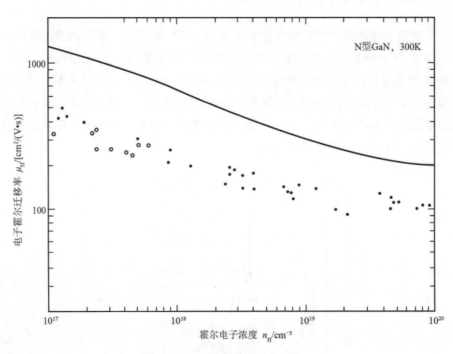

图 1-7  电子浓度与迁移率的关系

在 N 型氮化镓物系列中，最常使用的掺杂是硅。如图 1-7 所示[13]，N 型氮化镓的载流子浓度介于 $10^{17}\sim5\times10^{19}$ cm$^{-3}$ 之间，载流子的迁移率随着载流子浓度增加而降低，降低的最主要原因是杂质散射（impurity scattering）。所谓的杂质散射是带电的载流子经过已经游离的掺杂质（施主或受主）时所引起的，由于库仑力的相互作用，带电载流子的路径会受到偏移，所以杂质散射的概率决定于游离杂质的总浓度。另外，研究发现，利用变温霍尔效应测量分析，可推测出硅掺杂在氮化镓中的活化能（activation energy），在 12~17 meV 之间。因此硅掺杂的氮化镓活化能非常小，几乎 100%会游离。

　　虽然，N 型载流子浓度可达到 $5 \times 10^{19}$ $cm^{-3}$，但是应用在发光二极管之中，N 型氮化镓的载流子浓度控制在 $5 \times 10^{18}$ ~$1 \times 10^{19}$ $cm^{-3}$ 之间，因为当载流子浓度大于 $2 \times 10^{19}$ $cm^{-3}$ 时，在生长大于 2 μm 厚度的氮化镓薄膜中，容易发生薄膜裂痕及表面出现六角形坑的现象，但太低的载流子浓度容易导致发光二极管电压偏高。

## 1.5　P 型 GaN 材料

　　目前，N 型氮化镓使用硅当作掺杂剂，P 型氮化镓使用镁当作掺杂剂。在 1986 年之前，P 型氮化镓一直是实现氮化物发光二极管的瓶颈所在，因为镁很容易与 H 结合成 Mg-H 化合物，所以一般使用 MOCVD 在氢气的环境中生长完的 P 型氮化镓，呈现为高阻值的 P 型氮化镓。要使 Mg 活化以得到较低电阻，Amano[4]和 Nakamura[5]分别使用低能电子束照射（low energy electric beam irradiation, LEEBI）并在高温氮气环境中使其活化。Amano 利用 LEEBI 照射在利用氮化铝缓冲层生长于蓝宝石衬底上的掺杂镁氮化镓层上，发现电阻值下降至 35 Ω·cm，霍尔效应测量得到空穴浓度约 $2 \times 10^{16} cm^{-3}$，空穴迁移率约 8 $cm^2/(V \cdot s)$，其活化率大约只有 $2 \times 10^{-4}$ eV 的镁活化。直到 Nakamura 认为 LEEBI 的处理方式，只是利用热处理的方式分解 Mg-H 化合物，所以他在氮气或真空的环境中利用热处理的方式也可得到 P 型的氮化镓。如图 1-8 所示[14]温度超过 600℃时，电阻率可大幅下降至 10 Ω·cm 以下。如图 1-9 及图 1-10 所示，Gotz[15]同样发现刚生长完的 P 型氮化镓呈现高电阻率（$10^{10}$ Ω·cm）且其活化能为（0.5±0.1）eV，利用快速退火（rapid thermal annealing，RTA）方式在氮气环境下不同温度活化 5min 之后，发现其电阻率和空穴浓度分别随温度升高而降低和升高。温度于 775℃时，镁的活化能大约在 170 meV。Gotz[15]研究发现镁的受主能级（acceptor level）非常大，在价带上方的 0.16 ~ 0.17 eV 之间。在室温环境中，只有 1% ~ 5%的 Mg 原子能被游离。换句话说，所需空穴浓度是 Mg 原子的 100 倍以上。

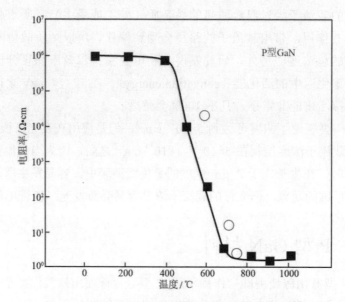

图 1-8　P 型氮化镓电阻率随热处理温度变化的关系

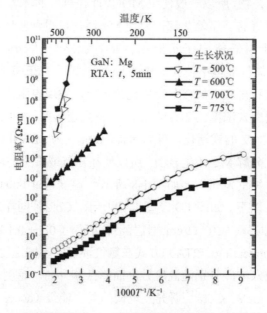

图 1-9　P 型氮化镓活化 5min 电阻率随热处理温度变化的关系[15]

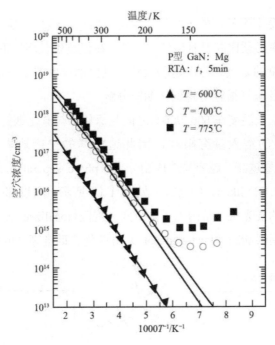

图 1-10　P 型氮化镓空穴浓度随热处理温度变化的关系[15]

另外，利用霍尔效应测量发现一般空穴浓度在 $10^{18}$ cm$^{-3}$ 以下且空穴迁移率在 10 cm$^2$/（V·s）以下，所以如何提高空穴浓度及迁移率是从事研究氮化镓材料的人员需要解决的问题。

## 1.6　氮化铟镓/氮化镓（InGaN/GaN）材料

氮化铟镓的带隙早期为 1.9~3.4 eV，近年来已向下修正为 0.65~3.4 eV，所以氮化铟镓材料的发光光谱可由紫外线到红外线，是一种很具有潜力的材料。然而，生长质量优良的氮化铟镓，目前在蓝、绿光发光二极管生产中是最重要的事且具有相当大的挑战性。主要原因是在高温的环境下，氮化铟镓很容易分解，所以生长温度必须在 600~900℃之间，除温度之外，还有其他因素影响氮化铟镓质量，如生长速率、V/Ⅲ比（VA 族与ⅢA 族元素物质的量之比，余同）和气体环境等。

1994 年，Nakamura[16]强调外延生长速率是决定氮化铟镓材料的重要指标，它表示在不同生长温度下，生长速率决定氮化铟镓薄膜的质量。所以质量良好的氮化铟镓必须在高温下生长，外延生长速率可以较快，但相对地，当生长温度较低时，外延生长速率必须比高温时还低。另外，在低温生长环境下，氨气裂解较少，所以必须提供大量的氨气。除上述因素外，氮化铟镓也需要在氮气的环境中外延生长，否则高温及氢气很容易将氮化铟镓分解。

因氮化铟镓生长温度在 600~900℃之间且氮化镓与氮化铟的晶格常数不同，造成铟在氮化镓中的溶入量有限制，因此造成高的位错缺陷密度（dislocation density）。铟的含量越高，越容易造成相分离（phase separation）现象，以至于产生有类似量子点（QD-liked）的结构，如图 1-11 所示，所以部分研究人员认为，类似量子点结构的发光机制是由电子与空穴被局限（localized）在深陷阱（deep trap）引起的，而这些局限能态（localized state）可能是含铟量高（In-rich）的区域。

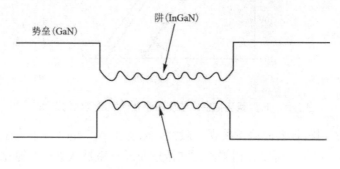

图 1-11　氮化铟镓相分离现象

一般没有压电场效应的量子阱如图 1-12 所示。由于氮化镓和氮化铟的晶格常数不匹配，当铟含量增加时，晶格应力使得压电场（piezoelectric field）增加。在ⅢA 族~ⅤA 族氮化物中，长在 $c$ 面的蓝宝石存在一个极化现象，极化电荷存在于薄膜的两个表面，这些极化电荷在晶体生长方向形成内建电场，此内建电场会对光电特性产生影响。极化现象的产生有两种情况。一种为压电场极化（piezoelectric field polarization）现象，即上述因晶格常数不匹配所产生的应变效应而产生的现象。另一种为自发性极化（spontaneous polarization）现象。而这些极化现象会造成能带弯曲，产生量子束缚斯塔克效应（quantum-confined Stark effect, QCSE），使得有效的能带间隙变小，并造成发光波长红移（red shift）和空间中的电子空穴波函数（wave function）分开，如图 1-13 所示，从而减少发光效率。为减少这种现象，可采取三种方式。一是必须使量子阱的厚度维持在 20~30Å。二是在活性区（active region）加入硅或注入高电流来屏蔽（screening）压电场现象。三是生长无极性（non-polar）的氮化镓薄膜。Nakamura 在 2007 年发现生长在无极性（non-polar）和半极性（semi-polar）衬底上的氮化镓，发光强度大于 20 mW，但是生长在 $r$ 面的蓝宝石衬底上，尚无法得到很好的发光强度，最主要的原因在于有太多的缺陷。

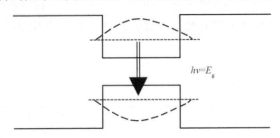

图 1-12　无压电场效应的量子阱能带

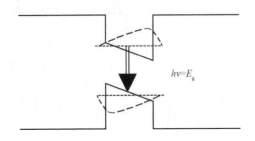

图 1-13　具压电场效应的量子阱，造成空间中的电子空穴波函数分开

因氮化镓与蓝宝石衬底之间的晶格常数不匹配，造成直接生长在蓝宝石衬底上的氮化镓薄膜的位错缺陷密度（dislocation density）非常大，所以需要一层缓冲层。早期，Yoshida[17]研究团队用高温的氮化铝缓冲层，之后 Amano[18]用低温的氮化铝缓冲层也可得到质量较好的氮化镓。到 1991 年，Nakamura[19]用低温的 GaN 缓冲层同样得到了镜面的氮化镓，目前业界大部分都用低温的氮化镓来作缓冲层，也就是一般的二阶段生长。

如图 1-14 所示为标准ⅢA 族~ⅤA 族氮化镓系列反射强度与温度的曲线，通常氮化镓外延生长在蓝宝石上，可分为以下几个阶段。

①利用高温 $H_2$ 处理蓝宝石表面，其主要目的是去除表面污染物。

②之后降温至 540℃，准备生长低温缓冲层。

③在 540℃生长低温缓冲层。

④升至高温，在升温过程中，缓冲层薄膜表面开始有一些变化。

⑤在高温下生长氮化镓薄膜，此时氮化镓薄膜开始生长成三维空间（3D，three-dimension）岛状，氮化镓薄膜表面粗糙，造成干涉强度下降。

⑥3D 岛状的氮化镓薄膜开始侧向成长，慢慢聚结成 2D 氮化镓薄膜，此时干涉强度慢慢往上升。

⑦最后可得到平滑的薄膜表面。

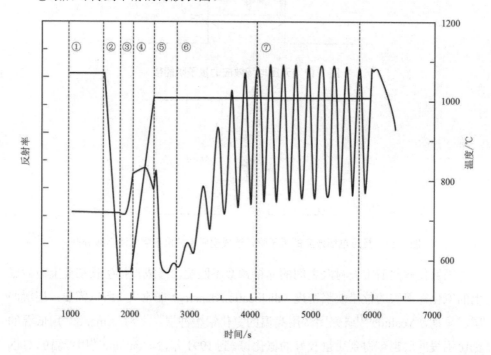

图 1-14　氮化镓生长的反射率

从反射强度图形可另外得到沉积生长速率与生长的情况，进而判断薄膜的质量。虽然可以利用二阶段生长氮化镓材料使位错缺陷密度降低至 $10^8 \sim 10^{10} \text{cm}^{-3}$ 之间，但是位错缺陷密度仍然太高，因为整个发光二极管的发光效率可用下列方程式表示：

$$（1-7）$$

其中内部量子效率主要由发光二极管的结构和发光二极管的质量所决定。因此降低位错缺陷密度对发光二极管是相当重要的，所以下面将介绍几种降低位错缺陷密度的方法。

（1）高压生长（high pressure growth）氮化镓　Fini[20]和 Uchida[21]发现生长完低温氮化镓缓冲层之后，采用高压生长高温氮化镓薄膜，其位错缺陷密度较低。如图 1-15 所示，可发现其主要的机制为当在高压下生长时，其氮化镓成核密度（nucleation density）较低且氮化镓颗粒较大，造成如图 1-16 所示的反射强度下降，即氮化镓表面较粗糙，利用这种高压生长方式，其位错缺陷密度比低压生长高温氮化镓还低。

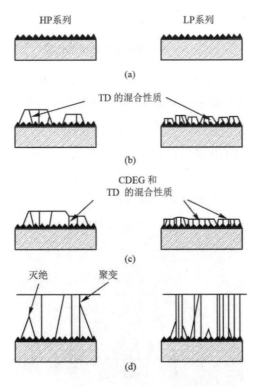

图 1-15　高压与低压沉积生长机制

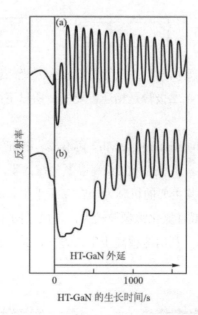

图 1-16　高压与低压反射率的比较

（2）氮化硅中间层（Si$_3$N$_4$ interlayer）　如图 1-17 所示为 TEM 图，Tanaka[22]
和 Bottcher[23]研究团队发现在高温层中间插入 Si$_3$N$_4$ 中间层，可使位错缺陷密度降
低，最主要的机制为当 Si$_3$N$_4$ 中间层生长完之后再生长氮化镓薄膜，从如图 1-18
所示的反射率发现开始生长氮化镓时会以 3D 的形式生长，造成反射率下降，导
致位错缺陷中断生长或往旁边延伸，从而阻止位错缺陷继续往上延伸生长。最后
氮化镓聚集结合，形成表面如镜面般的薄膜。

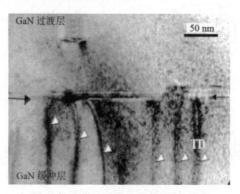

图 1-17　成长 Si$_3$N$_4$ 中间层的 TEM

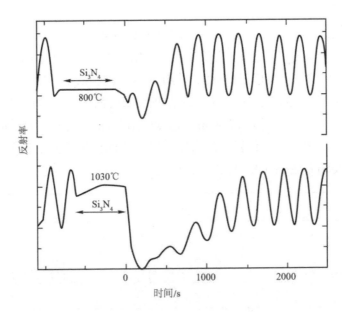

图 1-18　生长 $Si_3N_4$ 中间层的反射率

（3）多层缓冲层（multi-buffer layers）　Iwaya[24]利用多层的缓冲层生长氮化镓薄膜，如图 1-19 所示，生长低温 540℃的氮化镓或氮化铝缓冲层，之后升温至 1050℃生长高温的 1μm 氮化镓薄膜，再降温至 540℃生长另外一层缓冲层。重复做几次循环，发现其位错缺陷密度可降至 $10^7 \sim 10^8 \, cm^{-3}$ 之间。

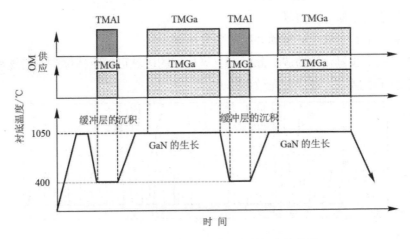

图 1-19　利用多层的缓冲层生长氮化镓薄膜

（4）氮化硅/氮化镓缓冲层（Si$_3$N$_4$/GaN buffer layer） 如图 1-20 所示，Sakai[25]在生长低温氮化镓缓冲层之前，生长低温的氮化硅薄膜，之后再生长 2 μm 的氮化镓层，可将位错缺陷密度降低。Sakai 使用 AFM 发现 Si$_3$N$_4$ 层的生长时间在 50 s 时，表面并没有微小的坑存在，当 Si$_3$N$_4$ 层的生长时间在 125 s 时，表面有很多微小的坑存在。这些坑的大小约在 30 nm，密度约 $10^{10}$ cm$^{-3}$，厚度约在 2 nm。Sakai[25]推断这些微小的坑可降低位错缺陷密度，因为它的作用类似生长在侧向外延法（epitaxial lateral overgrowth，ELO）结构上。

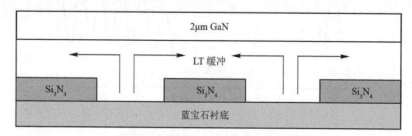

图 1-20　低温成长氮化硅/氮化镓缓冲层的生长机制

（5）侧向外延法（epitaxial lateral overgrowth，ELO） Usui[26]利用侧向外延（epitaxial lateral overgrowth，ELO）技术降低位错缺陷密度。

如图 1-21 所示为 ELO 技术。

①生长低温氮化镓缓冲层。

②生长高温氮化镓薄膜。

③利用生长二氧化硅薄膜并制出条纹图案。

④二次生长氮化镓薄膜，此时有二氧化硅的区域可以阻挡位错缺陷继续延伸至多重量子阱区域，造成发光效率提升。

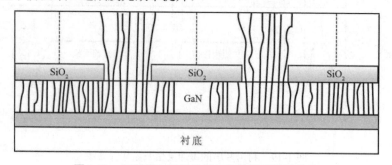

图 1-21　利用侧向外延机制来生长高质量氮化物

利用此生长技术，可大幅降低位错缺陷密度至 $10^7\,cm^{-3}$ 以下，增加其发光效率。

（6）悬空成长法（pendo-epitaxy growth）　Davisa[27]研究团队使用悬空成长法技术降低位错缺陷密度。如图 1-22 所示为其示意图，其技术与 ELO 技术有异曲同工之处。

①生长氮化镓缓冲层。

②生长高温氮化镓薄膜。

③利用生长二氧化硅薄膜并制出条纹图案。

④利用干法刻蚀技术，刻蚀氮化镓薄膜至蓝宝石衬底。

⑤再利用 MOCVD 二次生长氮化镓薄膜，此时有二氧化硅的区域可以阻挡位错缺陷继续延伸至多重量子阱区域，并调整生长参数，如温度、压力、ⅤA 族与ⅢA 族元素物质的量之比及氮与氢气的组成，沉积薄膜侧向生长技术使得氮化镓薄膜与蓝宝石衬底之间有空隙，避免氮化镓薄膜或位错缺陷直接从蓝宝石衬底上外延生长。这种外延生长的技术，从示意图上得知大部分的区域可得到较低的位错缺陷。

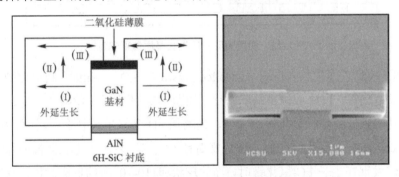

**图 1-22　利用悬空成长法来生长高质量氮化镓**

（7）图形蓝宝石衬底（pattern sapphire substrate，PSS）　Yamada[28]发现将发光二极管长在有图形的蓝宝石衬底上，发现其亮度增加，主要的原因是位错缺陷密度降低及光的散射。如图 1-23 所示为制作图形的蓝宝石衬底的步骤，一开始先在蓝宝石衬底上用 CVD 生长 $SiO_2$ 薄膜，再利用 ICP 将 $SiO_2$ 刻蚀，最后利用 MOCVD 生长氮化镓薄膜。目前业界所使用的外延生长技术并不是用 ELO 或 PE 的技术，最主要的原因是产能的减少。因 ELO 技术需二次使用 MOCVD 生长，造成生长时间冗长。

另外，PE 技术除二次使用 MOCVD 来生长氮化镓薄膜，另需要干法刻蚀制作过程，使得整个制作时间很长，造成生产效率下降。所以目前业界都是使用图形衬底。

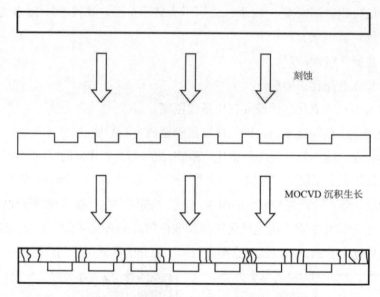

图 1-23　利用图形衬底生长高质量氮化镓

（8）控制表面生长（facet-controlled growth，FC）　　Nitta[29]利用控制表面三阶段生长氮化镓，可降低位错缺陷密度。如图 1-24 所示是三阶段生长氮化镓的方式，一开始先低温生长氮化镓缓冲层，为增加 3D 岛状生长且形成斜面{10-10}，生长参数需比高温氮化镓还低，压力要高且为氮气，之后再生长高温的氮化镓薄膜。Nitta 发现在生长 FC-氮化镓时，岛的形状和{10-10}面的形成对位错缺陷密度有很大的影响，如图 1-25 所示为 Nitta[29]提出的三种可能沉积生长的机制，如果在生长 FC-氮化镓时温度太低或时间不足会造成如图 1-25(a)所示的状况，小的岛状且岛的密度过多，造成在岛与岛之间结合时产生位错缺陷，从而无法降低位错缺陷密度。假设在生长 FC-氮化镓时温度太高，会造成如图 1-25(b)所示的状况，在岛的上面有平台形成，因此必须调整沉积 FC-氮化镓的温度、压力、时间及气氛，得到如图 1-25(c)所示的状况，优化岛的大小和{10-10}面的形成，因为此时的位错缺陷无法从（0001）面生长延伸出去，在岛与岛之间也不会因结合产生位错缺陷，大部分的位错缺陷会沿着{10-10}面形成。

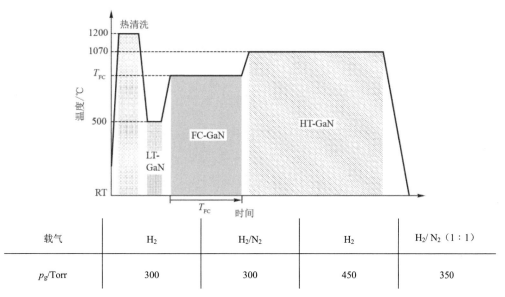

载气 | H₂ | H₂/N₂ | H₂ | H₂/ N₂（1∶1）

| 载气 | $H_2$ | $H_2/N_2$ | $H_2$ | $H_2/ N_2$（1∶1） |
|---|---|---|---|---|
| $p_g$/Torr | 300 | 300 | 450 | 350 |

图 1-24　三阶段生长氮化镓的方式[29]

1Torr=133.322Pa，下同

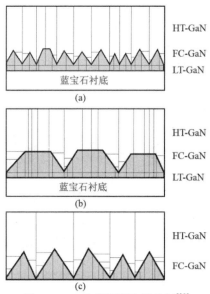

图 1-25　三阶段沉积生长机制[29]

　　除考虑如何降低位错缺陷密度来增加内部发光效率之外，也必须考虑如何将光取出，因为光可能会有菲涅尔（Fersnel）损失、全反射临界角（critical angle）的损失或被发光二极管材料所吸收。如图 1-26 所示为早期氮化物发光二极管表面，表面为一平滑镜面，为减少全反射临界角的损失，部分研究团体利用沉积技术将其表面粗化或使其有结构状。如图 1-27 所示为 Wu[30]在生长 P 型氮化镓时，将生长温度降低，发现发光二极管表面会出现六角形的孔洞，并且随温度的降低其六角形的孔洞越多，孔洞越深并且孔径越大，因为在生长氮化镓薄膜时，镓原子在低温时没有足够的能量移动至正确的位置，导致表面出现粗糙，发光强度因此增加 90%左右。另外，如图 1-28 所示为 Tsai[31]在生长 P 型氮化镓之间，利用镁处理（Mg-treatment），也可得到有织物状结构的表面，Chang 认为镁处理可能会在 P 型氮化镓表面形成很多的氮化镁（$Mg_xN_y$）化合物核心位置，从而造成三维的 P 型岛状氮化镓，整个的发光二极管发光强度也因有织物状结构的表面增加约 66%。

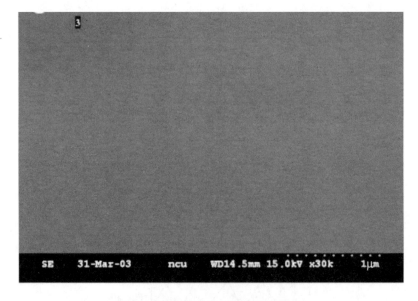

图 1-26　高温生长 P 型氮化镓表面

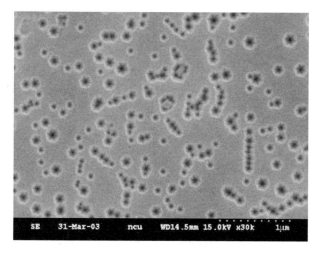

图 1-27　低温生长 P 型氮化镓表面[30]

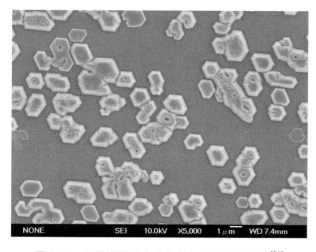

图 1-28　利用镁处理方式生长 P 型氮化镓表面[31]

## ● 结　语

　　本章系统性地将氮化镓发光二极管沉积系列材料的制作技术进行了整理并说明了目前技术发展的瓶颈，期望读者能对发光二极管未来的发展方向有所了解。

# 参考文献

[1] Pankove J I, Miller E A , Berleyhesier J E.RCA Rev, 1971, 32:283 .

[2] Amano H, Sawaki N, Akasaki I,Oyoda T Y. Appl Phys Lett, 1986, 48:353.

[3] Nakamura S. Jpn J Appl Phys, 1991, 30:L1705.

[4] Amano H, Kito M, Hiramatsu K, Akasaki I. Jpn J Appl Phys, 1989, 28:L2112.

[5] Nakamura S, Senoh M, Mukai T. Jpn J Appl Phys, 1991, 30: L1708.

[6] DenBaar S P, Maa B Y, Dapkus P D, Lee H C. J Cryst Growth ,1986, 77:188.

[7] Lei T, Ludwig K F, Jr, Moustakas T D. J App Phys, 1993, 74:4430.

[8] Strite S, Morkoc H. J Vac Sci Technom B, 2000, 10:1237.

[9] Sun C J, Yang J W, Lim B W, Chen Q, Anwar MZ, Khan MA. Appl Phys Lett, 1997, 70:1444.

[10] Beierlein T, Strite S, Dommann A, Smith D D J. MRS Internet J Nitride Semicond Res, 1997, 2:29.

[11] Davis R F, Paisley M J, Sitar Z, Kester D J, Ailey K S, Linthicum K, Rpwland L B, Tanaka S, Kern R S. J Cryst Growth, 1997, 178:L661.

[12] Gotz W, Johnson N M. Appl Phys Lett, 1997, 68:3144.

[13] Rode D L, Gaskill D K. Appl Phys Lett, 1995, 66:1972.

[14] Nakamura S.The Blue Laser Diode-GaN Based Light Emitters and Lasers. Berlin, Germany:Springer, 1997: 216.

[15] Gotz W, Johnson N M, Walker J, Bour D P, Street R A. Appl Phys Lett, 1996, 68:667.

[16] Nakamura S. J Microelectron ,1994, 25:651.

[17] Yoshida S, Misawa S, Gonda S. J Vac Sci and Technol B, 1983, 1:250.

[18] Amano H, Sawaki N, Akasaki I. Appl Phys Lett, 1986, 48:353.

[19] Nakamura S. Jpn J Appl Phys, 1991, 30:L1705.

[20] Fini P, Wu X, Tarsa E J, Golan Y, Srikant V, Keller S, Denbaars S P, Speck J S. Jpn J Appl Phys,1998, 37:4460.

[21] Uchida K, Gotoh J, Goto S, Yang T, Niwa A, Kasai J I, Tomoyoshi Mishima. Jpn J Appl Phys, 2000, 39:1635.

[22] Tanaka S, Takeuchi M, Aoyagi Y. Jpn J Appl Phys, 2000, 39:L831.

[23] Bottcher T, Dennemarck J, Kroger R, Figge S, Hommel D. Phys Stat Sol (C), 2003, 0:2039.

[24] Iwaya M, Takeuchi T, Yamaguchi S, Wetzel C, Amano H, Akasaki I.Jpn J Appl Phys, 1998, 37:L316.

[25] Sakai S, Wang T, Morishima Y, Naoi Y. J Cryst Growth, 2000, 221:334.

[26] Usui A, Sunakawa H, Sakai A, Yamaguchi A A. Jpn J Appl Phys, 1997, 36:L889.

[27] Davisa R F, Gehrkea T, Linthicumb K J, J Cryst Growth , 2001, 225:134.

[28] Yamada M, Mitani T, Narukawa Y, Shioji S, Niki I, Sonobe S, Deguchi K, Sano M, Mukai T. Jpn J Appl Phys, 2002, 41:L1431.

[29] Nitta S, Yamamoto J, Koyama Y, Ban Y, Wakao K, Takahashi K. J Cryst Growth, 2004, 272:438.

[30] Wu L W, Chang S J, Su Y K, Chuang R W, Hsu Y P, Kuo C H, Lai W C, Wen T C, Tsai J M, Sheu J K. Solid-State Electronics, 2003, 47:2027.

[31] Tsai C M, Sheu J K, Lai W C, Hsu Y P, Wang P T, Kuo C T, Kuo C W, Chang S J, Su Y K. IEEE Electron Device Lett, 2005, 26:464.

# 第2章

## 高亮度 AlGaInP 四元化合物发光二极管沉积制作技术

## 2.1　引言

近年来，随着沉积以及器件制作技术的快速发展，发光二极管（light emitting diode, LED）在可见光的较长波长（如红光至黄光）的范围内，亮度以及发光效率都有大幅的提升。这一进展也将 LED 的应用从以往对亮度需求较低的指示灯（indicator lamps）等，扩展到高亮度的应用如交通信号灯，汽车的制动灯、尾灯；户外显示屏及 LCD 屏幕的背光源等广大范围。而如此的进展，除归功于器件设计及制程技术上的进步之外，半导体外延层质量的提升更是有着非常重要的影响。本章将对制作高亮度 AlGaInP LED 在沉积技术上的相关课题做一介绍。

## 2.2　化合物半导体材料系统

本节的讨论内容主要是参考 Schubert[1]等人所著的文献中对半导体材料系统所做的讨论。

在长波长的可见光 LED 的发展过程中，GaAsP 是一种早期被开发的材料。$GaAs_{1-x}P_x$ 是一种将磷加入砷化镓（GaAs）而形成的三元化合物，其带隙随着磷的原子分数（$x$）增加而增加，发光波长可从 GaAs 的 870 nm（$x=0$）至约 600 nm（$x=45\%\sim50\%$）。因为 GaAs 是一种直接带隙半导体（direct-gap semiconductor），而 GaP 是一种间接带隙半导体（indirect-gap semiconductor），因此当磷的原子组成超过 50%时，GaAsP 将由直接带隙半导体转变成间接带隙半导体，如图 2-1 所示[2]，造成发光效率急剧下降。另外，当磷的含量增加时，GaP 与 GaAs 间大的晶格不匹配（约 3.6%）也造成大量晶体缺陷（如失配位错等）的产生并延伸至 GaAsP 层中，使其发光效率大幅降低。由于等电子陷阱杂质（isoelectronic impurities）如氮原子（N）可在 GaAsP 或 GaP 的带隙中形成能级，从而增加发光效率[2]，因此在 GaAsP 或 GaP LED 中掺入 N 是一种常用的方法。但由于 N 原子在 GaAsP 或 GaP 中的溶解度有限（如在 GaP 中为 $10^{20}cm^{-3}$），因此这种 LED 的量子效率只有 0.01%至百分之几。

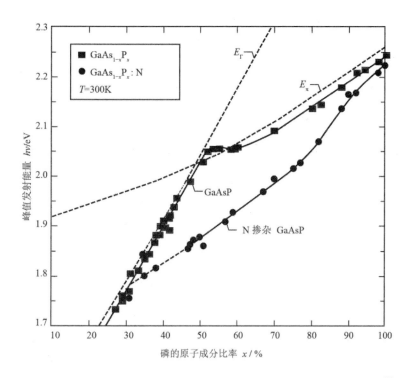

**图 2-1　室温下未掺杂及掺杂氮的 $GaAs_{1-x}P_x$ 的带隙与 P 的含量 $x$ 的关系[2]**

另一种材料系统可被用以制作长波长可见光 LED 的是 AlGaAs/GaAs，对 $Al_xGa_{1-x}As$ 而言，它的直接-间接带隙转变发生在当磷原子含量约为 $x = 0.45$ 时，在此组成时的对应发光波长约 622 nm，AlGaAs 的带隙与 Al 组成的关系如图 2-2 所示[3]。由于 Al 的原子半径与 Ga 的原子半径非常接近（Al: 1.82 Å 与 Ga: 1.81 Å），因此 $Al_xGa_{1-x}As$ 的晶格常数几乎可完全与 GaAs 匹配并使 AlGaAs 有较佳的沉积质量从而有较高的发光效率。

虽然 AlGaAs/GaAs 可用来制作高亮度红光 LED，但 Al 的高含量使 AlGaAs LED 的可靠性变得不佳[3]，AlGaAs 层的氧化与水解（hydrolysis）是 AlGaAs LED 在常温使用环境下常遇到的问题[4]，所以良好的密封封装通常是 AlGaAs LED 所必需的。

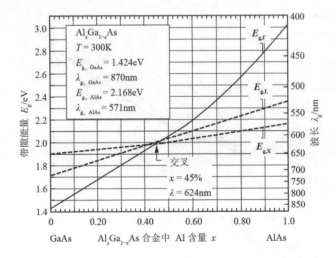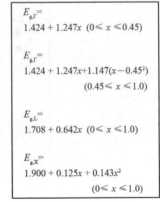

**图 2-2　室温下 $Al_xGa_{1-x}As$ 的带隙能量与 Al 的含量 $x$ 的关系[3]**

对高亮度长波长可见光 LED 而言，四元的 AlGaInP 是目前最主要的一种材料体系。如图 2-3 所示是室温下 $(Al_xGa_{1-x})_yIn_{1-y}P$ 的晶格常数与带隙的关系[5]。对于三元（ternary）的 $Ga_xIn_{1-x}P$ 而言，在室温下，当 $x$ 约为 0.5 时，GaInP 晶格与 GaAs 衬底匹配，同样的，由于 Al 与 Ga 的原子半径极为接近，室温下 $(Al_xGa_{1-x})_{0.5}In_{0.5}P$ 晶格与 GaAs 衬底匹配。在此晶格匹配的条件下，对应的波长为 532 nm。当 Al 的含量 $x$ 由 0 增加至 0.5 时，$(Al_xGa_{1-x})_{0.5}In_{0.5}P$ 的带隙可由 1.89 eV 增加至约 2.33 eV，这一关系可由式（2-1）表示[5]：

$$E_g = 1.91 + 0.61x \qquad (2\text{-}1)$$

而当 Al 的含量 $x > 0.53$ 时，$(Al_xGa_{1-x})_{0.5}In_{0.5}P$ 由直接带隙转变为间接带隙如图 2-4 所示[6,7]，发光效率因而降低。与 AlGaAs 相比，由于 AlGaInP 拥有更高直接-间接的转换点，所以能在更广的可见光波长范围内提供高的发光效率，因此高亮度 LED 成为目前在红色至黄色波长范围内最主要的材料系统。

接着，将对目前用以制作高亮度 AlGaInP LED 所使用的重要沉积方法——金属有机物化学气相沉积法（metal-organic chemical vapor-phase deposition, MOCVD）做一介绍，沉积条件、沉积质量特性等也将一并讨论。

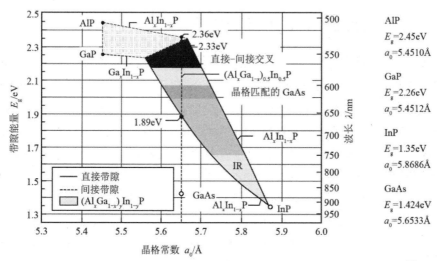

**图 2-3 室温下(AlxGa$_{1-x}$)yIn$_{1-y}$P 的带隙及对应的发光波长与晶格常数的关系**[5]

垂直虚线所示为匹配 GaAs 的晶格常数

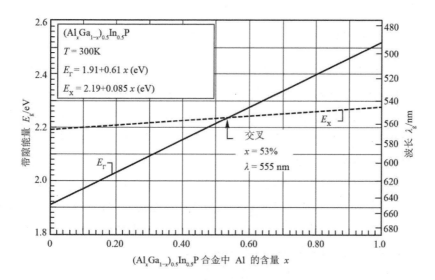

**图 2-4 室温下(Al$_x$Ga$_{1-x}$)yIn$_{1-y}$P 的带隙及对应的发光波长与 Al 的含量 $x$ 的关系**[6,7]

## 2.3 AlGaInP 的外延成长

本节的讨论内容主要是参考 Chen 等人[5]及 Stringfellow 等人[8]的著作内容中对 AlGaInP 的 MOCVD 方法所做的讨论。对化合物半导体的生长而言，有多种沉积方法，包含液相外延生长（liquid-phase epitaxy，LPE），分子束外延生长（molecular bear eptiaxy，MBE）等，均能提供高质量的外延层或复杂的外延层结构，但 MOCVD 仍是目前最能满足量产高性能光电组件需求的沉积技术。与其他沉积技术相比，MOCVD 能够最均衡地（vecsatile）满足在生长几乎所有的ⅢA 族、ⅤA 族化合物半导体及合金，高纯度、高质量的外延层，复杂且需良好界面控制的沉积结构，如量子阱（MQW）及超晶格（super lattice）与足够的长晶速率及良好的沉积均匀度等方面。有关 MOCVD 的原理及特性的详细讨论，可参考 Stringfellow 等人[8]的内容。

在以 MOCVD 生长$(Al_xGa_{1-x})_yIn_{1-y}P/GaAs$ 的高亮度 LED 沉积结构时，有以下数项重要课题必须加以探讨。

### 2.3.1 原料的选择

对ⅢA 族的原料而言，通常选择三甲基（trimethyl-based）或三乙基（triethyl-based）的有机金属化合物。在含 Al 的外延层如 AlGaAs 中，由于强的 Al–C 键及 $CH_3$–金属键，使用三甲基原料会使 C 的掺杂增加[9]并成为杂质从而影响材料的光电性质。因此使用键合较弱的三乙基ⅢA 族原材料，如 TEAl 及 TEGa，能降低 AlGaAs 层中的 C 含量。

但是在大规模的 MOCVD 沉积中，因为三乙基材料的蒸气压过低，无法提供足够的晶体生长速率，因而变得不适用。所幸在 AlGaInP 中，由于 C 在含 In 的材料中掺入效率不高，并且 Al 在$(AlGa)_{0.5}In_{0.5}P$ 中的含量也不高（不大于 0.5），所以在 AlGaInP 中，C 的掺杂问题并不严重，因此一般仍选择三甲基的金属有机化合物，如 TMAl、TMIn 及 TMGa，作为原材料[5]。

作为ⅤA 族的原材料，$PH_3$ 与 $AsH_3$ 仍是目前量产的广泛使用者，其他取代性的原材料，如磷酸三丁酯（tertiary butyl phosphine，TBP）和磷酸三丁砷（tertiary butyl arshine，TBAs），虽有较低的毒性及优异的外延特性，但因纯度及成本的因素仍难以取代 $PH_3$ 及 $AsH_3$。

在掺杂元素方面，N 型的 AlGaInP 通常使用 Si 或 Te，原材料则为 $SiH_4$ 或 $Si_2H_6$ 及 DMTe 或 DETe。Mg 及 Zn 则为 P 型 AlGaInP 所使用的掺杂元素，其原材料分别为 $CP_2Mg$ 及 DMZn。但是不论 N 型或 P 型，掺杂浓度均受到 Al 含量的影响，当 Al 含量增加时，AlGaInP 外延层中的电子及空穴浓度均下降。

## 2.3.2　AlGaInP 的 MOCVD 外延生长条件

一般而言，要生长高结晶质量的 AlGaInP 在 GaAs 衬底上时，沉积条件及参数有下列几项需要考虑。

首先，AlGaInP 外延层的晶格常数需与 GaAs 衬底的晶格常数匹配，以避免产生大量的晶体缺陷。对于四元合金 $(Al_xGa_{1-x})_yIn_{1-y}P$ 而言，当 $y$ 约为 0.5 时，AlGaInP 的晶格常数与 GaAs 的晶格常数匹配。在此情形下，Al 及 Ga 的相对含量则可被谨慎的调整以获得所需的带隙并同时维持晶格匹配。另外一点需注意的是，晶格匹配时所在的温度，生长 AlGaInP 外延层于 GaAs 衬底时，由于 AlGaInP 的热膨胀系数比 GaAs 的小，因此若在长晶的温度（通常为 650~800℃之间）下将 AlGaInP 的晶格常数调整至与 GaAs 匹配（$x = 0.5$），则在室温时 AlGaInP 将承受压应力，相反的，若 AlGaInP 外延层在室温时与 GaAs 衬底晶格匹配（$x = 0.52$），则 AlGaInP 会在生长时承受张应力而可能使外延层裂开。因此，通常在长晶温度时都会使 AlGaInP 晶格与 GaAs（$x = 0.5$）匹配，即室温时 AlGaInP 为在压应力的状态。如图 2-5 所示为 $Ga_xIn_{1-x}P$ 外延层与 GaAs 衬底的晶格常数在 700℃及 25℃时的关系[10]。$Al_xIn_{1-x}P$ 与 (AlGa)InP 对 GaAs 衬底也有相似的关系。AlGaInP 的二元组成合金（binary alloy）在室温（300K）及长晶温度为 975K 时的晶格常数及热膨胀系数列于表 2-1[10]中作为参考。

而 AlGaInP 的外延生长温度也是一个重要的条件。AlGaInP 的生长温度通常为 650~800℃之间，以保持沉积过程是发生在 "扩散限制" 范围（diffusion-limited region）[8]。在此范围内，由于ⅤA 族元素有较高的挥发性（volatile），因此沉积速率主要由输入的ⅢA 族原材料的摩尔流量（molar flow rate）来控制，并且对沉积温度较不敏感，因而使得沉积速率变得较易控制及调整。由此可知温度范围对于通常需要较低长晶温度的 "含 In 合金" 而言比较适当。

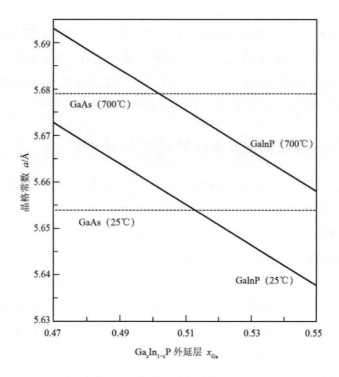

图 2-5  Ga$_x$In$_{1-x}$P 外延层与 GaAs 衬底的晶格常数 $a$ 于 700℃及 25℃时的关系[10]

表 2-1  化合物半导体在室温（300K）及长晶温度为 975K 时的晶格常数 $a$ 及热膨胀系数 $\alpha$[10]

| 化合物 | 300K，$a$/Å | $\alpha$/（$10^{-6}$/K） | 975K，$a$/Å |
|---|---|---|---|
| GaAs | 5.6533 | 6.86 | 5.6795 |
| InP | 5.8686 | 4.75 | 5.8874 |
| GaP | 5.4512 | 5.91 | 5.4729 |
| AlP | 5.4511 | 4.50 | 5.4677 |

  对 AlGaInP 化合物半导体材料而言，由于铝极易与氧发生反应形成氧化铝，并因此使氧掺杂入半导体材料成为杂质而降低材料的质量，因此在高质量的 AlGaInP 外延层中维持低的氧掺杂浓度是非常重要的。在 AlGaAs 系列的 LED 及激光二极管中，外延层中氧的掺杂早已被证实会在带隙中造成深能级并成为非辐射复合中心，从而降低器件的发光效率[11,12]。对 AlGaIP 而言，也有多篇文献报道发现因为氧掺杂而形成的深能级[13,14]。此外，在以 Mg 为掺杂元素的 P 型 AlGaInP 中，氧的掺杂也

被发现会"补偿"（compensate）受主（acceptor）而造成外延层中空穴浓度下降，如图 2-6 所示[5]。要降低氧在 AlGaInP 中的掺杂通常有以下几种方法，提高长晶温度、增加ⅤA 族与ⅢA 族元素物质的量之比与使用偏角度（mis-oriented）的 GaAs 衬底。

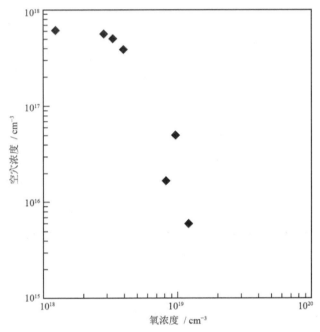

图 2-6　室温下 Mg 掺杂 AlInP 中空穴浓度与氧浓度的关系[5]

升高长晶温度时，高温可加速氧的挥发以及沉积反应中 $H_2O$ 的形成及挥发，因此可以减少氧在外延层中的掺杂浓度如图 2-7 所示[14]。但对高 In 含量的合金如 AlGaInP 而言，太高的温度易造成铟的再蒸发（re-evaporation）而不利生长，因此，长晶温度仍有限制，范围如前所述。

在沉积时使用高ⅤA 族与ⅢA 族元素物质的量之比（通常大于 200）也可降低外延层中氧的浓度，如图 2-8 所示。这可能是由于高的ⅤA 族与ⅢA 族元素物质的量之比可减少晶体中ⅤA 族的空缺数目，使氧可占的位置数目减少[5]。另外，也可能是由于增加的 $PH_3$ 释放更多的 H 与 O 结合形成 $H_2O$ 并挥发，而使得氧在外延层中的掺杂浓度降低。

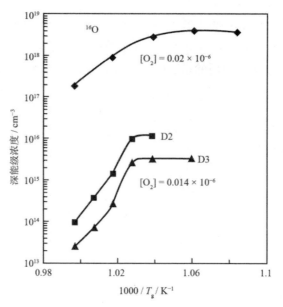

**图 2-7 室温下 AlGaInP 中氧浓度及深能级（deep level）浓度与长晶温度 $T_g$ 的关系[14]**

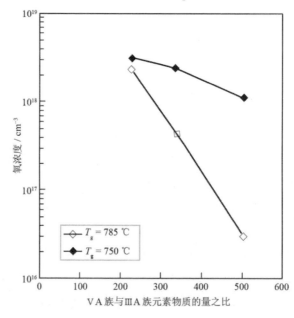

**图 2-8 长晶温度 $T_g$=750℃ 及 785℃时 AlGaInP 中氧浓度与ⅤA 族与ⅢA 族元素物质的量之比的关系[5]**

使用偏角度的 GaAs 衬底也被发现可有效地降低外延层中的氧掺杂[14]。Suzuki[15]发现，当使用朝（111）$A$ 方向偏离 15°的 GaAs 衬底时 AlGaInP 外延层中的氧造成的深能级陷阱（deep-level trap）浓度减少而使 LED 的发光效率增加。这可能是由于使用偏角度衬底可使外延层表面的ⅤA 族位置键合数目降低而使氧的键合变弱，从而降低了氧的掺杂。

在生长 AlGaInP 系列 LED 时，另一项重要议题为晶体中的有序结构（ordered structure）现象。Gomyo 等人[16]发现用 MOCVD 及 LPE 在 GaAs 衬底上生长 $Ga_{0.5}In_{0.5}P$ 时，由于 Ga 原子与 In 原子的有序排列，而在{111}面上形成超晶格（superlattice）结构，如图 2-9 所示。此结构的改变造成 $Ga_{0.5}In_{0.5}P$ 的带隙大小与无序（random）的结构相比下降了 50 meV。有序结构也发生在 AlGaInP 中[17,18]而造成了带隙的下降，此现象使得 LED 的发光波长变动并不易控制。因此，在 AlGaInP LED 中特别是在较短波长时，有序结构通常是希望被消除的。能消除或减少有序结构的沉积参数通常为：高的长晶温度、较低的ⅤA 族与ⅢA 族元素物质的量之比、适当的衬底偏角度方向及适当种类的掺杂元素等。关于形成有序结构的详细机制及条件探讨，请参阅参考文献[5]及[8]。

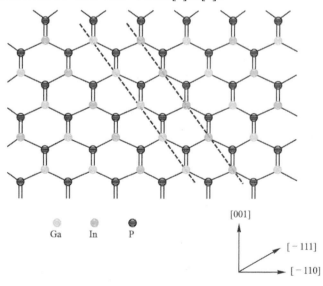

图 2-9 GaInP 外延层中的超晶格有序结构

### 2.3.3 AlGaInP 系列 LED 外延生长中的 N 型和 P 型掺杂

在成长 LED 结构时，N 型和 P 型的 AlGaInP 覆盖层的生长是很重要的，因为它们会影响器件的载流子注入效率及局限效果从而影响器件的发光效率。对 N 型 AlGaInP 的生长，Si 及 Te 是常用的掺杂元素，由于 Si 在固体中的扩散系数低及使用 $SiH_4$ 为原材料没有记忆效应，因此使用 Si 较易获得良好控制的连接位置（junction position）及掺杂分布，这样的特性尤其在生长复杂的掺杂分布及薄层结构时更显重要。然而，需注意的是，由于 $SiH_4$ 的亲水性使得在水蒸气浓度较高的长晶环境下生长的外延层会有较差的表面形貌[5]。

而VIA 族的掺杂元素如 DETe 也常应用在 AlGaInP 的生长中，但需注意的是由于 DETe 易吸附在反应器的腔壁上，使得突变掺杂剖面（abrupt doping profile）的生长控制变得困难。另外，由于 Te 在 AlGaInP 中的高挥发性，使 Te 的掺杂浓度对长晶温度变得敏感，因此不易在外延片上获得高度均匀的掺杂分布。

与 N 型的掺杂相比，基于以下原因，AlGaInP 的 P 型的掺杂较 N 型更为复杂且困难。第一是由于氧的掺杂所产生的深能级（deep level）补偿浅的受主而造成空穴浓度的下降[5]，因此在 P 型的 AlGaInP 外延层中维持低的氧掺杂浓度是非常重要的。降低外延层中氧的掺杂浓度的方法则如前所述。第二是氢原子对受主的钝化（passivation）效应，使得受主被"电中性化"也造成了空穴浓度的下降[19,20]。将 P 型外延层在 $N_2$ 中施以高温退火（annealing）则可活化 P 型掺杂并恢复其空穴浓度。第三是高 Al 含量的 AlGaInP 合金的带隙较大，使得受主的游离能增加而使空穴浓度下降。

常用的 P 型掺杂源为 DMZn 及二茂镁（$CP_2Mg$）。Zn 具有高挥发性因此必须使用非常高的摩尔流量或较低的生长温度以获得高的 Zn 掺杂浓度。另外 Zn 在固体中非常高的扩散系数使得 Zn 在外延层中的掺杂分布变得难以控制。

Mg 则是另一个常用的 P 型掺杂元素，由于以 Mg 为受主的游离能比 Zn 小，因此理论上在高 Al 组成的 AlGaInP 外延层中，使用 Mg 比使用 Zn 易获得较高的空穴浓度[21]。另外，与 Zn 相比较，Mg 具有较低的挥发性及较低的扩散系数，因此使用 Mg 有较易控制的掺杂浓度及较高的掺杂效率。尽管如此，Mg 的掺杂效率仍然会受到沉积温度的影响，一般而言，在较高的沉积温度下 Mg 的掺杂效率较低，如图 2-10 所示[5]。但是 CP$_2$Mg 在 MOCVD 反应器中强烈的记忆效应影响 Mg 在外延层中的分布，使得 Mg 在 LED 外延生长过程中的控制变得重要而且复杂。

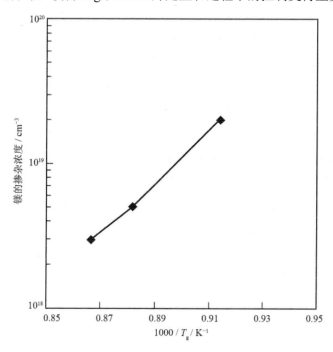

图 2-10　在 GaP 中 Mg 的掺杂浓度与长晶温度 $T_g$ 的关系[5]

## ● 结　语

MOCVD 沉积技术在 AlGaInP 四元化合物半导体材料上的进展，推动高亮度及超高亮度发光二极管性能的提升并开启了 LED 今日广泛的应用范围。本章就 MOCVD 外延生长 AlGaInP 四元化合物半导体所面临的关键课题提出做一讨论，希望能对有意了解及学习这一技术的相关业界人员、学生及一般人士能有一些帮助。

# 参考文献

[1] Schubert E Fred. Light-Emitting Diodes. Cambridge University Press, 2003.

[2] Craford MG, Shaw R W, Herzog A H, Groves W O. J Appl Phys, 1972,43:4075.

[3] Casey H C Jr, Panish M B. Heterostructure Lasers Part A and Heterostructure Lasers Part B,1978.

[4] Dallesasse J M, Zein N El, Holonyak N Jr, Hsieh K C, Burnham R D, Dapuis R D. J Appl Phys, 1990,68:2235.

[5] Chen C H, Stockman S A, Peanasky M J, Kuo C P. OMVPE growth of AlGaInP for high-efficeincy visible light-emitting diodes//Stringfellow G B, Craford M G. High brightness kight emitting diodes. San Diego: Academic Press, 1997:48.

[6] Prins A D, Sly J L, Meney A T, Dunstan D J, Oreilly E P, Adams A R, Valster. Phys Chem Solids ,1995,56:349.

[7] Kish F A, Fletcher R M.AlGaInP light-emitting diodes// Stringfellow G B, Craford M G. High brightness kight emitting diodes. San Diego:Academic Press, 1997:48.

[8] Stringfellow G B. Organometallic Vapor-Phase Epitaxy: Theory and Practice.2$^{nd}$ Edition . San Diego:Academic Press ,1999.

[9] Kuech T F, Wolford D J, Veuhoff E, Deline V, Moony P M, Potemsky R, Bradley J. J Appl Phys,1987, 62:632.

[10] Bour D P. Ithaca. NY:Cornell University, 1987.

[11] Terao H, Sunakawa H. J Cryst Growth,1984, 68:157.

[12] Mihashi Y, Miyashita M, Kaneno N, Tsugami M, Fujii N, Takamiya S, Mitsui S. J Cryst Growth, 1994,141:22.

[13] McCalmont J S, Casey H C Jr, Wang T Y, Stringfellow G B. J Appl Phys, 1992,71:1046.

[14] Kondo M, Okada N, Domen K, Sigiura K, Anayama C, Anahashi T. J Electron Mater,1994, 23:355.

[15] Suzuki M, Itaya K, Nishikawa Y, Sugawara H, Okajima M. J Cryst Growth ,1993,133:303.

[16] Gomyo A, Kobayashi K, Kawata S, Hino I, Suzuki T. J Cryst Growth,1986,93: 426.

[17] Hamada H, Shono M, Hondo S, Hiroyama R, Yodoshi K, Yamaguchi T. IEEE J Quantum Electron,1991, 27:1483.

[18] Valster A, Liedenbaum C T H F, Finker M N, Severens A L G, Boermans M J B, Vandenhoudt D E W, Bulle-Lieuwma C W T. J Cryst Growth,1991, 107:403.

[19] Hobson W S. Mater Sci Forum ,1994,27:148-149.

[20] Pajot B, Chevallier J, Jalii A, Rose B. Semicond Sci Technol,1989, 4:91.

[21] Nishikawa Y, Sagawara H, Kokubun Y. J Cryst Growth, 1992,119:292.

# 第3章

# 发光二极管电极制作技术

# 3.1　引言

生长完氮化镓材料外延片后，紧接着将外延片制成一颗颗的发光二极管芯片（LED chip），以便后续的封装应用。

若是选择将氮化镓材料生长于蓝宝石衬底（sapphire），因蓝宝石衬底不导电，所以无法如生长在 GaAs 衬底的 AlGaAs、AlInGaP 或是生长在 GaP 衬底的 GaP、GaAsP 等材料的发光二极管一般使用垂直式的电极结构，而必须将 N 型及 P 型半导体的接触电极制作在芯片同一面，因此增加了制程上的复杂度。常用做法为将表面的 P 型氮化镓进行刻蚀，使其露出底下的 N 型氮化镓，刻蚀区域大小则必须足以制作 N 电极，并可制作打线用的焊垫。

除蓝宝石衬底外，碳化硅（SiC）则是另一种可供氮化镓生长的导电衬底，使用碳化硅生长可直接制作垂直形态的发光二极管芯片，除制作方便不需刻蚀制程外，也可增大发光层面积，但是因为碳化硅价格昂贵，并且这种方式的独特生长技术及专利多归美国 Cree 公司所有，因此多数发光二极管沉积厂仍选用蓝宝石作为生长衬底[1]。两种不同结构的发光二极管芯片如图 3-1 所示。

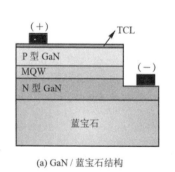

(a) GaN / 蓝宝石结构

(b) GaN / SiC 结构

图 3-1　使用蓝宝石衬底与碳化硅衬底的芯片结构

此外，生长氮化镓材料时，不易掺杂具高载流子空穴浓度的 P 型氮化镓，且生长厚度薄，材料电阻率高，此特性对于 LED 的影响层面为电流扩散不佳，而为提升发光效率及促进电流扩散以延长器件寿命，适当的电流扩散层成为必要，其中最直接的方式为在表面 P 型氮化镓上制作具高透光率的欧姆接触电极，称为透明电极。而透明电极的引进与发展，在氮化镓发光二极管的整体效能上扮演举足轻重的角色。

关于发光二极管芯片的尺寸问题，以一颗成品的氮化镓发光二极管芯片为例，厚度规格在 80~120 μm 之间，尺寸大小则可介于（8mil×8mil）~（40mil×40mil）[①] 之间。芯片的大小完全取决于下游工业的应用，例如应用于移动电话的键盘灯（key pad），多为表面贴装组件（surface mount device，SMD）的封装形态，因驱动电流低（2~5 mA），且亮度需求不高，则仅需（8mil×8mil）~（10mil×10mil）大小的芯片即可。若是应用于各种指示灯，如玩具、电源指示灯等，多为灯型（lamp）封装，因亮度需求差异，使用的芯片尺寸可选（8mil×8mil）~（14mil×14mil）之间的范围；若为应用于各种背光源（如移动电话显示面板的背光），因为亮度需求高，使用的芯片尺寸也大，一般需要使用到 16mil×16mil 以上或 10mil×23mil 的 LED 芯片才足以提供适当的亮度。

至于芯片的形状，早期（1999~2002）的 LED 芯片设计多为正方形设计，而随着 PDA、移动电话等薄型显示器的出现及大量导入 LED 背光源的使用，使得 LED 芯片的设计出现变化，为降低部分薄型背光源的厚度，开始出现长条状 LED 芯片的设计，此外，许多经验或专利显示，若芯片设计为正方形，因为芯片表面的 P 型氮化镓材料的电流扩散不佳，即使制作透明电极后，在芯片边缘部分仍将会有许多低电流密度的区域，此区域对于芯片整体亮度的贡献不大，因此后期芯片形状多设计为长方形或长条形，这样可较为有效地利用到芯片的所有面积（如图 3-2 所示）。

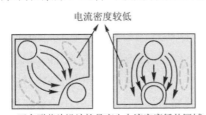

(a) 正方形芯片设计较易产生电流密度低的区域　　(b) 长方形设计电流密度分布较平均

图 3-2　同面积不同形状的 LED 芯片电流分布

---

① 1mil=25.4μm，下同。

##  3.2 LED 芯片制程说明

氮化镓 LED 的制程,可大致分为金属电极制作的前段制程与将器件从外延片分离为独立芯片的后段制程两部分。由于前段制程包含光刻、蒸镀、刻蚀、剥离等制程,因此需要无尘室洁净等级(等级 < 5000)的制程环境进行制作,而后段制程则因为氮化镓生长于绝缘衬底上,容易导致电荷累积,因此需特别注重静电防护问题。完整的 LED 芯片制程如表 3-1 所示。

表 3-1 氮化镓 LED 芯片制程

| 制程步骤 | 使用设备 | 制程 |
|---|---|---|
| 1.制作切割道<br>2.平台刻蚀<br>3.P 电极制作<br>4.N 电极制作<br>5.焊垫制作<br>6.保护层制作 | 电子枪蒸发器<br>掩膜对准器<br>熔炉<br>ICP(干法刻蚀)<br>PECVD | 前段制程 |
| 7.映射测试<br>8.研磨抛光<br>9.切割与崩裂<br>10.挑选<br>11.检查与包装 | 探针测绘机<br>研磨机<br>划线器,断路器<br>分拣机 | 后段制程 |

由表 3-1 可知,理论上完成一个 LED 芯片约需要六道制程,但随着技术演进与产量的压力,各厂商都在苦心研究节省制程的方法。举例而言,制作切割道的目的是因为生长氮化镓的蓝宝石衬底十分坚硬,需使用硬度更高的钻石刀进行划切,再以外力将其折断,此制程因为材料特性及制程方式受限,合格率不易掌控,因此为增加切割合格率,需制作切割道。但由于切割技术的改良,制作切割道对于切割合格率的影响已不显著,除非某些特殊设计所需,目前业界普遍已舍弃此制程,此外诸如 N 型氮化镓的欧姆接触与焊垫制作制程,也在制程改良的前提下可以于同一道光刻制程中一起制作,此类的制程演进将逐项叙述。

## 3.2.1　常用制程技术简介

在说明 LED 芯片制程前，先简要说明几种在制程中所会应用到的制程技术。

### 3.2.1.1　金属薄膜沉积

由于氮化镓为半导体材料，需在表面进行金属沉积，制作欧姆接触才能进行器件应用。目前使用在发光二极管产业的金属沉积方式以蒸镀法居多，即是将要镀膜的金属，加热至高温（接近熔点），利用其饱和蒸气压使金属原子附着于外延片表面，逐层沉积，称为蒸镀法。机台结构如图 3-3 所示。

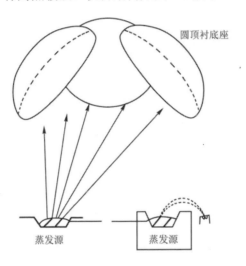

圆顶衬底座

蒸发源　　　蒸发源

**图 3-3　具有两蒸镀源的蒸镀机腔体[2]**

发光二极管产业使用较多的蒸镀设备中，以要镀金属的加热方式不同，可再区分为电子束蒸镀法与热蒸镀法两种。

（1）电子束蒸镀法　电子束蒸镀法，顾名思义，是以电子束对欲镀的金属进行加热，电子束的产生方式是利用灯丝尖端放电的原理，再施以外加电场及磁场，将电子束导入坩埚中的欲镀材料进行加热，若调整灯丝电流则可改变电子束流量，蒸镀源的设计如图 3-4 所示。

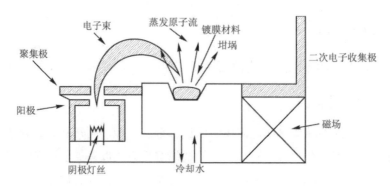

图 3-4　电子枪的结构[2]

电子束蒸镀法应用极广，主要原因为其具有以下优点。

①能量使用效率高　因电子束对欲镀金属的加热范围极小，不需对整个蒸镀源进行加热，可避免许多额外的能量浪费。

②可稳定的控制蒸镀速率　因可利用流入灯丝的电流调整电子束流量大小，此调整可控制度高，又因蒸镀源的被加热范围小，电子束流量对于蒸镀速率的影响反应直接，可以较为稳定地控制蒸镀速率。

（2）热蒸镀法（thermal evaporator）　热蒸镀法则是将欲镀蒸镀的金属摆置在高熔点金属载具上（例如钨、钼等），再将载具与可提供直流电的电源连接，借着金属载具的电阻效应而发热，直接对蒸镀源进行加热（图 3-5）。

热蒸镀法因是对于整个欲镀金属做加热动作，能量损失较大，且因为蒸镀源自身也有相变时的热传导问题，蒸镀速率不易稳定控制。目前热蒸镀法多使用于含有两种金属的合金层的蒸镀应用。

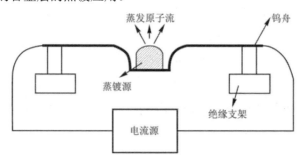

图 3-5　热蒸镀法蒸镀源的设计[2]

## 3.2.1.2　光刻技术

光刻是一种在外延片上产生图形的技术，各种形状电极、焊垫等都需要靠光刻技术来进行制作。实际执行的程序为在外延片上涂布一层感光剂，称之为光刻胶（photoresist），之后针对所需要保留与移除的区域利用掩膜（mask），将其区分定位出来，再用紫外线或其他可使光刻胶感光的光线照射，并使用显影剂（develop）加以显影，制作出各种依制程需要的不同图形。因为在发光二极管产业中，光刻制程使用的光刻胶会对于黄光以外的光线产生反应，因此制程中需要在仅有黄光照射的工作区域中进行。

光刻技术可大致区分为以下两种方式。

（1）剥离制程　先将光刻胶涂布到外延片上，再加以曝光显影出图形，镀上金属膜，并将非必要的区域连同金属膜与光刻胶一并去除，称为剥离制程（如图3-6 所示）。

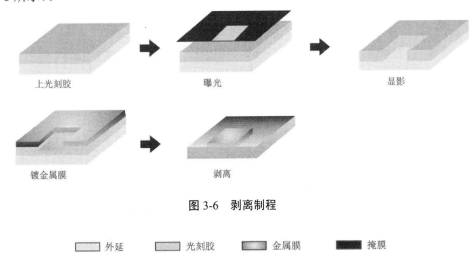

上光刻胶　　　　　　　　曝光　　　　　　　　显影

镀金属膜　　　　　　　　剥离

**图 3-6　剥离制程**

☐ 外延　　☐ 光刻胶　　☐ 金属膜　　■ 掩膜

（2）刻蚀制程　与剥离制程相反，先将金属薄膜镀于外延片上，再进行曝光显影等光刻制程，利用光刻胶当作金属的保护层，保护住所需部分的金属膜，进行金属薄膜的刻蚀，即完成金属薄膜的图形制作（如图3-7 所示）。

一般而言，刻蚀方式采用先镀金属膜再进行光刻制程的方式，对金属膜与半导体之间的附着力（adhesion）较有保障，但若是外延材料本身对于金属刻蚀所使用的化学刻蚀液会产生反应时，则使用剥离制程较为恰当，此外若多层金属堆叠的电极结构，也可采用剥离制程，将可避免因金属种类多而需不停更换刻蚀液或是容易过度刻蚀（over etching）的问题。

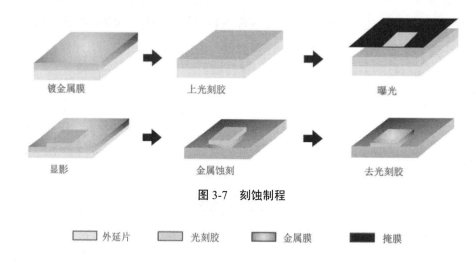

镀金属膜　　　　　　　上光刻胶　　　　　　　曝光

显影　　　　　　　　金属蚀刻　　　　　　　去光刻胶

图 3-7　刻蚀制程

外延片　　　光刻胶　　　金属膜　　　掩膜

### 3.2.1.3　干法刻蚀制程

干法刻蚀一般指使用气体的刻蚀方法，通常利用等离子体进行材料的刻蚀，等离子体刻蚀根据作用方式不同，可以有以下三种刻蚀方式。

（1）等离子体中离子的物理性轰击（physical bombard）　主要是利用外加偏压将等离子体中的带电粒子进行加速，朝欲刻蚀的材料轰击，产生刻蚀效果，而此物理性轰击属于非均向性刻蚀（anisotropic etching）。此种反应的刻蚀制程方式如溅射刻蚀（sputtering etching）或离子束刻蚀（ion beam etching）。

（2）活性自由基（active radical）与被刻蚀材料表面原子的化学反应（chemical reaction）　此反应会造成均向性刻蚀（isotropic etching）的效果，因为不同气体对不同材料的反应速率不同，因此可以得到良好的刻蚀选择比。如等离子体刻蚀（plasma etching）就属于此类反应[3]。

（3）物理性轰击与化学反应的复合刻蚀 此方法可兼具高刻蚀选择比与非均向刻蚀的优点，在刻蚀过程中，等离子体中的离子轰击被刻蚀材料表面将原子化学键打断，并清除刻蚀过程中再次沉积于材料表面的聚合物，增加化学反应刻蚀的速率。而刻蚀过程中产生的沉积物，沉积于刻蚀侧壁时因不受垂直方向的离子物理轰击，故可保护侧壁不受反应气体的化学刻蚀，产生良好的非均向性刻蚀。如反应离子刻蚀 （RIE），电感耦合等离子体（ICP）刻蚀，电子回旋共振式离子反应电浆刻蚀（ECR）都属于此类刻蚀。

干法刻蚀制程须注意的主要条件有刻蚀速率、均匀度、刻蚀选择比及刻蚀轮廓。刻蚀速率决定设备的产能，此部分决定于刻蚀气体的种类、流量、等离子体源、外加偏压功率等，主要考虑为不影响产品质量即可。均匀度是指在被刻蚀材料上不同位置的刻蚀深度差异，差异越小均匀度越佳，产品质量也越容易控制。刻蚀选择比则与使用刻蚀掩膜的材质和刻蚀气体有较大的关系。而刻蚀轮廓则以越接近 90°越佳，一般刻蚀轮廓可由刻蚀气体的种类、比例及偏压功率来控制。

## 3.2.2 芯片前段制程

金属电极制程，其制程顺序按照由下而上的原则（如图 3-8 所示）。

### 3.2.2.1 制作切割纹道

制作切割纹道的目的是为增加切割合格率，在未制作切割纹道的情况下，所需切割的材料包含氮化镓及蓝宝石衬底，制作切割纹道后，单纯成为只需切割蓝宝石衬底的情形。而由图 3-8 可知，切割纹道的制作需将芯片图形（pattern）所需区域外的部分进行刻蚀，因为氮化镓材料目前仍无方便且有效的湿法刻蚀方式，所以使用干法刻蚀（dry etching），也就是使用气体的刻蚀方式。干法刻蚀方式最大的优点为可进行非均向性刻蚀，于垂直方向上可以将侧向刻蚀的比例减到最低，因此可以刻蚀出深宽比很大的图形。此外，由于是利用气体刻蚀，其也比湿法刻蚀不易有污染或化学溶液残留的问题。其缺点为加在等离子体的外加电场对离子的加速使材料表面容易受到离子的轰击而产生损伤。

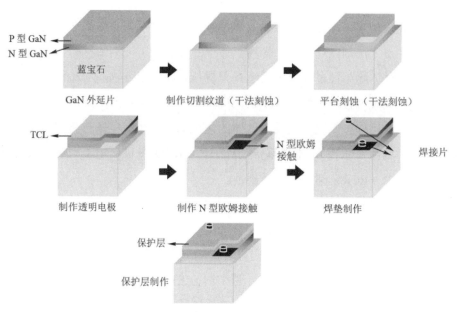

图 3-8　氮化镓芯片前段制程

目前，发光二极管产业所使用的氮化镓干法刻蚀技术以电感耦合等离子体（ICP）方式为主，主要气体则为 $Cl_2$、$BCl_3$ 等，而因生长于蓝宝石衬底上的氮化镓外延层厚度为 4~5 μm，此厚度为制作切割纹道时所需刻蚀的深度，因为刻蚀深度较深，所需使用的掩膜（mask）也必须具备较高的刻蚀选择比，一般多以镍金属膜作为掩膜，其厚度为 4000 Å 以上。早期因为切割技术的瓶颈，切割纹道的制作对切割合格率的影响很大，但如今新式切割技术已蓬勃发展（如激光切割），此道制程在一般中高亮度的芯片制作上已逐渐被舍弃。

### 3.2.2.2　平台刻蚀

如前所述，因为蓝宝石衬底不导电，因此氮化镓发光二极管的 P 电极及 N 电极制作于同一平面，所以需进行刻蚀制程。主要目的为对表层特定区域的 P 型氮化镓进行刻蚀，使底下的 N 型氮化镓材料露出，以利 N 型氮化镓上的欧姆电极制作。

平台刻蚀的制程，如图 3-9 所示。

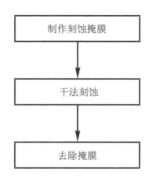

图 3-9　平台刻蚀制程

（1）掩膜制作　为造成选择性刻蚀（selective etching），因此需要制作一层掩膜以保护所需要的区域，裸露出需要被刻蚀的部分，以达到制作刻蚀平台的目的。此层掩膜的材料选择对于器件的质量影响很大，因掩膜材料的不同，除会造成不同的刻蚀选择比外，掩膜在刻蚀过程中受到高密度或高能量的离子刻蚀后，若有变形，也将直接造成器件制作上的困难。

目前一般所使用的刻蚀掩膜有三种：金属掩膜（metal mask）、氧化物或氮化物掩膜（oxide or nitride mask）、光刻胶掩膜（photoresist mask）。

①金属掩膜　考虑刻蚀过程中金属的稳定性，现使用最多的金属掩膜为镍金属。一般多以蒸镀方式进行金属掩膜制作，使用设备可以是电子束蒸镀或是热蒸镀设备，优点是具有良好的刻蚀选择比，为 1∶（10~15），且较易去除。其缺点则是因为刻蚀过程中产生高热，可能造成金属对于氮化镓材料表面的扩散现象，此扩散现象可能导致所制作的氮化镓发光器件的电性受到影响，此外金属掩膜在镀膜完毕后，仍需进行一次光刻及金属湿法刻蚀制程，以利制作符合平台刻蚀区域的金属掩膜。

②氧化物或氮化物掩膜　一般氧化物或氮化物掩膜所使用的材料为氧化硅、氮化硅，制作的方式则为等离子体辅助化学沉积（PECVD）成长。其与氮化镓的刻蚀比为 1∶（5~8）。因此在掩膜制作的厚度上需要比金属掩膜厚，使用氧化物掩膜的优点为，即使在干刻蚀过程中产生高热，也不致使氧化物掩膜与氮化镓材料间发生扩散现象，可以确保材料表面不受影响。而缺点为氧化物掩膜如同金属掩膜一般，在沉积后也需进行一次光刻及氧化物湿法刻蚀制程，以利制作平台刻蚀区域。

③光刻胶掩膜　　使用光刻胶掩膜是目前干法刻蚀制程所努力的方向，主要是因为光刻胶制程不仅便宜且掩膜制作十分简便，只需利用一般的光刻胶涂布设备（spin coater）进行涂布，再以适当温度烘烤即可。光刻过程结束时，掩膜便直接完成，不需进行额外的湿法刻蚀制程，对于制程的简化及成本降低有相当大的帮助。但光刻胶掩膜的缺点为等离子体刻蚀时离子的轰击产生高热，而光刻胶本身是高分子的聚合物，对于高温耐受性差，会造成光刻胶变形及刻蚀完毕后不易去除的光刻胶残留，但随着刻蚀设备冷却方式及光刻胶质量的改善，目前此类问题已逐渐解决。光刻胶对于氮化镓材料的刻蚀比约为 3∶1，因此在光刻胶的选用上也需要另加考虑。

（2）干法刻蚀　　平台刻蚀目的是露出芯片中的 N 型氮化镓材料，以利制作欧姆接触，因此刻蚀深度必须大于表层 P 型氮化镓及多重量子阱发光层（MQW）的厚度。刻蚀深度根据沉积厚度不同，多在 0.8~1.5 μm 之间，而因为刻蚀露出的 N 型氮化镓表面是为制作欧姆接触使用，表面的平坦度需要加以考虑。若刻蚀后的 N 型氮化镓材料表面平坦度不佳，除容易影响欧姆电极的特性之外，也有可能造成电极外观的异常。经验上会出现的情况为，因外延生长的表面十分平坦，而使 P 型氮化镓上的焊垫相当平整，若 N 型氮化镓上的焊垫表面粗糙，则两焊垫对于光的散射将有所不同，光学上会认为此两焊垫的颜色不一致。而基于下游封装业多使用自动设备进行芯片外观辨识，此类差异便会造成机台辨识上的异常。反之，若外延面为粗糙面，而干法刻蚀后的 N 型氮化镓较为平坦，也会造成同样的问题。

由于电感耦合等离子体刻蚀内含物理离子轰击与化学反应两种刻蚀效应。而其中化学反应刻蚀属于均向性刻蚀。如图 3-10 所示为刻蚀后 N 型氮化镓表面显示粗糙的表面形态。因此为增加刻蚀后的表面平坦度，可利用增加化学刻蚀的比例来达到目的。相反的，增加物理轰击的比例则可增加表面的粗糙度。此外，也可在芯片刻蚀完毕后，以碱性溶液（NaOH 或 KOH）对 N 型氮化镓材料进行湿法刻蚀，因此类碱性溶液对于氮化镓材料的不同晶格方向有不同的刻蚀速率，可将许多锥状凸起物刻蚀，使刻蚀后的氮化镓表面较为平坦，搭配平整的 P 电极焊垫，可减少光学散射效应，而避免焊垫颜色不一的异常。

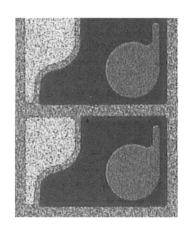

图 3-10　刻蚀后 N 型氮化镓表面粗糙

（3）去除掩膜　镍金属掩膜可用酸性溶液清洗，氧化物掩膜可用氢氟酸或 BOE 去除，光刻蚀掩膜因高温受热，易有烧焦现象，需以等离子体方式去除。

### 3.2.2.3　透明电极制作

目前氮化镓发光二极管的透明电极可区分为两大类：金属透明电极、氧化铟锡透明电极（ITO）。

（1）金属透明电极的制作　金属透明电极的制作与研究在 2000 年前后达到高峰，较有代表性的论文为 1999 年何晋国等人发表的《镍金（Ni/Au）合金结构之透明电极研究》[4]，据称此方法可制作出特征接触电阻低至 $1 \times 10^{-6} \ \Omega \cdot cm^2$ 的透明电极，而若搭配适当的金属层厚度设计，此透明电极于 470 nm 的透光率可达到 65%以上，且可达到均匀电流扩散的效果，至此，Ni/Au 合金结构的透明电极也多被业界所普遍应用。

但 Ni/Au 合金结构的透明电极侵犯了日本日亚公司的 JP2803742 号专利，因其专利内容限制透明电极的合金成分，凡透明金属电极中含有 Cr、Ni、Au、Ti、Pt 等两种或两种以上金属的，皆属于日亚化学公司的专利范围。因此虽然 Ni/Au 合金结构透明电极特性相当适合氮化镓发光二极管的大量生产，但许多厂家及研究人员为避免专利束缚，仍致力于其他合适的透明电极的研究，如表 3-2 所示为较具代表性的其他结构透明电极的研究。

透明电极主要是作为组件表面电流扩散层，但由于覆盖整个组件表面，因此电流扩散层必须透光，众所周知，镍或金等金属对于可见光波长为吸收，因此透明电极若要达到透明的效果，厚度上必须十分薄，以镍金合金为例，透明电极的总厚度通常小于 150 Å，并配合适当的合金退火条件，就可以有较佳的透光率。然而过薄的透明金属电极在可靠性及电流扩散上会产生问题，因此透明电极需要寻求最佳厚度。

表 3-2　P 型氮化镓金属电极研究[5]

| 金属组成（厚度） | 接触电阻 /Ω·cm² | 空穴浓度 /cm⁻³ | 热处理方法 | 作者（年份） |
|---|---|---|---|---|
| Pt/Ni/Au （20nm/30nm/80nm） | $3.1\times10^{-3}$ | $3\times10^{17}$ | As 沉积 | J. S. Jang（1998） |
| Ni/Mg/Ni/Si （25nm/5nm/25nm/240nm） | $9.6\times10^{-4}$ | 约 $3\times10^{17}$ | 400℃，30min，N₂ | E . Kaminska，等（1998） |
| Pd/Au（20nm/500nm） | $4.3\times10^{-4}$ | $3\times10^{17}$ | As 沉积 王水刻蚀 | J. K. Kim，等（1998） |
| Pt/Ni/Au （20nm/30nm/80nm） | $5.1\times10^{-4}$ | $3\times10^{17}$ | 350℃，60s，N₂ | J. S. Jang，等（1999） |
| Ta/Ti（60nm/40nm） | $3\times10^{-5}$ | $7\times10^{17}$ | 800℃，20min，真空，$p<10^{-1}$Pa | M. Suzuki，等（1999） |
| 氧化 Ni/Au（5nm/5nm） | $4\times10^{-6}$ | $2\times10^{17}$ | 400~500℃，10min，空气或 O₂ | Ho，等（1998） |
| Ni/Au（2nm/6nm） | $1.7\times10^{-2}$ | $3\times10^{17}$ | 450℃，N₂ | J. K. Sheu，等（1999） |
| Pt/Ru（20nm/50nm） | $1\times10^{-6}$ | $6\times10^{17}$ | 600℃，2min | J. S. Jang，等（2001） |
| Ti/Pt/Au（15nm/50nm/80nm） | $4.2\times10^{-5}$ | $2.5\times10^{17}$ | 800℃，2min，N₂ | L. Zhou，等（2000） |
| Pd/Ni （2nm/7nm） | $5.7\times10^{-5}$ | $3.3\times10^{17}$ | 500℃，O₂ | H. W. Jang，等（2001） |
| Ni/Pd/Au（20nm/20nm/10nm） | $1\times10^{-4}$ | $4.1\times10^{17}$ | 550℃，N₂ 或 O₂ | C. F. Chou，等（2000） |
| Ni/Pt （5nm/5nm） | $2.5\times10^{-2}$ | $2\times10^{17}$ | 400~500℃ | J. K. Ho，等（1999） |
| Pt/Ni/Au（8nm/5nm/7nm） | $9.12\times10^{-3}$ | $2\times10^{17}$ | 500℃，30s | C. Huh，等（2000） |

关于合金退火的条件，由何晋国（J. K. Ho）等人发表的论文[6]，发现在空气环境下进行热处理比在氮气环境下进行热处理的透光率及器件电流电压曲线（*I-V* curve）表现都较好（图 3-11），这也是目前普遍使用的热退火条件。

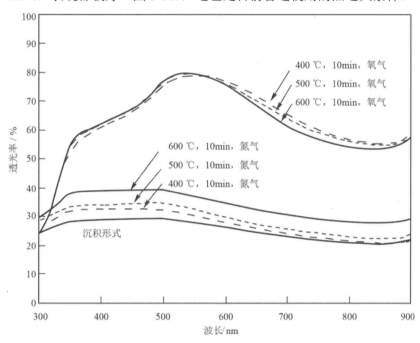

图 3-11　Ni/Au 合金结构（10 nm/5 nm）的透明电极在氮气及空气下热处理的透光率对应不同波长关系[6]

（2）氧化铟锡透明电极（ITO）　为解决氮化镓发光二极管表层的 P 型氮化镓电阻率较高，不易达到电流扩散目的的问题，发展出透明电极的想法，但随着应用端对于发光二极管亮度的需求日益提高，金属透明电极的透光率仅能达到 75%左右，对于每日渴望进行亮度提升的发光二极管从业人员而言，寻找能取代金属透明电极的材料便成为下一个目标。

氧化铟锡（tin indium oxides，ITO）是透明导电膜的一种，可将其使用在发光二极管上作为电流扩散层，由于其低电阻及高可见光透光率的特性，可解决旧金属透明电极对可见光透光率较差的问题。但一直以来，如何利用 ITO 在 P 型氮化镓材料上形成欧姆接触是需要克服的难题，但随着沉积技术的进步，可利用外延生长的技巧，在表层 P 型氮化镓上生长很薄的高掺杂浓度 N 型氮化镓，利用形成隧道结（tunnel junction）的方式，使 ITO 与氮化镓形成良好的欧姆接触而获得解决。此外由于 ITO 的导电原理是利用氧化产生氧的缺陷进行导电，因此蒸镀时需要进行加热，并通以氧气以使其充分氧化，并可确保 ITO 蒸镀的结晶质量，达到高透光率的目的。

### 3.2.2.4　透明电极的设计

透明金属电极（TCL）主要是帮助氮化镓发光二极管表层 P 型氮化镓的电流扩散。因此所有需要电流流经的部分，都希望被此透明电极覆盖，也就是说，透明电极的区域大小，等同于发光二极管的发光面积。对于一颗发光二极管芯片而言，电流是由 P 型氮化镓上的焊垫位置流入，再由 N 型氮化镓上的焊垫流出，以 P 型氮化镓来看，电流流入焊垫后，由透明电极流至远离 P 电极的部分（靠近 N 电极），但因为透明电极本身极薄，电流扩散能力有限，从芯片整体的角度来说，仍会有部分电流由焊垫的正下方流过，而焊垫位置不透光，所以在此区发出的光线有很大的比例被焊垫所遮挡，因此产生所谓的无效区域，如图 3-12 所示。

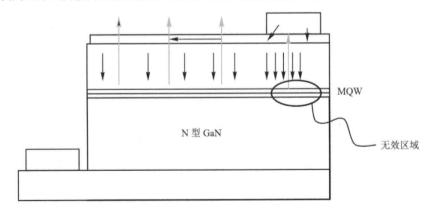

图 3-12　因金属透明电极较薄，电流扩散效果有限，焊垫下方形成电流密度最高的区域

解决无效区域的问题，可从透明电极的设计下手。较简易的方式如图 3-13 所示。

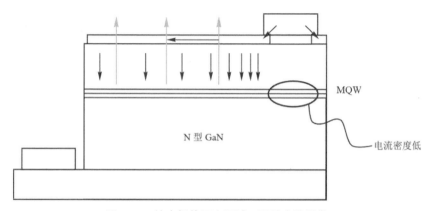

图 3-13 挖空焊垫下方区域，强迫电流扩散

只需挖空焊垫下方，让焊垫下方的区域没有镀上透明电极（如图 3-14 所示），而因焊垫的组成金属无法与 P 型氮化镓形成欧姆接触，电流无法直接流至焊垫下方的区域，便不会产生无效区域。原本流经无效区域的电子空穴对也可以在其他地方进行复合，提升发光二极管的整体发光效率。此种做法也称为电流阻挡层（current block layer）。

图 3-14 焊垫区域挖空的透明电极设计（尚未制作焊垫）

### 3.2.2.5 N 型欧姆接触与焊垫制作

N 型氮化镓的欧姆接触，早期使用较普及的金属组成多为 Ti/Al 合金，因为铝本身的热稳定性较差，而 N 型氮化镓欧姆接触所须的合金化温度一般都在 500℃ 以

上，因此需要较耐高温的覆盖层，而虽然 Au 是一相当适当且不易氧化的覆盖层，但因 Au、Al 在高温时极易反应，因此尚需一扩散阻挡层夹于其中，渐而演变为 Ti/Al/Pt/Au[7]，或者是以 Ti/Al/Ti/Au 形态在铝与金中间夹一阻挡层的结构。

其他相关的欧姆接触，如表 3-3 所示。

表 3-3  N 型氮化镓欧姆接触相关研究[5]

| 金属组成（厚度） | 接触电阻 /$\Omega \cdot cm^2$ | 电子浓度/$cm^{-3}$ | 热处理方法 | 作者（年份） |
|---|---|---|---|---|
| Ti/Al（30nm/200nm） | $8 \times 10^{-5}$ | $10^{17}$ | 900℃，30s | M. E. Cin，等（1994） |
| Ti/Al（25nm/100nm） | $6 \times 10^{-6}$ | $2.8 \times 10^{17}$ | 650℃ | A. T. Ping，等（1996） |
| Cr/Ni/Au（15nm/15nm/50nm） | $9.1 \times 10^{-5}$ | $10^{18}$ | 500℃，30s | T. Kim，等（1997） |
| Ti/Pt/Au（20nm/50nm/100nm） | $1.48 \times 10^{-5}$ | $5 \times 10^{20}$ | 700℃ | E. Ren，等（1997） |
| Ti/Al/Ni/Au（15nm/220nm/40nm/50nm） | $1.19 \times 10^{-7}$ | $2 \times 10^{19}$ | 900℃，30s | Z. Fan，等（1996） |
| Ti/Al/Pt/Au（25nm/100nm/50nm/200nm） | $8 \times 10^{-6}$ | $6.7 \times 10^{17}$ | 750℃ | C. T. Lee，等（2000） |

如前述做法，完成 N 型氮化镓上的欧姆电极后，需进行焊线用焊垫的制作，以氮化镓发光二极管为例，目前使用的焊垫金属多为黄金，主要原因是金不易氧化，且质地较软，相比之下会比较容易焊线键合（bonding），因此在制作焊垫的要求上，也会要求制作出软金质量的焊垫。所谓的软金，其实就是无杂质的黄金，黄金含杂质越多，质地越硬也较不易焊线。为使蒸镀出来的金无杂质，在蒸镀过程中通常会进行蒸镀腔体的温度控制，因为焊垫厚度一般设计在 1.8~2.5 μm 之间，若以电子枪蒸发（e-gun evaporator）5~10Å/s 的速率计算，也需要蒸镀 1~2h，如此长时间的蒸镀过程会大幅增加腔体温度，进而使得腔体内部腔壁出现杂质挥发的现象。腔体内的杂质随着蒸镀源一起蒸镀至外延片上，导致金镀层的杂质比例上升，增加了金的硬度，影响焊线。

此外，焊垫的大小对于发光二极管的特性也有影响，焊垫越小则遮光面积越小，但也增加了下游封装厂商焊线的难度，因此焊垫大小的设计，通常是亮度与封装端的折中。

如图 3-15 所示为 N 型欧姆接触与焊垫的完整制程顺序。

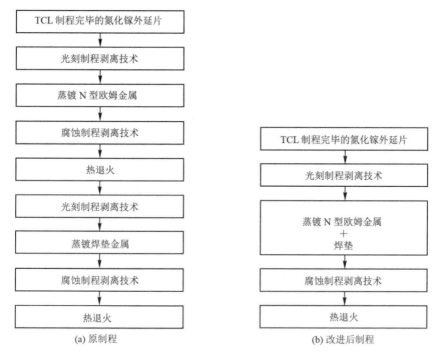

图 3-15　N 型欧姆接触与焊垫完整制作流程

而既然焊线用焊垫的材质为金，N 型氮化镓材料的欧姆接触顶层也为金，所以为节省制程，便可将 N 型的欧姆接触与焊垫制程一同进行蒸镀，再一同进行退火便可节省一道光刻制程，如图 3-16 所示。

由图 3-16 可发现，此种制程做法 N 型氮化镓的欧姆接触金属会堆叠于透明电极上，如果是金属透明电极便没有问题，但若是 ITO 透明电极，便需要考虑 ITO 与金属间的附着性（adhesion）。在可与 N 型氮化镓材料形成欧姆接触的金属中，铬（Cr）与 ITO 间的附着力相对较佳，因此铬金属常被作为 ITO 透明电极 LED 芯片的 N 型欧姆接触金属[7]。

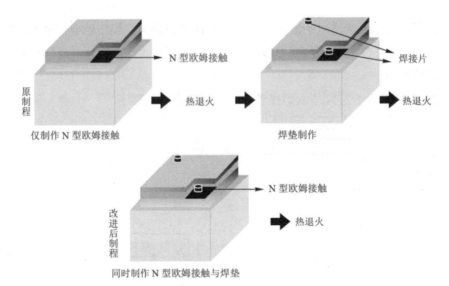

图 3-16　同时制作 N 型氮化镓欧姆接触与焊垫

制作焊垫的目的是使发光二极管芯片可以焊线，使电流有导入的地方，而因为焊线的要求，焊垫不论在大小、形状都有其基本的限制，无法在此部分有很大的发挥。虽然焊垫区域对于发光二极管而言是亮度上的损失，但是如何以最好的配置方式减少此种损失，也成为一个研究方向。焊垫位置的改变，也将直接影响发光二极管的电流扩散方式，对于整体发光效率的影响极大。

最典型的配置方式为日亚化学公司的 JP2748818 号专利，其以最简单的对角化配置，焊垫位置在角落，减少了发光面积的损失。如图 3-17 所示为各种形态的焊垫位置设计。

### 3.2.2.6　保护层制作

若使用透明金属电极的发光二极管，由于金属本身有氧化的问题及可靠性的考虑，且透明电极的厚度仅几十埃，电极相当脆弱，为使 LED 芯片寿命能更为长久，在金属电极上会加上一层保护层，此保护层所使用的材料多为 $SiO_x$ 或 $SiN_x$，因为 $SiO_x$ 或 $SiN_x$ 对可见光的透光率高，又可以隔绝金属透明电极与外界氧的接触，避免电极氧化现象发生。一般 $SiO_x$ 或 $SiN_x$ 保护层的制作多使用等离子体增强化学气相沉积（PECVD）的方式沉积。

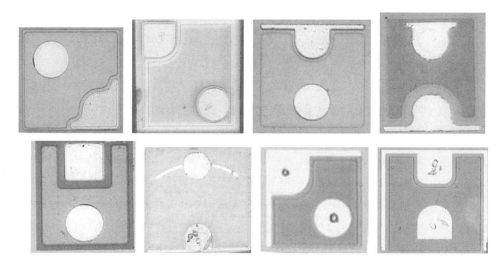

图 3-17　各种形态焊垫位置设计

## 3.2.3　芯片后段制程

后段制程包括减薄（研磨抛光）、测试、切割、分类等制程，主要目的是将整片外延片制作成独立且分离的发光二极管芯片，以便下游厂商进行封装。

而由于氮化镓材料衬底为不导电的蓝宝石，电极为共平面设计，因此电荷容易累积于芯片表面，在制程过程中造成静电击穿发光层的问题，此种现象会使得芯片本身的电性能出现异常，通常表现方式为出现反向的漏电流现象，将影响芯片性能。因此对于后段制程来说（尤其是芯片经过切割之后），各制备过程中的静电防护就显得相当重要。完整的静电防护包括了导电地板、设备接地、离子风扇、人员作业时需佩戴金属手环等。后段制程顺序如图 3-18 所示。

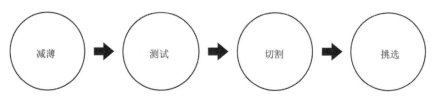

图 3-18　后段制程顺序

### 3.2.3.1　减薄制程

生长完毕的氮化镓外延片，厚度在 450~500 μm 之间，而在芯片阶段为了减小芯片的热阻，厚度须减少至 80~120 μm 之间，但为了制程方便及降低碎片率，会在金属电极制程结束后才进行减薄厚度的步骤，在此称为减薄制程。

减薄制程如图 3-19 所示。

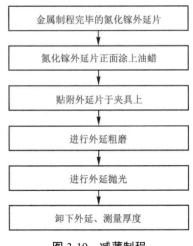

图 3-19　减薄制程

（1）粗磨　目前普遍使用的粗磨制程有两种方式。

①研磨方式　利用高硬度磨料配合加压方式进行研磨，实际执行方式是利用油蜡类的物质，将芯片正面直接贴于加压铁盘上，在此油蜡扮演的角色除了是芯片与加压铁盘间的贴附剂之外，也用来保护已经完成金属制程的外延片表面不至于在研磨过程中受到损伤，而搭配的高硬度磨料材质可以是 $Al_2O_3$、$SiC$ 等结晶物，粒径范围则在 40~80 μm 之间，根据所需的研磨速率与表面平整度而有所不同。此种方式的优点是设备价格较低廉，但缺点为制程时间较长，研磨速率为 1~2 μm/min，芯片的厚度均匀性不易控制，且机台的维护较为频繁，由于研磨制程中需施加物理外力，因此容易造成外延片上的应力累积，影响后段的切割制程。

②物理切削　利用钻石抛刀进行刨削减薄。此方式是利用高硬度的金刚石抛刀，以抛削方式将晶圆片一点一点地逐步切除，进行减薄。此种方式的优点是减薄相当快速，减薄速率为 20~40 μm/min，且不会造成外延片上的应力累积，但缺点为机台设备相当昂贵。

（2）抛光——修整外延片表面平坦度　外延片在经过粗磨制程后，厚度急剧下降，而表面也因为粗磨制程而变得相当粗糙，如此表面粗糙的状况将影响后续的切割制程，因此需利用物理抛光方式进行外延片表面处理。做法为使用铜或铝磨盘，配合金刚石磨料进行抛光，金刚石磨料粒径小至 0.5~3 μm，如同粗磨制程，以加压方式进行抛光处理。经过抛光处理过后的氮化镓外延片，抛光面的表面平均粗糙度（Ra）可控制于 50~100 Å。

经过减薄制程的外延片厚度薄，且外延片为氮化镓及蓝宝石的异质结构，因此芯片容易有翘曲的现象，如图 3-20 所示。

(a) 氮化镓外延片　　　　　(b) 完成金属化的外延片　　　　　(c) 研磨后翘曲的外延片

图 3-20　各段制程的氮化镓外延片比较

研磨制程所需监控的参数包含研磨厚度、厚度均匀性、表面平坦度、破片率等。研磨厚度不对将导致产品无法出货，厚度均匀性及表面平坦度不佳会影响后续的切割制程，碎片率高最大的影响则是生产成本高[8]。

### 3.2.3.2　测试制程

在完成研磨制程后，便可以对每一个 LED 图形（pattern）进行测试。主要测试项目包括正向电压（forward voltage）、反向电流（reverse current）、光输出（light output）、波长（wavelength）等。因为所有的 LED 图形（pattern）仍未进行切割分离，因此仅能使用探针接触测量法进行测量，此方式是将外延片固定于可等距移动的载具上，再用探针（probe）直接接触 LED 图形上已完成的焊垫，输入电流或电压进行各种特性测量（如图 3-21 所示）。因为是以探针直接接触焊垫，所以焊垫上会留下探针破坏的痕迹，因此探针的压力、针痕的大小，都是需要控制的项目。

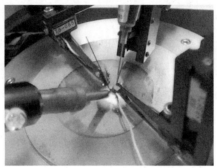

图 3-21　使用探针接触法测量 LED 芯片

对于发光二极管而言，最重要的光电特性莫过于光输出、波长、正向电压、反向电流等四项，见表 3-4。

表 3-4　LED 光电特性测量项目

| 项目 | 输入 | 测量单位 |
| --- | --- | --- |
| 光输出 | 电流 | mcd |
| 峰值波长 | 电流 | nm |
| 主波长 | 电流 | nm |
| 正向电压 | 电流 | V |
| 反向电流 | 电压 | μA |

光输出测量部分，简略由光特性谈起，由于光是一种电磁波，对于不同波长不同强度的光线我们可以定义其功率，单位是瓦特（W），是能量除以时间。对于一个点光源而言，由于光线是向四面八方发射，我们往往不容易测量到其所有发出的光线总和，因此不易得到其总光功率，所以定义以下几个单位，Radiance 描述的是单位立体角单位投射表面的辐射通量，Irradiance 描述的是入射表面的辐射通量。这些单位方便我们描述一个光源在特定方向上的光功率。

但因为人眼对于光线的可视范围是有限的，在 400~700 nm 之间，且对于不同波长光线的敏感程度不同。其曲线如图 3-22 所示。

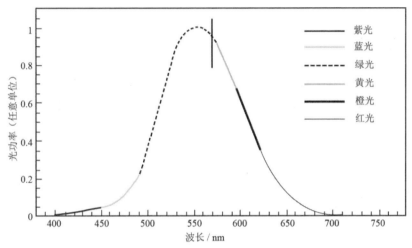

图 3-22　人眼对不同波长色光的光谱响应[9]

由图 3-22 可知，人眼对于波长 555 nm 附近的波长最为敏感，对于波长 400 nm 的紫光及波长 700 nm 的红光较不敏感，因此对于人眼来说，进入到眼睛内的光功率大小并不等于我们脑中感知的光输出大小。为修正这一问题，便需要对于可见光波段的强度描述进行修正。方法便是将光功率与人眼对于不同波长的视见函数进行加乘，此一加乘后的单位称作流明（lumen），也就是光通量的单位。如表 3-5 所示为光功率与光通量的等效单位。

由表 3-5 可知，使用光功率来描述所有波段的光线（包含不可见光），只是在可见光波长范围，光功率的大小与人眼所见的亮度大小不同，而光通量仅可使用于描述可见光范围的波段。这是我们在使用光输出单位时所需注意的。

由于氮化镓芯片多使用探针接触法进行测量，且测量时多半为外延片状态（chip on wafer），而非独立的芯片，因此将无法准确地量得整颗芯片的光通量，所以通常使用的光输出单位是毫坎德拉（mcd）。

表 3-5  光功率与光通量的等效单位

| 可见光波段 | | | | 全波段 | | |
| --- | --- | --- | --- | --- | --- | --- |
| 单位或物理量名称 | 简称 | 定义 | 备注 | 单位或物理量名称 | 简称 | 定义 |
| 流明 | lm | 光通量的单位 | — | 瓦特 | W | 光功率的单位 |
| 坎德拉 | cd | 单位立体角的光通量 | 1cd＝1 lm/sr（立体角单位） | 辐射强度 | W/sr | 单位立体角的光功率 |
| 勒克斯 | lx | 单位面积通过的光通量 | 1lx＝1lm/m$^2$ | 辐照度 | W/m$^2$ | 单位面积的光功率 |

而对于其他不可见光的 LED 芯片（如红外线、紫外线等），就必须使用光功率的单位加以描述。

（1）波长测量部分  LED 芯片与其他光源（如日光灯、白炽灯等）相比，较大的不同就是颜色纯度较佳，但比起激光，仍不算非常纯粹的单色光，因此对于波长的测量，通常会有以下两个参数。

峰值波长（peak wavelength），便是测量 LED 芯片所发出的光谱中，强度最高点的波长。

主波长（dominant wavelength），其定义是一光源的颜色在 CIE 色度坐标中的位置，与色度坐标 $x＝y＝0.3333$（白光）点的连线与马蹄形轨迹线相交交点所标示出的波长。而定义主波长的目的是寻找与光源颜色最接近的纯色光波长。如图 3-23 所示的光谱，其峰值波长为 413 nm，而主波长为 459 nm，表示此光谱的光线在人眼中所见，最接近于 459 nm 的纯色光。所以定义可见光 LED 芯片的颜色，均是以主波长来加以描述。仅有在人眼可见范围外波长的 LED 会使用峰值波长加以描述。

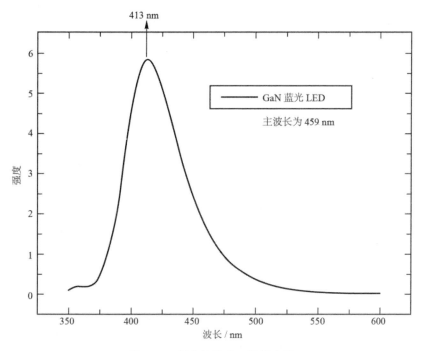

图 3-23 氮化镓发光二极管光谱

（2）电性能测量 LED 芯片在下游封装的使用常需要进行串并联等电路连接，或是在电路中扮演整流的角色。而根据电路设计的目的不同，对于 LED 芯片的电流电压曲线便需要加以挑选，因为单独测量每一颗芯片的电流电压曲线十分耗时，所以在测量电学性能时，多用正向电压代替，便是以等同于下游封装端所使用的驱动电流对于 LED 芯片进行电压测量，以筛选出电压较为接近的 LED 芯片，确保下游应用端在电路串并联应用时每颗芯片特性接近。此正向电压测量的驱动电流根据产品不同而定，以氮化镓蓝光发光二极管为例，16mil×16mil 以下尺寸多为 20 mA 或 5 mA。大尺寸的芯片则可能使用 50 mA 或 100 mA 甚至 350 mA 作为测量时的驱动电流。

理想的二极管可以达到完美的整流效果，也就是单向导通，但由于外延生长的过程或是制备中的差异，有少许芯片会出现漏电流的现象，此情形同样在下游应用端串并联电路时会造成困扰，所以也必须在芯片端施以反向偏压，将漏电流较大的芯片剔除。

现今的 LED 产业所使用的自动测试设备已相当进步，单位产出量相当高，平均测量一颗 LED 仅需 150~200 ms，并可同时得到光输出、波长、正向电压、反向电流等多种电学特性参数。

### 3.2.3.3 切割制程

氮化镓外延片切割制备的流程，如图 3-24 所示。

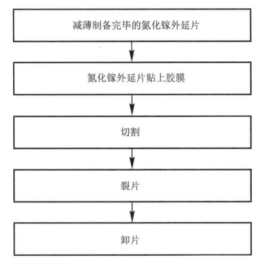

图 3-24　氮化镓外延片切割制备流程

由于氮化镓外延生长所使用的衬底为蓝宝石（sapphire），而蓝宝石的硬度为 8，仅次于钻石（金刚石）与红宝石，在切割工具的选择上受到许多限制。而经过研磨减薄后的氮化镓外延片厚度为 80~100 μm，因电极部分制作在外延片正面，为避免伤及电极，切割时多采用由外延背面切割的方式，也就是切割蓝宝石衬底的部分。

当前业界所使用的切割方式分为金刚石刀具切割及激光切割两大类。

（1）金刚石刀具切割　最早为 LED 业界引进用来切割氮化镓外延片的工具，主要是使用顶端镶有金刚石颗粒的金刚石刀具，在外延片背面进行切割，由于蓝宝石衬底硬度极高，且厚度虽经研磨但仍有 80~100 μm，因此无法一次切断，经由金刚石刀具在背面切割后，还需利用外力将未切割过的部分折断（一般称作裂片），如图 3-25 所示。

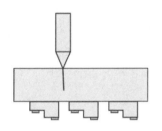

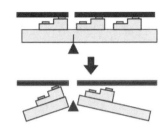

(a) 使用金刚石刀具切割外延片　　　　　　(b) 利用外力将晶片裂片

图 3-25　芯片切割与裂片

使用此方式进行切割时，由于切割时蓝宝石衬底因为研磨过程中的应力累积，因此切痕不一定会笔直的往下裂开，若裂痕略有偏离，裂片过程中很容易伤及正面电极，造成合格率下降。而因为金刚石刀具切割时易有裂痕方向无法掌握的问题，在外延片制备时，芯片与芯片边缘势必要留下一段切割纹道，以供切割时裂痕方向无法掌控的缓冲。一般若以金刚石刀具切割会预留 50 μm 左右的切割纹道，切割纹道越大，越能避免因切割造成的合格率下降的问题，但会造成晶面上无效面积的增加，影响单位外延片的产出率。

此外，金刚石刀具切割的另一缺点为，金刚石刀具相当昂贵且寿命短，相对来说切割成本就显得非常高，而且工人早期切割制程的熟练与否是影响氮化镓芯片产出合格率的重要因素。

（2）激光切割　因为传统金刚石刀具切割制程的高成本与合格率不易控制的特性，取而代之的是激光切割技术。由于激光聚焦范围小（beam spot），切割时没有物理外力挤压，因此不易造成蓝宝石衬底崩裂的现象，且因为聚焦技术的进步，可以将光束点控制在 10μm 以下，所需预留的切割道可以再行缩小，单位外延片的产出率也随之增加。激光切割随着机台设计的不同，也可以选择由外延片正面切割或由背面切割，工艺上的自由度也提升许多。但由于激光功率所限，目前普遍的激光切割设备也无法直接将芯片切透，同样需要使用裂片的方式将芯片折断，但由于前述原因，切割时无物理外力，因此裂片时芯片形状都可以保持得相当完整。

由于激光切割时是将基材烧出一道痕迹，因此在芯片的边缘会留下焦黑的切割痕迹，这种切割的残余物会影响亮度达 5%~10%。对于现今高亮度发光二极管对光输出要求很高的状况来说，这仍是激光切割有待改进的一大缺点。如图 3-26 所示为金刚石切割与激光切割的芯片外形比较。

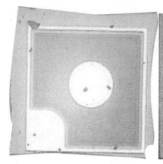 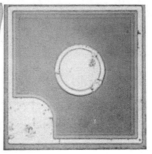

**(a)** 金刚石切割的芯片    **(b)** 激光切割的芯片

**图 3-26    金刚石切割与激光切割的芯片外形比较**

### 3.2.3.4    挑选制程

挑选制程是将芯片依照测试制程所得的测量值，依照等级不同使用机械手加以挑出分类。由于 LED 芯片尺寸随着成本降低越来越小，机械设备也必须跟着进步，目前主流机台的分类速率约为 200 颗/ms。

## 3.2.4    芯片检验方法

一颗合格的 LED 芯片必须规范以下几项要素。

（1）光电特性    光电特性部分如同测试制程章节所述，必须符合客户的要求，因为近年来要求渐趋严格，所以检验规格也日趋严谨。

（2）外观    由于发光二极管产业规模与以硅基材为主的 IC 产业相比较仍有距离，对于生产线自动化的程度也有差别，许多制程包含湿法刻蚀、外延片的放置（loading）、取出（unloading）仍多利用人工方式作业，因此仍旧会有部分比例的芯片有外观上的损伤，所以后段的目视检验作业必须进行。检验重点包括芯片外观是否污染，透明电极是否完好，焊垫是否有掀起或脱落的迹象，点测针痕是否过大，芯片表面或电极是否有刮伤等项目。而因为人工检验除效率上受到限制外，对于外观的判定也常因人而异，造成出货规格的困扰，因此随着计算机影像判定技术的进步，自动目检机也成为下一步制备流程改进的方向。

（3）键合性能（bond ability）　LED 芯片必须靠正负两极导入与导出电流才可以工作，而外界导入电流必须靠将导线焊上焊垫的动作才可完成这一完整回路。对于封装端来说，即便是高性能的芯片，若是在焊线性上有问题，则根本无法使用，因此对于芯片本身可焊性的检测，芯片厂会在出货前对芯片进行焊线测试，包括抽取一定数量芯片测试可焊性、焊线后进行拉力或推力测试、测试焊垫与芯片的附着程度等（adhesion）。

（4）可靠性　一般来说，可靠性的定义是芯片操作在指定的环境与时间区间，芯片的特性仍在可接受的范围内。为评估一个发光二极管芯片的可靠性，我们必须了解在不同操作环境下器件基本特性的变化，操作环境变化如电流变化、温度变化、湿气变化、机械外力变化等。

## 3.3　高功率 LED 芯片的制备工艺发展趋势

### 3.3.1　高功率 LED 芯片的发展方向

为了提升亮度，发光二极管芯片分为两个发展方向，一是加大芯片尺寸，二是改变 LED 结构提升发光效率。

#### 3.3.1.1　大尺寸高功率发光二极管

加大芯片尺寸是希望能以更大的电流驱动 LED 得到高的光通量，对于大尺寸芯片来说，不佳的电极设计会导致不好的电流扩散，造成电流集中，影响光输出，因此对于电极形状及结构的设计成了主要的研究方向。以 Lumileds 公司的大尺寸LED（1mm×1mm）为例（图 3-27），其电极设计成梳子状，目的是增进芯片的电流均匀分布，这种设计也成为大尺寸芯片的主流。如图 3-28 所示是各厂家的大尺寸芯片设计。

图 3-27　Lumileds 公司大尺寸 LED 芯片电极设计[9]

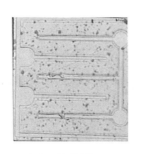

**(a) UOE**　　　　　　　　　**(b) Epitech**

图 3-28　各种大尺寸 LED 芯片电极设计

### 3.3.1.2　改变结构提升发光效率

讨论以蓝宝石为衬底生长的氮化镓发光二极管，传统的共平面电极，有以下几项缺点。

① 正面有两个焊垫，损失较多的发光面积。

② 共平面结构电流扩散较差，在 P 电极与 N 电极间易有电流拥挤效应（current crowding）出现。

③ 蓝宝石衬底散热不佳，影响器件寿命。

④ P 型氮化镓在上，需制作透明电极，影响光取出。

优势便是制作工艺已普及化且价格低廉。因有如上所述的传统共平面 LED 的缺点，从而衍生出以下的倒装芯片及垂直结构氮化镓发光二极管的制作技术。

### 3.3.1.3　倒装芯片技术

因为共平面电极正面两焊垫的限制，对于光取出有极大的影响，从而发展出背射型的 LED，称为倒装芯片（flip chip），如图 3-29(b)所示。将氮化镓 LED 翻转过来，以正面朝下方式将芯片的焊垫与衬底上的金属接触点接触，此结合点称作焊锡凸块（solder bump），而衬底多为散热效果好的材料，例如硅（Si）等，再加以封装。在芯片结构部分，原本的 P 型氮化镓透明欧姆电极需改变制作方式，作为光反射电极，使得光由背面取出，避免了传统结构 P 型氮化镓焊垫的遮光问题，而因为衬底导热较好，使得散热效果也比传统结构优良，用以增加器件寿命。

倒装芯片方式因为光取出量远比传统结构高，因此这概念名噪一时，但因为使用衬底，且在其上需另外制作焊垫供焊线使用，增加了芯片整体的面积与厚度，使得封装受到限制，在应用上并不方便，而且发光层仍会因为需要制作刻蚀平台而损失部分面积，因此在垂直形态的氮化镓器件概念出现后此概念逐渐淡出。如图 3-29 所示为不同的芯片结构图。

### 3.3.1.4　垂直型结构氮化镓发光二极管

因蓝宝石衬底非导体，必须进行干法刻蚀以制作电极，但若可在生长完 LED 结构后，以激光剥离方式将蓝宝石衬底进行移除，改为使用导电衬底，便可以制作出垂直结构的 LED，如图 3-29(c)所示，又称为薄膜氮化镓 LED（thin GaN LED）。

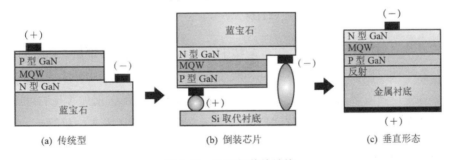

图 3-29　不同的芯片结构

制作流程为先在 P 型氮化镓上制作高反射率的欧姆电极，然后以黏合或电镀方式增加厚度 150~200 μm 的置换衬底，一般多选择导热性好且价格低廉的衬底，如铜、硅等材料，再以激光将蓝宝石衬底与 N 型氮化镓剥离，并以刻蚀方式取下蓝宝石衬底，便可以开始制作电极，如图 3-30 所示。

这种结构的 LED 的优点为：①发光层面积大，不会损失平台刻蚀区域；②垂直结构，封装较简便；③高导热衬底，导热性高；④N 型氮化镓朝上，因掺杂浓度高，电阻较低，可不需制作透明电极；⑤非共平面电极，电流扩散较佳，增加芯片可靠性。

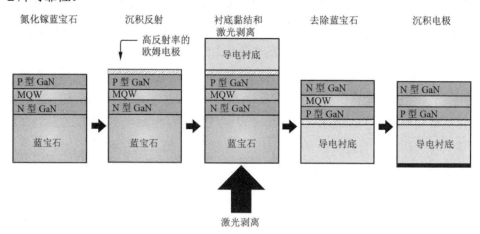

**图 3-30　薄膜 LED 制作流程**

## 3.3.2　高功率 LED 芯片的散热考虑

大功率 LED 为了达到高亮度、高功率的要求，除了对于外部量子效率的提升之外，散热效应也是需要注重的方向，散热越好的芯片，可以使用更大的电流加以驱动，在定电流时可以使得结温（junction temperature）更低，增加芯片的可靠性。

芯片的散热效果与其结构有着直接的关系。因电流输入发光二极管后，许多电子空穴对在发光区复合而产生光线，但未复合的电子空穴对则以声子的形态产生热量散出，因此以芯片的结构来说，发光层是芯片的主要热源。

一般计算芯片的散热效果是计算芯片发光层到外界环境（封装衬底）的热阻，芯片热阻的计算公式（3-1）：

$$R_{\mathrm{th}} = \frac{L}{KA} \tag{3-1}$$

式中，$K$ 为热导率；$A$ 为热传导路径的截面积；$L$ 为热传导路径的长度。

以标准产品为例，衬底厚度约为 90 μm，长宽各为 40 mil（约 1 mm）的大尺寸芯片，蓝宝石的热导率为 35~40 W/（m·K），所以热阻为[以 35 W/（m·K）计算]

$$R_{\mathrm{th}} = 90\mu\mathrm{m} / [35\mathrm{W} / (\mathrm{m·K}) \times 1\mathrm{mm}^2] = 2.57\mathrm{K/W}$$

若要降低芯片的热阻，一般而言有两种方法，如图 3-31 所示。

（1）缩短发光层与封装衬底间距离（缩短热传导路径）　如图 3-31（a）所示，因发光层产生的热源除少量辐射热之外，主要随着衬底导热至管座散出，若衬底厚度越薄，发光层距离管座越近，则芯片相对散热效果越好。以蓝宝石衬底为例，假定厚度降低为 80 μm，长宽同样各为 40 mil（约 1 mm）的大尺寸芯片，则热阻为：

$$R_{\mathrm{th}} = 80\mu\mathrm{m} / [35\mathrm{W} / (\mathrm{m·K}) \times 1\mathrm{mm}^2] = 2.29\mathrm{K/W}$$

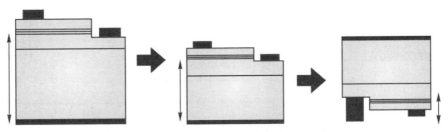

(a) 缩短发光层与封装衬底间距离（缩短热传导路径）

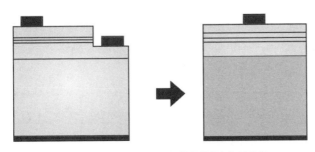

(b) 以散热衬底取代原衬底

图 3-31　芯片降低热阻的方法

较标准尺寸降低 11.11% 的热阻。但因为厚度越薄则在外延片形态（wafer form）越易产生碎片，影响合格率，过薄的厚度对于下游封装也会产生如固晶时短路等问题。

若以倒装芯片方式将芯片倒置于衬底上，发光层十分接近散热效果良好的衬底上，同样有助于增进散热效果。

（2）以散热衬底取代原衬底　因蓝宝石衬底导热性不佳，若可以去除蓝宝石后以散热性较佳的材料作为替代衬底，将可以增进芯片的散热效果，如图 3-31（b）所示。此类材料如磷化镓[75W/（m·K）]、锗[59.9 W/（m·K）]、硅[140~150 W/（m·K）]、铜[398 W/（m·K）]、碳化硅[280 W/（m·K）]等。

此类结构的发光二极管，其热阻根据材料及黏合制作方式不同，可低至传统蓝宝石衬底的 20%~60% 不等。若置换为铜衬底，因铜导热效果极佳，所以热阻更可低至 $R_{th}$ = 0.25K/W 左右。

综合以上几个降低热阻的方法，最理想的散热芯片结构应包含以下几点：

①发光层接近芯片底部；②芯片使用散热佳的衬底。

各种结构的 LED 芯片热阻比较如图 3-32 所示。

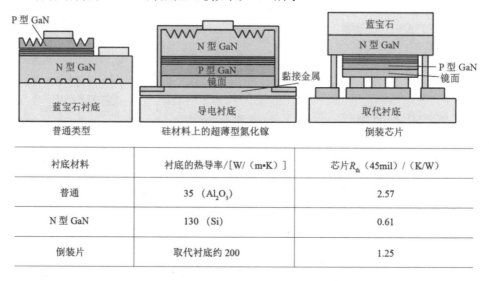

| 衬底材料 | 衬底的热导率/[W/（m·K）] | 芯片 $R_{th}$（45mil）/（K/W） |
|---|---|---|
| 普通 | 35 （Al$_2$O$_3$） | 2.57 |
| N 型 GaN | 130 （Si） | 0.61 |
| 倒装片 | 取代衬底约 200 | 1.25 |

图 3-32　各种结构的 LED 芯片热阻比较

因此目前最理想的散热芯片结构如图 3-33 所示。

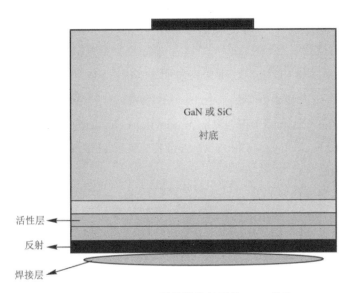

图 3-33　最佳散热效果的 LED 芯片

使用 GaN 或碳化硅衬底进行外延生长，因为 GaN 及碳化硅对于蓝绿光透光性好，因此可以直接使用倒装芯片概念，于表面制作反射层而背面出光，估计热阻 $R_{th}<0.1K/W$。但考虑实际应用时，因为碳化硅或 GaN 单晶衬底过于昂贵，且发光层过低，于下游封装时容易出现固晶短路的现象，所以此设计仍有不足之处。所以现阶段最佳做法仍是制作垂直结构形态的氮化镓芯片并将衬底置换为高导热材料。

## ● 结　语

芯片的电极制作过程决定芯片的制备质量，好的外延片需要优良的制备质量加以琢磨发光，制备质量的管控则取决于相关人员解决问题的经验与能力。而多样化的制备技术革新代表着发光二极管照明时代的来临，在未来，势必会有许多更新更具创意的制备技术出现，让我们拭目以待。

# 参考文献

[1] PIDA. 蓝光 LED 与 LD 之专利诉讼案发展，2001.

[2] 纪国钟，苏炎坤. 光电半导体技术手册. 中国台湾：台湾电子材料与元件协会.

[3] Dennis M Manos. Plasma Etching:An Introduction . Academic Press,1989.

[4] Chen L C, Ho J K, Jong C S, Chiu C C, Shih K K, Chen F R, Kai J J , Chang L.
Appl Phys Lett,2000, 76:3703.

[5] 史光国. 现代半导体发光及镭射二极管材料技术——进阶篇. 中国台湾：全
华图书股份有限公司，2010.

[6] Ho J K, Jong C S, Chiu C C, Huang C N, Chen C Y, Shih K K. Appl Phys
Lett,1999, 74:1275.

[7] Harle V, Hahn B, Kaiser S, Weimar A, Eisert D, Bader S, Plossl A, Eberhard F.
SPIE Proc,2003, 133:4996.

[8] 钻石磨轮及机械化学抛光复合制程应用于蓝宝石晶元薄化加工. 机械工业杂
志，254.

[9] 史光国. 半导体发光二极管及固态照明. 中国台湾：全华科技图书股份有限
公司，2005.

# 第4章

## 紫外线及蓝光发光二极管激发的荧光粉介绍

**4.1** 引言

**4.2** 荧光材料的组成

**4.3** 影响荧光材料发光效率的因素与定律

**4.4** 荧光粉种类概述

##  4.1 引言

近年来，白光发光二极管是最被看好且受全球瞩目的新兴产品之一，它具有体积小、热辐射量低、耗电量低、寿命长和反应速率快等优点。目前，其生产方式可分为单芯片型和多芯片型两大类，其中多芯片型需要多套与之相对应的控制电路，因而提高了成本，且因各芯片的寿命与衰减速率不尽相同，将导致所形成的白光光色随时间逐渐产生变化而使白光 LED 发光效率大幅度地降低。此外，单芯片型白光 LED 又称为 PC-LED 荧光粉转换 LED（phosphor converted LED），广泛采用"紫外线或蓝光 LED 芯片＋荧光粉"的制备方法，仅需单一芯片，相对于多芯片型比较节约成本。然而，各种形式 LED 需涂布不同种类与色泽的荧光粉，这也决定了荧光粉在半导体照明器件应用上扮演角色的重要性。

根据色彩调配原理，单芯片型白光 LED 具有三种显示途径：蓝光 LED 搭配黄色荧光粉；蓝光 LED 搭配红色和绿色荧光粉；UV-LED 搭配红、绿、蓝三基色荧光粉。其中以蓝光 LED 搭配黄色荧光粉发展最为成熟，但显色性不佳；而UV-LED 搭配红、绿、蓝三基色荧光粉可获得更好的演色性，且此方式可突破日亚公司专利的局限，因此目前是国内外研究重点所在。

概括来说，作为白光 LED 用的荧光粉必须符合紫外线或蓝光有效激发，并具有高的量子效率与稳定的物理化学性质，且使用的荧光粉种类繁多，所以需要考虑与评估相互配合时的电光转换效率、混成白光的色温、显色指数、各别荧光粉表面形貌与成分的劣化特性等综合因素后，才能制作出高效率与质量佳的白光光源。

##  4.2 荧光材料的组成

荧光体主要由下述几项组成[1]。

（1）主体晶格（host lattice，简称 H） 又称为母体材料。一般主体涵盖一个或数个阳离子与一个或数个阴离子结合而成，在激发过程中扮演的角色为能量传递者，而主体中的阳离子或阴离子必须不具光学活性（optically inert），如此能量的放射与吸收均由活化中心进行。阳离子的选择条件须具有如钝化的电子组态

（如 $ns^2np^6$、$d^{10}$）或具有封闭的外层电子组态（如 $f^0$、$f^7$、$f^{14}$），这样才不具光学活性，如表 4-1 所示为周期表中可作为荧光体主体的阳离子示意图。主体的选择对发光强度与光谱特性影响极大。其中，活化剂离子进入晶格位置的点对称（point symmetry）与配位数（coordination number）以及取代主体离子的半径大小均决定发光的行为。

表 4-1　荧光体主体的阳离子[1]

| | | | | | | | | | | | | | | | | | |
|---|---|---|---|---|---|---|---|---|---|---|---|---|---|---|---|---|---|
| H⁺ | | | | | | | | | | | | | | | | | He |
| Li⁺ | | | | | 形成荧光体的阳离子 | | | | | | | | | | | | Ne |
| Na⁺ | Mg²⁺ | | | | | | | | | | | | | | | | Ar |
| K⁺ | Ca²⁺ | Sc³⁺ | Ti⁴⁺ | | | | | | | | Zn²⁺ | Ga³⁺ | Ge⁴⁺ | | | | Kr |
| Rb⁺ | Sr²⁺ | Y³⁺ | Zr⁴⁺ | | | | | | | | Cd²⁺ | In³⁺ | Sn⁴⁺ | | | | Xe |
| Cs⁺ | Ba²⁺ | La³⁺ | Hr⁴⁺ | | | | | | | | Hg²⁺ | Tl³⁺ | Pb⁴⁺ | | | | Rn |
| Fr⁺ | Ra²⁺ | Ac³⁺ | 104 | | | | | | | | | | | | | | |

| | | | | | | | | | | | | | | |
|---|---|---|---|---|---|---|---|---|---|---|---|---|---|---|
| La³⁺ | | | | | | Gd³⁺ | | | | | | Lu³⁺ | | |
| Ac³⁺ | | | | | | Cm³⁺ | | | | | | Lw³⁺ | | |

阴离子团的选择有二：一是不具光学活性的阴离子团，二是具光学活性（optically-active）可充当活化剂的阴离子团。后者通称为自身活化（self-activated）的荧光体，如 $CaWO_4$、$YVO_4$ 等。如表 4-2 所示为周期表中可作为荧光体主体晶格的阴离子。

（2）活化剂（activator，简称 A）　又称为激活剂。作为活化剂的阳离子一般具 $(nd^{10})[(n+1)s^2]$ 电子组态或半填满轨道，如表 4-3 所示。此外，活化剂的添加本质上属于取代缺陷，则活化剂与主体阳离子的大小需相近，如相差太多将造成晶格的扭曲，则活化剂的种类与主体内的添加取代量便受到限制。

表 4-2　荧光体主体的阴离子[1]

| H | | | | | | | | | | | | | | | | | He |
|---|---|---|---|---|---|---|---|---|---|---|---|---|---|---|---|---|---|
| | | 形成荧光体的阴离子 | | | | | | | | | | | $BO_3^{3-}$ | | | $F^-$ | Ne |
| | | | | | | | | | | | | $AlO_3^{3-}$ | $SiO_4^{4-}$ | $PO_4^{3-}$ | $SO_4^{2-}$ | $Cl^-$ | Ar |
| | | | | | | | | | | | | $GaO_3^{3-}$ | $GeO_4^{4-}$ | $AsO_4^{3-}$ | $SeO_4^{2-}$ | $Br^-$ | Kr |
| | | | | | | | | | | | | $InO_3^{3-}$ | $SnO_4^{4-}$ | $SbO_3^{3-}$ | $TeO_4^{2-}$ | $I^-$ | Xe |
| | La | | | | | | | | | | | $PbO_4^{4-}$ | $BiO_3^{3-}$ | | | | Rn |
| | Ac | 104 | | | | | | | | | | | | | | | |

| La | | | | | | | | | | | | | | |
|---|---|---|---|---|---|---|---|---|---|---|---|---|---|---|
| Ac | | | | | | | | | | | | | | |

表 4-3　活化剂的阳离子[1]

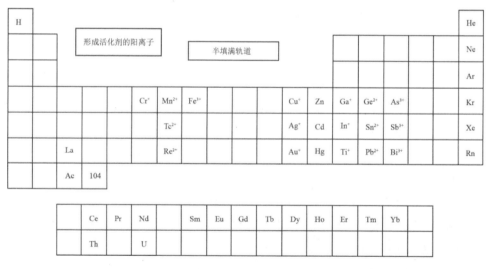

| H | | | | | | | | | | | | | | | | | He |
|---|---|---|---|---|---|---|---|---|---|---|---|---|---|---|---|---|---|
| | | 形成活化剂的阳离子 | | | 半填满轨道 | | | | | | | | | | | | Ne |
| | | | | | | | | | | | | | | | | | Ar |
| | | | Cr* | $Mn^{2+}$ | $Fe^{3+}$ | | | | $Cu^+$ | Zn | $Ga^+$ | $Ge^{2+}$ | $As^{3+}$ | | | | Kr |
| | | | | $Tc^{2+}$ | | | | | $Ag^+$ | Cd | $In^+$ | $Sn^{2+}$ | $Sb^{3+}$ | | | | Xe |
| | La | | | $Re^{2+}$ | | | | | $Au^+$ | Hg | $Ti^+$ | $Pb^{2+}$ | $Bi^{3+}$ | | | | Rn |
| | Ac | 104 | | | | | | | | | | | | | | | |

| Ce | Pr | Nd | | Sm | Eu | Gd | Tb | Dy | Ho | Er | Tm | Yb |
|---|---|---|---|---|---|---|---|---|---|---|---|---|
| | Th | | U | | | | | | | | | |

（3）增感剂（sensitizer，简称 S）　因取代主体晶格中特定离子位置，称为共掺杂剂（co-dopant），用来协助能量传递以提高发光效率。其原理是吸收激发光源能量，同时转移给活化中心，因而提高发光效率。例如：$BaMgAl_{10}O_{17}$：$Eu^{2+}$，$Mn^{2+}$，因 $Eu^{2+}$ 吸收紫外线后部分能量由 $Eu^{2+}$ 释放，部分能量则传递至 $Mn^{2+}$ 的激发态，经

由发光过程使 $Mn^{2+}$ 回至基态而发射荧光。

（4）助熔剂（flux）　为促进高温固相反应，可采用在反应物中添加助熔剂的做法，而助熔剂法又称高温熔液法（high-temperature solution method）或熔盐法（molten salt），即选择某些熔点比较低，并且对产物发光性能无害的碱金属或碱土金属卤化物、硼酸等，添加于反应物中。助熔剂在高温下熔融，可提供半流动态的环境，有利于反应物离子间的相互扩散，有利于产物的结晶，并且不与反应物发生化学反应、形成副产物或改变最终产物的特点[2]。

## 4.3　影响荧光材料发光效率的因素与定律

荧光粉本身的发光效率，受限于主体化学组成、活化剂种类与浓度、热稳定性等因素。本节将介绍一些影响发光效率的要素。

### 4.3.1　主体晶格效应

不同的主体晶格，活化剂离子所处的环境也有所不同，因此其发光特性也就有所差异。若能够了解主体晶格对发光特性的影响，即能预测荧光材料发光的性质。在不同主体晶格中，主要有两个影响光谱特性的因素：一为主体共价性；二为主体结晶场的强度。

对共价性因素而言，当共价性增加时，电子间的作用力将呈现减弱现象。在不同能级间，电子跃迁的能量取决于电子间的作用力，所以当共价性增加时，促使其对应的电子跃迁往低能量偏移。而主体晶格具有较高的共价性时，意味着其阴离子间的阴电性差异变小，故对应的电子转移（charge-transfer）跃迁的能量也往低能量偏移[3]。

对结晶场强度因素而言，不同的主体晶格具有不同结晶场强度，故将造成不同能级差的分裂，最常见的例子为其有 d 价轨道的过渡金属离子，其电子的跃迁对应波长取决于结晶场强弱，不同电子组态的过渡金属离子，其受结晶场强度的影响而造成能级分裂情形不同。

## 4.3.2 浓度淬灭效应

对某特定的化合物起活化作用，使原不发光或很微弱的发光材料发光，这是发光中心的主要组成部分，受外界能量激发后，将能量传递给其他未受激发的活化剂，因而产生可见光。

当活化剂的浓度已达或超过一定值后，其发光效率并不再提升，最后起到毒剂（poison）的作用，使能量于主体晶格中消耗，造成发光效率降低，此现象称为浓度淬灭（concentration quenching）[4]，这是由于活化剂浓度过高，能量在活化剂间传递概率超过发射概率，导致激发能量重复在活化子间传递。

根据活化剂与主体晶格相互作用强弱，可区分为两类。其中一类，因电子屏蔽效应（screening）造成其与主体晶格相互作用微弱，如具 4f 价轨道的稀土元素。另一类则与主体晶格相互作用较强，如过渡金属或含 $s^2$ 电子组态的离子。

## 4.3.3 热淬灭

以荧光体发光效率对温度作图，如图 4-1 所示，若于曲线中取发光效率为 80% 与 20% 两点，通过此两点作一直线，则此直线与代表温度的横轴的截距定义为淬灭温度（quenching temperature, $T_q$）[5]。

对荧光体的使用来说，当环境温度高于荧光体热淬灭温度时，被认为不发光；反之当环境温度低于 $T_q$ 时，则可发光。如图 4-2 所示，高温下荧光体的电子被激发至激发态后，获得热能并借由振动（vibration）至一更高的振动能级，而此能级若刚好位于激发态与基态势能曲线的交点，表示其能量是相等的。因此，此时电子可能经由振动而耗损能量回至晶格的最低能级，结果造成激发能量耗损在晶格中，不贡献于发光。当激发态与基态的金属离子与配位基的距离差（$\Delta R$）愈大时，非辐射缓解的机制愈容易发生，一般将有较低的淬灭温度。

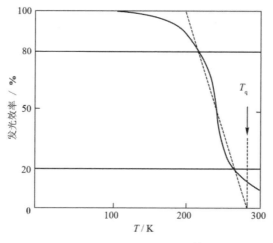

图 4-1　淬灭温度的曲线[5]

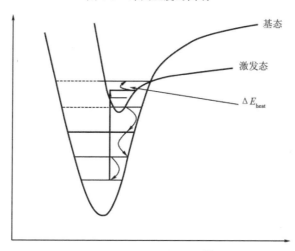

图 4-2　热淬灭的能级[5]

## 4.3.4　斯托克斯位移与卡萨定律

当活化中心吸收能量后，跃迁至激发态的最低振动能级，再经以非辐射的缓解方式将能量传递至周围晶格，此时发射光谱能带将往低能带位移，此位移称斯托克斯位移（Stokes shift），如图 4-3 所示。若两抛物线的力常数相同（即曲线形状相同），则可将每一个抛物线缓解过程能量的损失表示为式（4-1）[6]：

$$斯托克斯位移=2Sh\nu \qquad (4-1)$$

式中，$S$ 为 Huang-Rhys 耦合常数，代表电子-晶格振动耦合的积分因子；$h\nu$ 为两振动能级间的能量差。当 $S<1$ 时，为弱耦合；$1<S<5$ 时，为中度耦合；$S>5$ 时，为强耦合。而斯托克斯位移与 $(\Delta R)^2$ 成正比，所以 $\Delta R$ 越大，斯托克斯位移越大，光谱的波峰也越宽广。

一般而言，荧光体的离子半径越大，则 $\Delta R$ 也越大，即主体晶格环境越软化（softer），结晶性越差。反之，越刚性（rigid）的结构其斯托克斯位移越小，以非辐射缓解将能量释放越少，如氮化物具有较强的共价性质，多见斯托克斯位移小的。

除斯托克斯位移现象，另一发光过程中常见的特性是，不论使用的激发光源能量多少，都将获得相同的发射光谱，则称之为卡萨定律（Kasha rule）。当发光物质受不同能量激发而电子跃迁至不同激发态（如 $S_1$ 与 $S_2$），经过振动缓解与内转换过程后大部分电子位于最低振动能级的 $S_1$ 状态，所以最后的荧光均由相同的能级跃迁而产生，也就是不同激发波长，将得到相同的发射光谱。

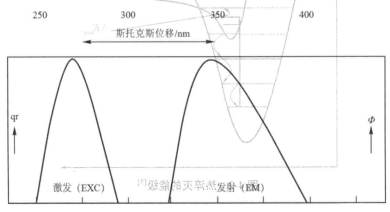

图 4-3　荧光体的斯托克斯位移[6]

## 4.3.5　法兰克-康顿原理

依据法兰克-康顿（Franck-Condon）原理考虑双原子的电子能级跃迁，因原子核的质量比外层电子大，因此其振动频率相对较小，因电子跃迁速率非常快，当电子由基态跃迁至激发态时，物质内部发光中心与配位原子核的间距（$\Delta R$）可视为未曾改变，故原子间最可能的距离为其平衡时的距离。假定基态平衡距离为 $R_0$，激发态平衡距离为 $R'_0$，两者差值为 $\Delta R = R'_0 - R_0$，如图 4-4 所示。$\Delta R$ 主要为主体晶格与活化中心交互作用，由所引起的振动耦合（vibronic-coupling）造成。当 $\Delta R = 0$，称为零点跃迁（zero-transition）或无声子跃迁（non-phonon transition），其耦合作用最弱，吸收与发射光谱都为窄峰（sharp peak）。当 $R > R_0$ 或 $R < R_0$，因主体晶格与活化中心交互作用，产生声子波传递（phonon wave propagation）所引起的振动耦合，故当 $\Delta R \gg 0$ 时，为强耦合作用，所展现的光谱为宽带峰[7]。

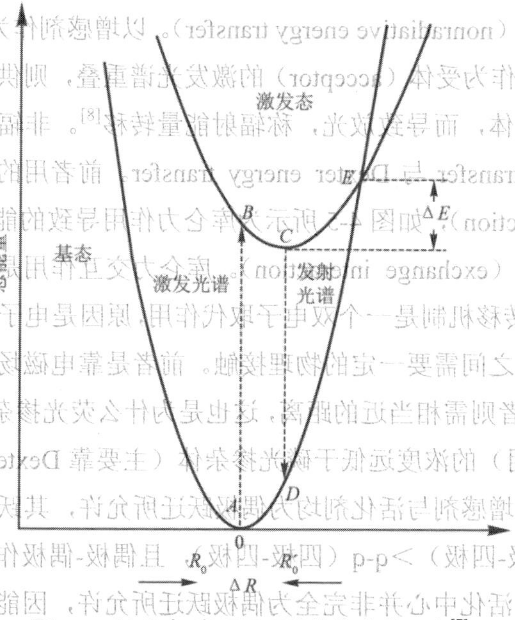

**图 4-4　法兰克-康顿原理的势能曲线示意[7]**

基态与激发态势能曲线的水平相对位置，也影响基态与激发态振动能级的结构，其关系可由法兰克-康顿常数 $S(ve, vg)^2$（Franck-Condon factors）表示。当电子由基态跃迁至激发态时，其跃迁偶极矩（transition dipole moment）$\mu eg = <e|\mu|g>$，偶极矩 $\mu$ 为电子-电子与电子-质子的向量总和；

$$\mu = -e\sum r_i + e\sum Z_i R_i \tag{4-2}$$

式中，$r$ 为电子与电子之间距离；$R$ 为电子与原子核之间距离。其强度 $|\mu eg|^2$，

此值正比于基态与激发态的振动能级波函数重叠积分（overlap integral）平方[$S(ve,$ $vg)^2$]，故可由 $S$ 值了解基态与激发态之间振动能级的重叠状况。若 $S=1$ 则基态与激发态的振动能级波函数具有最好的重叠（perfect match），此时能量跃迁概率最大；反之，若 $S=0$，其波函数之间也就不利于跃迁的发生。

## 4.3.6 能量传递

荧光物质被激发后其能量转移可分为辐射能量转移（radiative energy transfer）与非辐射能量转移（nonradiative energy transfer）。以增感剂作为供体（donor），其放光波长与活化剂作为受体（acceptor）的激发光谱重叠，则供体放出的光可被受体吸收并激发此受体，而导致放光，称辐射能量转移[8]。非辐射能量转移又可分为 Förster energy transfer 与 Dexter energy transfer。前者用的是库仑力相互作用（Coulombic interaction），如图 4-5 所示为库仑力作用导致的能量传递；后者则是电荷直接转移作用（exchange interaction）。库仑力交互作用是在有距离的情况下发生的。电荷直接转移机制是一个双电子取代作用，原因是电子云（electron clouds）的重叠，所以它们之间需要一定的物理接触。前者是靠电磁场交互作用故可在较远的距离发生，后者则需相当近的距离，这也是为什么荧光掺杂体（主要靠 Förster energy transfer 作用）的浓度远低于磷光掺杂体（主要靠 Dexter energy transfer 作用）的浓度。假定增感剂与活化剂均为偶极跃迁所允许，其跃迁强度 d-d（偶极-偶极）＞d-q（偶极-四极）＞q-q（四极-四极），且偶极-偶极作用具最大能量转移概率。若增感剂与活化中心并非完全为偶极跃迁所允许，因能量传递与距离成反比，故偶极-四极与四极-四极间作用将因两者距离缩短而增强。能量转移根据下列方程式（4-3）的描述：

$$P_{SA} = 2\pi/h\,|<S,A^*|H_{AS}|S^*,A>|^2 \int g_S(E)g_A(E)\,\mathrm{d}E \qquad (4\text{-}3)$$

式中，积分表示光谱重叠；$P_{SA}$ 表示增感剂至活化剂的能量传递速率；$H_{AS}$ 为汉弥尔顿运算符；$S$ 与 $S^*$ 分别表示电子基态与激发态的状态函数。活化剂与增感剂需具有共振的相互作用，才具较高的能量传递概率，也就是可得较大的 $P_{SA}$ 值。

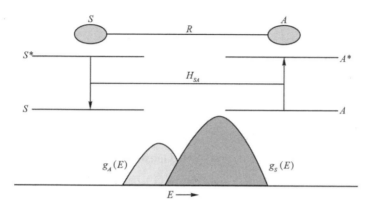

**图 4-5　库仑力作用导致的能量传递**

 ## 4.4　荧光粉种类概述

作为白光 LED 用的荧光粉须具备下列几项特点：①在紫外线或蓝光芯片激发下，能产生高效率的发射光，且符合白光光谱要求，光转换效率高；②荧光粉激发光谱应与紫外线或蓝光 LED 芯片发射光谱相匹配；③荧光粉物理与化学性能稳定，且防潮，并不与芯片及封装材料产生作用；④拥有高热稳定性；⑤荧光粉颗粒大小为 5~10μm 且表面形貌缺陷少。

人们可以依据上述条件去寻求所需的荧光粉或研发适用于紫外线及蓝光激发的粉。目前，可被紫外线或蓝光激发而发射可见光的荧光粉种类丰富，本节将介绍现今市面上常用的各类荧光粉并总结分为五大类：铝酸盐、硅酸盐、磷酸盐、含硫系列与其他 LED 荧光粉。

### 4.4.1　铝酸盐系列荧光粉

1996 年日本日亚化学（Nichia）公司在 GaN 蓝光发光二极管（light emitting diodes, LED）的发展基础上，推出以蓝光 LED 激发钇铝石榴石（yttrium aluminum garnet, YAG）产生黄色荧光，此黄色荧光进而与蓝光混合产生白光，属于日亚化学公司的专利范围（专利：US5998925）[9]。为此，各国研究单位与业界纷纷地寻求及研发新的产品，以便避开专利局限，例如：欧司朗研发$(Tb_{1-x-y}, Re_x, Ce_y)_3(Al, Ga)_5O_{12}$（缩写 TAG：Ce），主要是以 YAG 为基础，另添加稀土元素（Tb）而得到新的黄色荧光粉，并申请白光 LED 专利（专利：US6669866）[10]，此化合物的光谱具有比 YAG：Ce 更为广阔的发光特性，因此可应用于低色温白光 LED 的制作，但实际上发光效率却略低于 YAG：Ce。

### 4.4.1.1 $Y_3Al_5O_{12}$(YAG)

自从 1957 年由 Geller 与 Gilleo 合成 $Y_3Fe_5O_{12}$(YIG)，并发现其具有铁磁性[11]，许多人开始研究这一结构。到 1964 年由 Geusic 等人[12]将铝（Al）和镓（Ga）离子取代铁（Fe）离子，发现 $Y_3Al_5O_{12}$(YAG) 有特殊的激光光学性质，揭开了YAG 的研究序幕。由研究显示 YAG 不仅是激光光电材料，更可以是荧光材料。此后，Geller[13]以 YIG 定出石榴石（garnet）结构，其空间群为 $Ia\text{-}3d$，属于立方晶格（cubic），化学式为 $X_3(A_3B_2)O_{12}$（即 $Y_3Al_3Al_2O_{12}$ 或 $Y_3Al_5O_{12}$），每一单位晶格含有八个上述化学式单位所含的原子数。其中 A 表示 Al 填于由氧原子所构成的正四面体中心，B 表示 Al 填于由氧原子所构成的正八面体中心。如图 4-6 所示为 YAG 的晶体结构图。

纯相具有钇铝石榴石型结构的 $Y_3Al_5O_{12}$（YAG）随着添加不同的稀土元素离子，可发射不同颜色的荧光。举例而言，若以铈（$Ce^{3+}$）为活化中心，则可由 $Ce^{3+}$ 的 5d→4f 电子跃迁（如图 4-7 所示）产生黄色荧光[14]。当只有主体晶格能级存在时，其所发出的荧光位于紫外线区，无法为人眼所辨别，但当添加少量铈取代时，即可使其荧光位于可见光区而得到应用。此外，YAG：$Tb^{3+}$ 发绿光、YAG：$Eu^{3+}$ 发红光、YAG：$Bi^{3+}$ 发蓝光等。

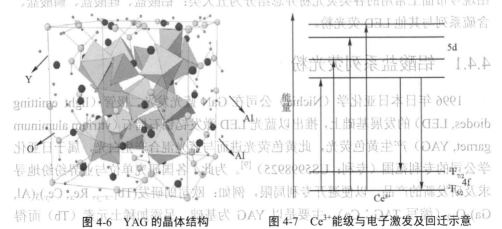

图 4-6  YAG 的晶体结构          图 4-7  $Ce^{3+}$ 能级与电子激发及回迁示意

激发光谱（excitation spectrum）和发射光谱（emission spectrum）是常用于测定荧光粉主要特性的方法。此分析方法可鉴定不同材料特性，并常在研究过程中提供许多重要线索，用来协助研究者开发更好的发光材料。Jacobs[15]曾提出 YAG：Ce$^{3+}$的能级图，以及室温下吸收与荧光光谱，如图 4-8 所示。三价铈基态（ground configuration）为 4f$^1$且具有两个自由离子态（free-ion states），即 $^2$F$_{5/2}$ 与 $^2$F$_{7/2}$，其分隔间距大约为 2300 cm$^{-1}$。就自由离子而言，激发组态为 4f$^0$5d$^1$ 的 5d 电子所形成的 $^2$D 项（term）会因自旋-轨道耦合作用（spin-orbit coupling）分裂成 $^2$D$_{3/2}$ 与 $^2$D$_{5/2}$ 两种能态。因为激发态 5d 电子的半径波函数（radial wave function）在空间中的延展度比封闭的 5s$^2$5p$^6$ 壳层高，所以其能态强烈地受到主体晶格中配位场（ligand field）的干扰（perturbed），也因此影响了 5d 能带的本质。在 YAG：Ce$^{3+}$中最低的两个 5d 能级相关的强吸收带位于 340 nm 与 460 nm。鲜明的黄绿荧光是因由最低的 5d 能态跃迁至 $^2$F$_{5/2}$ 与 $^2$F$_{7/2}$ 能级所致，其中心波长位于 550~560 nm 且光谱带宽约为 1500 cm$^{-1}$。此外，值得注意是，4f-5d 跃迁所致的相对较宽的光谱谱带与 4f$^n$$^*$→4f$^n$ 稀土元素跃迁所致的窄线（narrow-line）光谱特性明显不同，而且前者于声子加宽（phonon broadened）的 4f$^0$5d$^1$ 与三价铈的 4f$^1$ 之间也反映出相当大的斯托克斯位移现象。

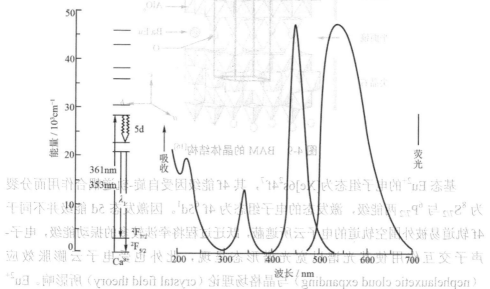

图 4-8　Y$_3$Al$_5$O$_{12}$：Ce$^{3+}$于 295K 的吸收与荧光光谱及其能级[15]

#### 4.4.1.2　BaMgAl₁₀O₁₇(BAM)

$BaMgAl_{10}O_{17}$ 的结构属于 β-氧化铝（β-alumina）结构。由 $MgAl_{10}O_{16}$ 所构成类尖晶石结构的次晶格堆叠（spinel blocks），每一尖晶石次晶格由四层最密堆积的 $O^{2-}$ 所组成，$O^{2-}$ 层之间存在四配位（四面体）及六配位（八面体）两种格位。$Al^{3+}$ 的配位环境为四面体与八面体两种对称，其中 $Mg^{2+}$ 取代部分处于四面体结构的 $Al^{3+}$，不同尖晶石次晶格堆叠之间则由 BaO 所架构的传导面（conduction plane）所分隔。如图 4-9 所示为 BAM 的晶体结构图，其属于六方晶系，晶轴 $a = b \neq c$；$\alpha = \beta = 90°$，$\gamma = 120°$，空间群为 $P6_3/mmc$。

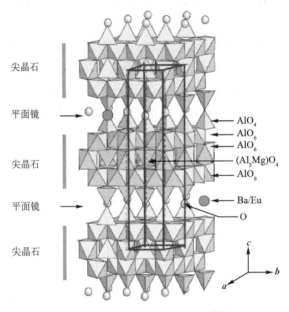

**图 4-9　BAM 的晶体结构**[16]

基态 $Eu^{2+}$ 的电子组态为 $[Xe]6s^24f^7$，其 4f 能级因受自旋-轨道耦合作用而分裂为 $^8S_{7/2}$ 与 $^6P_{7/2}$ 两能级，激发态的电子组态为 $4f^65d^1$。因激发态 5d 能级并不同于 4f 轨道易被外围空轨道的电子云所遮蔽，跃迁过程将牵涉较多的振动能级，电子-声子交互作用使其光谱以宽光谱形态呈现，此外也受电子云膨胀效应（nephelauxetic cloud expanding）与晶格场理论（crystal field theory）所影响。$Eu^{2+}$ 的 4f-5d 间电子跃迁为宇称选择律所允许具有的高荧光效率，在固态荧光材料中的应用极为广泛。Kim[17]等人先就其掺杂不同浓度的活化中心（Eu$^{2+}$）对荧光效率的变化在此系列的荧光粉体做一探讨，如图 4-10 所示为(Ba$_{1-x}$Eu$_x$)MgAl$_{10}$O$_{17}$ 不同掺杂浓度的 Eu$^{2+}$，用 450 nm 监测的激发光谱[图 4-10(a)]与用 VUV 激发的发射光谱[图 4-10(b)]。在图中可发现 Eu$^{2+}$摩尔分数由 2.3%变化至 11.6%时，其荧光强度随活化中心浓度增强而增强，而掺杂浓度高于 15.8%时，强度却逐渐衰减，此现象是由浓度淬灭效应（concentration quenching）所造成。此淬灭效应产生因素有以下两点。

①自身吸收（self-absorbing）或自消光（self-quenching）效应，如同液态荧光现象，固态溶液于高活化中心浓度时，吸收物种平均距离缩减使活化中心产生的荧光被另一活化中心所吸收，进而导致荧光强度减弱。

②能量传递至非放光中心，能量损耗造成荧光效率降低。

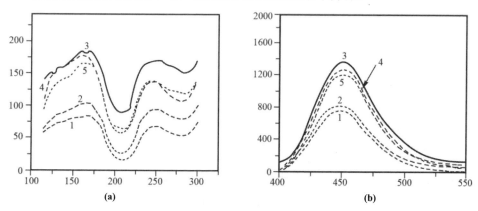

**图 4-10**　(Ba$_{1-x}$Eu$_x$)MgAl$_{10}$O$_{17}$**不同掺杂浓度的激发光谱(a)与发射光谱**

(b)（1%~2.3%; 2%~5.3%; 3%~11.6%; 4%~15.8%; 5%~15.8%摩尔分数）[17]

## 4.4.2　硅酸盐系列荧光粉

此系列荧光粉是近几年来报道较多可应用于白光 LED 的荧光粉，大部分焦点集中于(Ba, Sr)$_2$SiO$_4$：Eu$^{2+}$化合物，也就是堪称能与 YAG：Ce 相媲美的新型黄色荧光粉。中国大连路明集团在 1997 年申请硅酸盐类荧光粉专利（专利：US6093346）[18]，其通式为 $a$MO·$b$M'O·$c$SiO$_2$·$d$R：Eu, Ln（M 为 Ca, Sr, Ba 或 Zn; M'为 Mg, Cd 或 Be; R 为 B$_2$O$_3$ 或 P$_2$O$_5$; Ln 为 Nd, Dy, Ho, Tm，La, Pr, Th, Ce, Mn, Bi, Sn 或 Sb），激发范围

250~500nm，发射峰位于 450~580nm。该荧光粉是一种长余辉发光材料，其余辉颜色为蓝色、蓝绿色、绿色、绿黄色与黄色。之后，丰田合成在 2001 年发表专利（专利：US6809347）[19]，内容主要陈述硅酸盐类荧光粉配方及合成，其通式为 $(2-x-y)SrO·x(Ba_u,Ca_v)O·(1-a-b-c-d)SiO_2·aP_2O_5·bAl_2O_3·cB_2O_3·dGeO_2：yEu^{2+}$，其激发范围 300~500nm，发射光谱范围 430~650nm 的黄绿、黄色甚至橙色。到了 2003 年，Philips 公司申请专利（专利：WO03/080763）[20]，利用绿色荧光粉 $(Ba_{1-x-y}Sr_xCa_y)_2SiO_4：Eu_z$ 与某种红色荧光粉搭配 450~480 nm 的蓝光芯片来形成白光。Intematix 公司也专门研究硅酸盐类荧光粉，并在 2004 年申请相关专利[21,22]（其中 US2006/002812 申请中[21]及获得 US2008073616[22]），其专利内容提及化合物通式为 $A_2SiO_4：Eu，D$，其中 A 为 Ca、Sr、Ba、Mg、Zn、Cd，D 为卤素元素，或是 P、S、N，其激发波长 280~490nm，而发射波长为 460~590nm。由上述各文献中可了解硅酸盐类荧光粉的重要性。以下将介绍此系列荧光粉的一些物理及化学性质。

### 4.4.2.1　$(Ba, Sr)_2SiO_4：Eu^{2+}$

$Sr_2SiO_4$（strontium orthosilicate）主要拥有两种不同的主相，在低温时属于单斜晶系（β-$Sr_2SiO_4$），而在高温时属于斜方晶系（α-$Sr_2SiO_4$），这一相变的临界温度约为 85℃[23]。如表 4-4 所示，所有化合物均属于 α 相的 $Sr_2SiO_4$，其空间群为 Pnma，且掺杂不同金属离子来取代主体中锶（Sr）的位置，因离子半径不同（$r_{Ca^{2+}}<r_{Sr^{2+}}<r_{Ba^{2+}}$），造成晶格常数改变，但因取代的量很小，因此主体晶相几乎无任何变化。另外，在锶硅酸盐晶体结构中，锶（Sr）的分布在两个不同位置，Sr(1)沿着 c 轴形成 Si-O-Sr(1)-O-Sr(2)键结，且 Sr(2)沿着 b 轴形成 Sr(1)-O-Sr(2)-O-Sr(1)键结，如图 4-11 所示的晶体结构可清楚地观察出，从(010)面观察锶(Sr)排列的不规则，并可发现四面体的硅酸盐类（$SiO_4$）。最后，利用 Diamond 软件将化合物晶体结构呈现出来。

此外，Kim[24]等人也探讨$(Sr_{1-x}Ba_x)_2SiO_4：Eu^{2+}$荧光粉的晶体结构与光学特性，如图 4-12 所示，随着钡（Ba）离子取代锶（Sr）离子含量增加，其 a、b、c 轴的晶格常数均随之增大，理由是钡（Ba）离子半径（0.140 nm）大于锶（Sr）离子半径（0.136 nm），所以产生此现象。图 4-13(a)$Sr_2SiO_4：Eu^{2+}$的激发波长为 367 nm，发射光波长为 560 nm；随着钡（Ba）离子逐渐取代锶（Sr）离子的位置，(e)$Ba_2SiO_4：Eu^{2+}$的激发波长为 360 nm，发射光波长为 500 nm。由上述可知，因半径大的离子取代半径小的离子时，造成键结长度变长，使晶格场强度分裂降低，因此波长位置逐渐往蓝位移。也可由式（4-4）解释：

$$D_q \approx \frac{3Ze^2r^4}{5R^5} \tag{4-4}$$

表 4-4　$Sr_{2-x}M'_xSi_{1-y}M''_yO_4$ 的晶系与晶格常数[23]

| 起始化合物 | 鉴定相位 | 晶胞参数/Å | | | 晶胞体积/Å³ |
|---|---|---|---|---|---|
| | | $a$ | $b$ | $c$ | |
| $Sr_2SiO_4$（照射前） | | 7.066 | 5.662 | 9.733 | 389.3 |
| $Sr_2SiO_4$（照射后） | | 7.066 | 5.662 | 9.733 | 389.3 |
| $Sr_{1.95}Ba_{0.05}SiO_4$ | | 7.193 | 5.686 | 9.784 | 400.1 |
| $Sr_{1.95}Ca_{0.05}SiO_4$ | 所有样品均为纯相 | 6.971 | 5.572 | 9.593 | 372.6 |
| $Sr_{1.95}Mg_{0.05}SiO_4$ | $\alpha'$-$Sr_2SiO_4$ | 7.066 | 5.666 | 9.733 | 389.6 |
| $Sr_{1.95}Li_{0.05}SiO_4$ | （空间群为 $Pnma$） | 7.066 | 5.662 | 9.733 | 389.3 |
| $Sr_{1.98}Ce_{0.02}SiO_4$ | | 7.066 | 5.666 | 9.738 | 389.8 |
| $Sr_2Si_{0.95}B_{0.05}O_4$ | | 7.04 | 5.624 | 9.712 | 384.5 |
| $Sr_2Si_{0.95}A_{0.05}O_4$ | | 7.022 | 5.638 | 9.713 | 384.5 |

式中，$D_q$ 为晶格场强度；$R$ 为中心离子与配位基键结长度；$r$ 为中心离子平均大小；$Z$ 为中心离子的价数。因 $D_q$ 与 $R^5$ 成反比关系，可再次证实离子半径越大取代，波长往较高能量位移。如图 4-14 所示为随着温度改变测量荧光的发光强度。图 4-14(a)为 $Sr_2SiO_4$：$Eu^{2+}$；图 4-14(b)为 $Sr_{0.5}Ba_{0.5}SiO_4$：$Eu^{2+}$；图 4-14(c)为 $Ba_2SiO_4$：$Eu^{2+}$。由图中可发现，随着温度增加，全部的化合物发光强度均降低，此外，随着钡（Ba）离子取代量增加，发光强度的衰退速率降低。上述情况可以用两个理由解释：①环境温度提升与声子耦合因子相关；②斯托克斯位移（Stokes shift）减小，活化能增加，造成非辐射发射障碍增加，因此热稳定性相对提升。也可由式（4-5）来解释：

$$I \approx \frac{I_0}{e^{h\nu/(kT)}-1} \tag{4-5}$$

式中，$I$ 为随着温度变化所测量的发光强度；$I_0$ 为室温下发光强度；$h\nu$ 为声子能量；$T$ 为温度。由图 4-14 内插图中，可发现随着声子能量降低，淬灭温度（为室温放光强度一半的环境温度）提升，因此相对热稳定性增加。

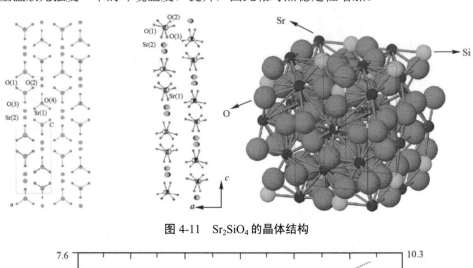

图 4-11　$Sr_2SiO_4$ 的晶体结构

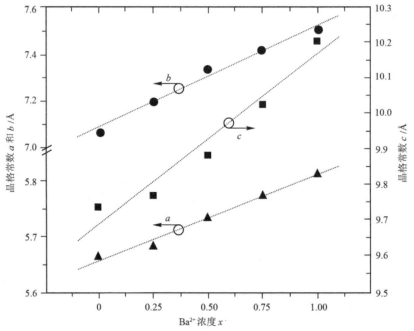

图 4-12　$(Sr_{1-x}Ba_x)_2SiO_4$：$Eu^{2+}$ 的晶格常数$(a, b, c)$ [24]

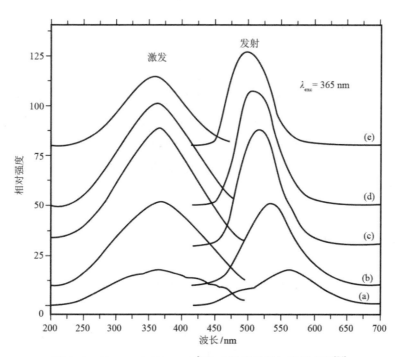

图 4-13　$(Sr_{1-x}Ba_x)_2SiO_4$：$Eu^{2+}$的光激发光谱与发射光谱[24]

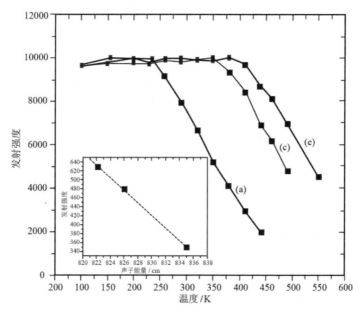

图 4-14　$(Sr_{1-x}Ba_x)_2SiO_4$：$Eu^{2+}$的热荧光光谱[24]

### 4.4.3 磷酸盐系列荧光粉

先前所提及的 YAG 与硅酸盐类荧光粉在 LED 的配制时，散热效果不好一直是其主要问题，而 YAG 与此硅氧化合物均属氧化物材料，高温时发光易发生淬灭，因热稳定性不好，致使产生色差。台湾大学化学系材料化学实验室研究发现的磷酸盐类荧光材料，拥有色纯度高与热稳定性极好的特性。因此以研发此类荧光材料为目标，利用其晶体结构较为刚硬（rigid）、热稳定性较好、量子转换率在高温时依旧维持一定较高效率的特性，希望能发展适合白光发光二极管用的荧光粉，以下则针对磷酸盐类化合物的相关专利与文献做一系列整理。

（1）专利号码：US6685852

  申请公司：Gelcore

  专利名称：Phosphor Blends for Generating White Light From Near UV/blue light-emitting Devices

  内容摘要：此专利主要调配下列三种荧光粉：$Sr_2P_2O_7$：Eu, Mn、(Ca, Sr, Ba)$_2$MgAl$_{16}$O$_{27}$：Eu, Mn、(Ca, Sr, Ba)(PO$_4$)$_3$(F, Cl, OH)：Eu，其拥有一个 315~480 nm 宽的吸收范围，混合得白光。

（2）专利号码：US2003067008

  申请公司：GE

  专利名称：White Light Emitting Phosphor Blend for LED Devices

  内容摘要：UV 线激发橘黄 $Sr_2P_2O_7$：Eu$^{2+}$, Mn$^{2+}$与蓝绿色荧光体(Sr$_{0.90~0.99}$Eu$_{0.01~0.1}$)$_4$Al$_{14}$O$_{25}$混合得白光。

（3）专利号码：US2004007961

  申请公司：GE

  专利名称：White Light Emitting Phosphor Blends for LED Devices

  内容摘要：UV LED 搭配橘黄色 $Sr_2P_2O_7$：Eu$^{2+}$, Mn$^{2+}$、蓝绿色(Ba, Sr, Ca)$_2$SiO$_4$：Eu$^{2+}$与蓝色荧光体(Sr, Ba, Ca)$_5$(PO$_4$)$_3$Cl：Eu$^{2+}$混合得白光。

（4）专利号码：US2006/0113553

  申请公司：GE

  专利名称：White Light Emitting Phosphor Blends for LED Devices

内容摘要：$(Sr_{0.8}Eu_{0.1}Mn_{0.1})_2P_2O_7$ 橘光（Orange Emitting）

$(Sr_{0.9-0.99}Eu_{0.01-0.1})_4Al_{14}O_{25}$ 蓝绿光（Blue-Green Emitting）。

（5）1997 年 Poort 等人[25]　以二价 Eu 离子作为活化剂取代硅酸盐（orthosilicates）与磷酸盐（orthophosphates）的主体晶格中（Sr, Ba）原子位置，仅初步发现其有发光特性，并未对光学性质做更深入的研究。

（6）1997 年 Erdei 等人[26]　利用水解胶体反应（hydrolyzed colloid reaction，HCR）技术合成红色 $YVO_4$：$Eu^{3+}$ 与绿色 $LaPO_4$：$Ce^{3+}$，$Tb^{3+}$，其中主要探讨不同反应过程，对粉末激发与发射波长的影响，并对各活化中心（$Eu^{3+}$，$Ce^{3+}$，$Tb^{3+}$）做更深入的光学探讨。

（7）2001 年 Okuyama 等人[27]　其发表以 $Ce^{3+}$ 作为增感剂，$Tb^{3+}$ 为活化剂，改变传统固态合成法，利用喷雾法（spray pyrolysis）合成，使粉末的表面形态为光滑圆球状，以此提升其发光效率，并改变其在不同碱土金属中的光谱特性变化。

（8）2002 年 Rambabu 等人[28]　其发表 $LnPO_4$：$RE^{3+}$（Ln=La, Gd;RE=Eu, Td, Ce）的荧光粉，利用传统固态合成法，用以研究不同的主体成分与活化剂，及其发光特性的变化，并解释各荧光粉发光机制。

（9）2003 年 Sohn 等人[29]　此篇主要利用组合式化学来合成 $(Gd_{1-x}Tb_x)P_yO_z$，调配不同组成，获得一最佳的比例配方，并且探讨其烧结温度对发光强度的影响。此外，也添加金属钇（Y）到主体中，研究其发光特性与光衰时间。

（10）2004 年 Buissette 等人[30]　作者研究 $LaPO_4$：$Ln^{3+}·xH_2O$（Ln=Ce, Tb, Eu；$x = 0.7$）化合物,利用胶体以合成 rhabdophane-type 结构,可获得平均大小为 10 nm 的颗粒，并在掺杂不同活化中心时，各呈现不同光色，例如：$LaPO_4$：Ce, Tb 为发绿光；$LaPO_4$：Eu 为发红光。

（11）2005 年 Shimomura 等人[31]　利用喷雾热裂解（spray pyrolysis）以合成 $Y(P, V)O_4$：$Eu^{3+}$ 的红色荧光粉，主要控制其烧结温度与添加助熔剂，以获得最佳的比例配方，同时探讨与固态合成法对发光强度的影响。

（12）2006 年 Shi 等人[32]　发表新颖的磷酸盐类荧光粉（$LiSrPO_4$：$Eu^{2+}$），激发波长在 356 nm、396 nm 处，发射峰约在 450 nm 处，探讨改变不同的活化剂浓度与其光谱特性变化，并计算发光中心之间的临界距离，其合成以简便的固态反应法。

（13）2007 年 Liu 等人[33]　发表新颖的磷酸盐类荧光粉（KSrPO$_4$：Eu$^{2+}$），激发波长在 360 nm 处，发射峰约在 420 nm 处，主要针对此化合物的热稳定性探讨与其光谱特性变化，并计算发光中心之间的临界距离，其合成以简便的固态反应法。

### 4.4.3.1　KSrPO$_4$：Eu$^{2+}$

钾锶磷酸盐（KSrPO$_4$）结构属于斜方晶系（orthorhombic），涵盖 $a \neq b \neq c$、$\alpha = \beta = \gamma = 90°$ 与其空间群（space group）为 $Pnma$，并比对 JCPDS 标准图谱（33-1045）。然后逐渐添加不同含量的活化中心（Eu$^{2+}$，Tb$^{3+}$ 与 Sm$^{3+}$），由如图 4-15 所示的 X 射线衍射图谱中得知此系列荧光粉为纯相。

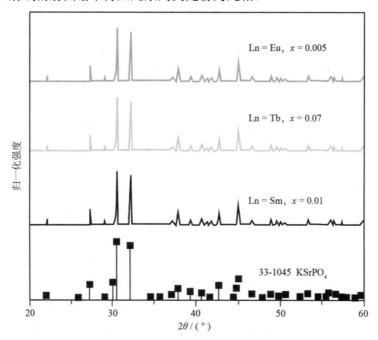

图 4-15　KSr$_{1-x}$PO$_4$：Ln$_x$（Ln = Eu，Tb，Sm）的 X 射线衍射图谱

掺杂铕（Eu）发光中心的 KSrPO$_4$，其 PL 激发光谱（发射波长为 424nm）与发射光谱（激发波长为 360nm）如图 4-16 所示，图中显示其激发波长为单一宽谱

带的波峰，且从 250~400nm 均可被激发，最大激发波长位于 360nm，主要为 $Eu^{2+}$ 特征激发峰于 $4f^7 \rightarrow 4f^6 5d^1$ 的能态改变。激发可经两路径传递能量：

①主体晶格吸收能量，使其电子由价带激发至传导带，再由激发态的最低能级 $4f^6 5d^1 \rightarrow 4f^7$ 至基态以发光形式释放能量；

②直接激发活性中心，因此能级跃迁差为可见光范围，所以人眼可见其发蓝光。

由激发图谱可知，其能量均直接激发活性中心，若涵盖主体吸收，在 200~300nm 则显现另一激发峰。然后最大的发射波长位于 424nm，其发射光谱为一宽谱带，由此也可推测原材料的 $Eu^{3+}$ 均被还原至 $Eu^{2+}$，因无 f-f 能级跃迁（$Eu^{3+}$）所造成的发射窄谱带。

下面主要探讨 $KSr_{1-x}PO_4 : Tb_x$ 系列，对于 $Tb^{3+}$ 掺杂的粉体做更深入的特性研究，如图 4-17 所示为利用铽（$Tb^{3+}$）部分取代锶的荧光粉，其激发光谱图与发射光谱图。在紫外线激发下，呈现强烈的发射光强度，其基态为 $^7F_J$（$J = 2, 3, 4, 5, 6$），也就是存在分裂成为能量差距极小的能级。而发射光来自两个主要的光谱群，一个来自 $^5D_4$ 的激发光能级，另一个来自 $^5D_3$。

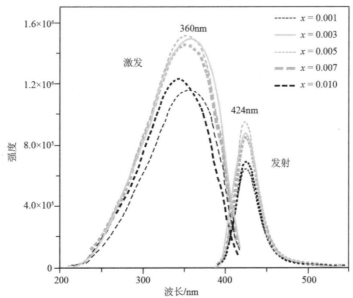

**图 4-16**　$KSr_{1-x}PO_4 : Eu_x$（$x = 0.001 \sim 0.010$）的 PL 光谱

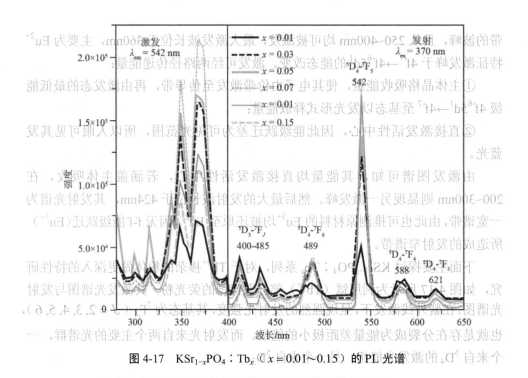

图 4-17　$KSr_{1-x}PO_4$：$Tb_x$（$x=0.01\sim0.15$）的 PL 光谱

$^5D_4\rightarrow{}^7F_J$ 发射光波长约为 544nm，位于绿光范围。$^5D_3\rightarrow{}^7F_J$ 则是落在波长约为 418nm 处，位于蓝光范围。一般所添加的铽量不同，就可改变发射光的强度，使其色光偏向蓝光或绿光。

第三部分主要探讨 $KSr_{1-x}PO_4$：$Sm_x$ 系列，$Sm^{3+}$ 的荧光发射源自于 4f 电子的电偶极与磁偶极跃迁。4f-4f 内层电子的电偶极跃迁模型被宇称选择律所禁制，然而若导入晶格场可使此选择律有所松绑，从而使跃迁概率增加。另一跃迁机制即磁偶极模型的 4f-4f 跃迁为宇称选择律所允许，晶格对称性对于此机制并无明显影响。稀土金属离子因具有较大的自旋-轨道耦合作用，解释这些金属电子的跃迁现象 J-J 耦合比解释 3d 过渡金属跃迁的 L-S 耦合更适当，因此讨论稀土金属离子的选择律仅考虑其总角动量 $J$，一般而言，磁偶极跃迁的选择律为 $\Delta J=0$，$\pm1$，且 $0\rightarrow0$ 被磁偶极跃迁所禁止，而电偶极跃迁的选择律为 $|\Delta J|\leqslant6$。如图 4-18 所示为 $KSr_{1-x}PO_4$：$Sm_x$ 不同掺杂浓度的 PL 光谱图，考虑 UV-LED 波长范围为 350~420 nm，

因为粉体相对荧光强度之比，相较于以 400 nm 紫外线作为激发源、以 596 nm 的红光发射峰监测得的荧光强度的要低。且由图中的发射光谱看出，$Sm^{3+}$ 处于非对称中心格位，其发光机制将以 643 nm（$^4G_{5/2} \rightarrow {}^6G_{9/2}$）与 710 nm（$^4G_{5/2} \rightarrow {}^6H_{11/2}$）的电偶极跃迁为主。若处于对称中心格位，其发光机制将以 562 nm（$^4G_{5/2} \rightarrow {}^6H_{9/2}$）与 596 nm（$^4G_{5/2} \rightarrow {}^6H_{7/2}$）的磁偶极跃迁为主。

根据上述 $KSrPO_4$：（Ln = Eu，Tb，Sm）的各发射光谱数据利用 COLORTT 软件分析荧光粉色度坐标位置，其结果如图 4-19 所示，图中仅显示各掺杂物的发光效率最佳配方为 $KSr_{0.995}PO_4$：$Eu_{0.005}$ 的色度坐标为（0.1610，0.0238）、$KSr_{0.93}PO_4$：$Tb_{0.07}$ 的色度坐标为（0.2704，0.5655）与 $KSr_{0.99}PO_4$：$Sm_{0.01}$ 的色度坐标为（0.5869，0.4124），图中△为白光位置（0.31，0.32）。此外可发现这系列的蓝光与红光具有高色彩的饱和度，但绿光部分色彩饱和度相对较差。

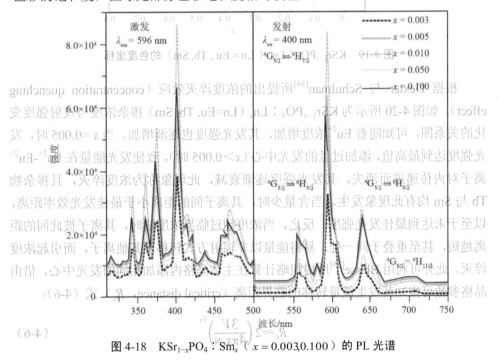

图 4-18　$KSr_{1-x}PO_4$：$Sm_x$（$x = 0.003，0.100$）的 PL 光谱

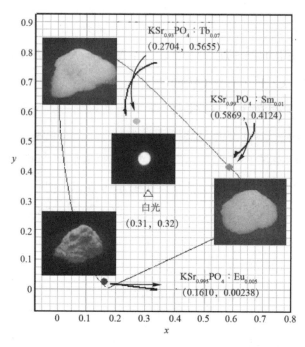

**图 4-19**　$KSr_{1-x}PO_4：Ln_x$（Ln＝Eu，Tb，Sm）的色度坐标

根据 Dexter 与 Schulman[34]所提出的浓度淬灭效应（concentration quenching effect），如图 4-20 所示为 $KSr_{1-x}PO_4：Ln_x$（Ln＝Eu，Tb，Sm）掺杂浓度与发射强度变化的关系图，可知随着 $Eu^{2+}$浓度增加，其发光强度也逐渐增加。当 $x$＝0.005 时，发光强度达到最高值，添加过量的发光中心（$x>0.005$ 时），致使发光能量在 $Eu^{2+}$-$Eu^{2+}$离子对内传递进而消失，其发光强度逐渐衰减，此现象称为浓度淬灭，且掺杂物 Tb 与 Sm 均有此现象发生。当含量少时，其离子间的距离小于最佳发光效率距离，以至于未达到最佳发光强度。反之，当浓度超过临界浓度值时，其离子彼此间的距离越短，甚至重叠于同一处，易将能量以非辐射方式转移至其他离子，而引起浓度淬灭。此外可利用 Blasse[35]所提粗略计算在主体晶格内添加相同的发光中心，借由晶格参数可推知其发生能量转移的临界距离（critical distance，$R_c$）式（4-6）：

$$R_c \approx 2\left(\frac{3V}{4\pi x_c N}\right)^{1/3}$$
（4-6）

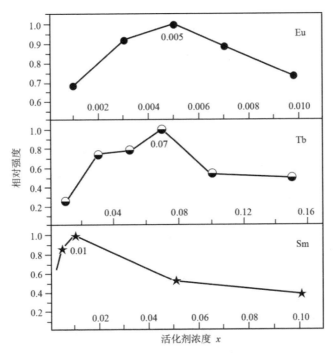

图 4-20　$KSr_{1-x}PO_4：Ln_x$（$Ln = Eu, Tb, Sm$）掺杂浓度与发射强度变化的关系

式中，$V$ 为单位晶格的体积；$x_c$ 为所添加活化子的临界浓度；$N$ 为一单位晶格中阳离子所占有的个数。调变 $Eu^{2+}$ 的（$[Eu^{2+}] = 0 \sim 0.010$）浓度，其强度最大值发生于 $[Eu^{2+}] = 0.005$，即为 $x_c$ 的值并利用结构精算得此样品的单位晶格体积为 393.89(3) $Å^3$，而在每一单位晶格中 Sr 离子（同为活化子的取代位置）可填入 4 个，故可推算 $R_c$ 值约为 34 Å。根据上述理论计算并可获得 $Tb^{3+}$ 的 $R_c$ 值约为 14 Å，$Sm^{3+}$ 的 $R_c$ 值约为 27 Å。

## 4.4.4　含硫系列荧光粉

含硫荧光粉拥有悠久的历史，在较早的 CRT 彩色电视、夜间照明设备、X 射线增感屏等都得到广泛应用。近年来在白光 LED 蓬勃发展的情况下，此系列化合物荧光粉也被应用于绿色与红色荧光粉两方面，恰巧因其激发光谱涵盖蓝光 LED 芯片，所以它们在 LED 荧光材料领域中逐渐被重视，但实际应用时会发生化学性质不稳定与毒化物形成的情况，造成应用上的缺陷；而从发光性能方面探讨，有其优越性所在。Lumileds 在专利 US6686691[36]中，发表采用 CaS：Eu/SrS：Eu 与 CaS：Ce/SrGa$_2$S$_4$：Ce/SrGa$_2$S$_4$：Eu 加上 450~480 nm 的蓝光芯片激发组合形成白光，此白光特色为色温可调及显色性好。欧司朗在专利 WO02/11173、US2004/0124758[37]中研发绿色荧光粉 MN$_2$S$_4$：Eu, Ce （M：Mg, Zn; N：Al, Ga, In, Y, La, Gd）与红色荧光粉 MS：Eu (M：Sr, Ca, Ba, Mg, Zn)，利用 370~480nm 芯片激发，以形成白光。然而，含硫荧光粉本身的稳定性是未来发展的关键因素，虽然已经针对粉体本身修饰处理，毒化芯片情形依然存在；在新颖高效率、稳定性好的粉体产生时，此类粉体将逐渐被淘汰。

以下则针对含硫化合物的相关专利与文献做一系列整理。

（1）1947 年 Pitha 等人[38]以 La$_2$(SO$_4$)$_3$ 为前驱物在 H$_2$ 的气氛下合成 La$_2$O$_2$S 主体化合物。

（2）1968 年 Haynes 等人[39]借掺杂稀土元素 Eu 氧化物于 H$_2$S 气氛下硫化，制备 Y$_2$O$_2$S：Eu$^{3+}$荧光体。

（3）1974 年美国 Radio 公司发表"分析稀土氧化物与稀土硫氧化物的方法"专利[40]，其利用发射光谱主峰的相对强度辨别两种荧光粉。

（4）1981 年 Guo 等人[41]曾探讨 Eu$^{3+}$, Sm$^{3+}$, Dy$^{3+}$与 Tb$^{3+}$共掺杂于 Y$_2$O$_2$S 主体中的能量传递（energy transfer）情形，并发现 Tb 之掺入可使 Eu 的发光强度增强。

（5）1988 年 Kaliakatsos 等人[42]利用微电泳（microelectrophoresis）、X 射线光电子光谱（XPS）等技术，观察酸洗对于 Y$_2$O$_2$S 颗粒表面的影响。

（6）1991 年日本化成株式会社发表 Ln$_2$O$_2$S：M（Ln=Gd, Y, Lu, La；M＝Eu, Tb, Sm, Pr）荧光粉制作的专利[43]，除使用助熔剂(flux)Na$_2$CO$_3$ 外，还添加 B$_2$O$_3$，且添加 B$_2$O$_3$ 量越多时粉体晶粒越大。

（7）1996 年 Reddy 等人[44]测量 Eu$^{3+}$在 Y$_2$O$_2$S、La$_2$O$_2$S、Gd$_2$O$_2$S 等主体的光激发光谱，同年 Oguri 等人[45]掺杂不同的稀土离子于 Y$_2$O$_2$S：Eu 中，观察其对粒径的影响，发现掺入 La、Nd、Gd 时，其粉体粒径增大。

（8）2001 年 Lo 等人[46]使用不同之比例的助熔剂，利用传统的固态合成法制备 Y$_2$O$_2$S：Eu，探讨其助熔剂比例不同对于样品粒径大小及分布的影响。发现当助熔剂（S＋Na$_2$CO$_3$＋Li$_3$PO$_4$＋K$_2$CO$_3$）/（S＋Li$_2$CO$_3$＋K$_2$CO$_3$）的比例为 3：1 时，在 1150℃氮气气氛下烧结 2.5h，制备得荧光体粒径分布均匀，其粒径大小约 3 μm。

### 4.4.4.1　$Y_2O_2S：Eu^{3+}$合成与特性分析

自 1964 年稀土红色荧光粉问世以来，已替代非稀土系的红色荧光粉。最早使用为三价铕掺杂的钒酸钇（$YVO_4：Eu^{3+}$），而后则迅速被亮度更高的 $Y_2O_3：Eu^{3+}$ 和 $Y_2O_2S：Eu^{3+}$代替。其中以 $Y_2O_2S：Eu^{3+}$亮度较高、色彩鲜艳纯正，现在使用的彩色电视机几乎用的都是红色荧光粉。彩色电视显像管中红粉一般使用铕掺杂的硫氧化钇（$Y_2O_2S：Eu^{3+}$）荧光体，粒径 6~8 μm；计算机显示器需发光材料提供高亮度、高对比度与清晰度显色效果，其红色荧光粉也采用 $Y_2O_2S：Eu^{3+}$，因为其 Eu 含量较高。大屏幕投影电视所使用的红色荧光粉也是此类硫化物，因高电流密度需要被激发，其外屏温度高，所以发光材料必须具备转换效率高、淬灭温度高、电流饱和特性好与性能稳定的优点。RGB 三色荧光粉另可用于 UV 发光二极管使产生白光，其使用的红色荧光粉占 60%~70%，因所占比例高，所以红色荧光体效率将影响整体发光效率的表现，因此研发并提升红光的发光效率是改善紫外线发光二极管产生白光亮度的关键。$Y_2O_2S$ 晶体为六方晶系（hexagonal）结构（如图 4-21 所示），就这个不具对称中心的晶体而言，使掺杂于 $Y_2O_2S$ 中 Y 位置的稀土金属离子（如 $Eu^{3+}$） 其 f-f 电子跃迁都是允许的，主峰位置为 616 nm 与 626 nm（$^5D_0 \rightarrow ^7F_0$）。

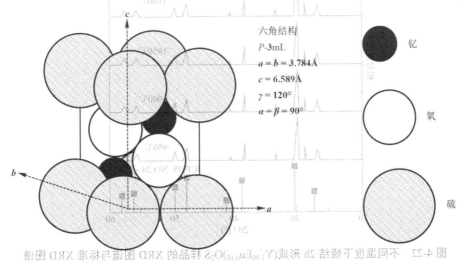

六角结构
P-3mL
$a = b = 3.784Å$
$c = 6.589Å$
$\gamma = 120°$
$\alpha = \beta = 90°$

钇

氧

硫

图 4-21　$Y_2O_2S$ 结构及排列位置示意

本实验室研究使用固态法合成$(Y_{2-x}Eu_x)O_2S$ 荧光材料，而于不同温度合成的样品名义上的成分（nominal composition）为$(Y_{1.90}Eu_{0.10})O_2S$，其中反应时氧化物（$Y_2O_3$）与硫物质的量之比固定为 1：6，然后本研究的物质的量比例均为以 $Y_2O_3$ 为 1（若有 Eu 的添加也视为 1），使 $Y_2O_3$ 存在于过量硫的环境，促其硫化反应完全。此外，同时加入 1mol 的 $Na_2CO_3$ 为助熔剂，将可借助熔剂的参与降低制备温度，此助熔剂在高温下可与硫形成多硫化钠（$Na_2S_x$），且在氮气气氛下烧结，这一高温缺氧的环境，使得 $Na_2S_x$ 与 $Y_2O_3$ 的硫化反应会更完全。其反应如式（4-7）和式（4-8）[46]：

$$Na_2CO_3 + xS \longrightarrow Na_2S_x + CO_2 + \frac{1}{2}O_2 \qquad (4-7)$$

$$Y_2O_3 + NaS_x \longrightarrow Y_2O_2S + \frac{1}{2}SO_2 + \frac{3}{2}Na_2S_{x-2} \qquad (4-8)$$

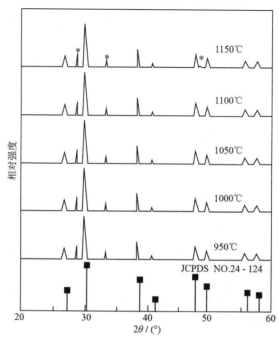

图 4-22　不同温度下烧结 2h 形成$(Y_{1.90}Eu_{0.10})O_2S$ 样品的 XRD 图谱与标准 XRD 图谱

\*　$Y_2O_3$ 相

如图 4-22 所示为不同温度下烧结 2h 形成 $(Y_{1.90}Eu_{0.10})O_2S$ 的 X 射线衍射图谱。由图谱中得知，当存在 1mol 的助熔剂 $Na_2CO_3$，烧结温度为 950~1100℃时，可得完全纯相的 $Y_2O_2S$，其与 JCPDS NO. 24-124 标准图谱相比对，结果一致。而当温度提升至 1150℃时，由 XRD 图谱得知存在部分 $Y_2O_3$ 的残留，这是硫化不完全的原因。如图 4-23 所示是在不同温度烧结 $(Y_{1.90}Eu_{0.10})O_2S$ 样品的 PL 光谱图，由图得知于合成时添加 1mol 的 $Na_2CO_3$（将 626 nm 的强度作为比较依据），并在 1100℃烧结的样品可得最好的发光强度。此外，于 950~1100℃时，随烧结温度增加，其发光强度也随之增加。在光激发光谱 626 nm 下，比较以各温度烧结样品的强度（如图 4-24 所示），其中仍以烧结温度为 1100℃的红光亮度最好。而将各温度烧结样品所测量得到的光激发光谱转换为 CIE 坐标时，可见图 4-25，明显得知随温度升高，其 CIE 色度坐标的 $x$、$y$ 值渐向边缘位移，而其意义为烧结温度越高的样品，其色彩饱和度越好。因 $(Y_{1.90}Eu_{0.10})O_2S$ 的光色呈现暗红色，虽其发光强度随温度而增加，但其对于红光表现反而并无显著差异，所以需要降低 Eu 的浓度使其符合光色的需求，同时将再尝试提高烧结温度，使其发光强度可再提升。

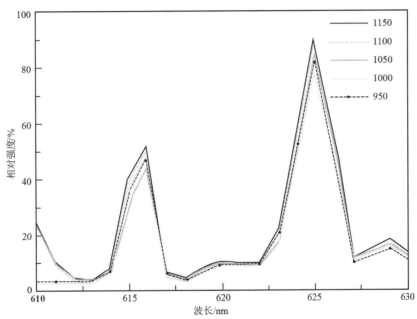

图 4-23　不同温度烧结 $(Y_{1.90}Eu_{0.10})O_2S$ 样品的光激发光谱

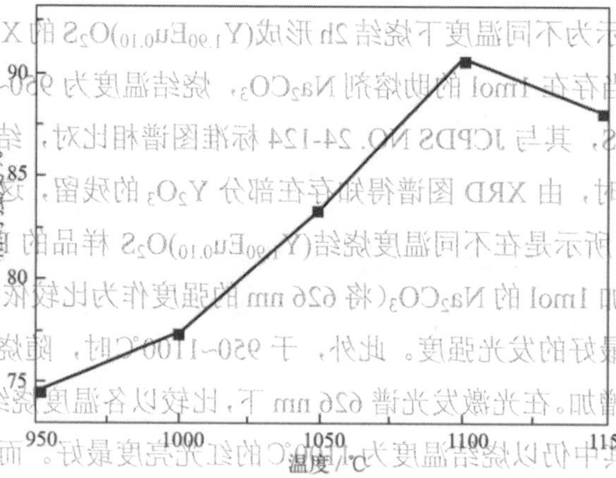

图 4-24　不同温度烧结(Y$_{1.90}$Eu$_{0.10}$)O$_2$S 样品其 626nm 相对强度

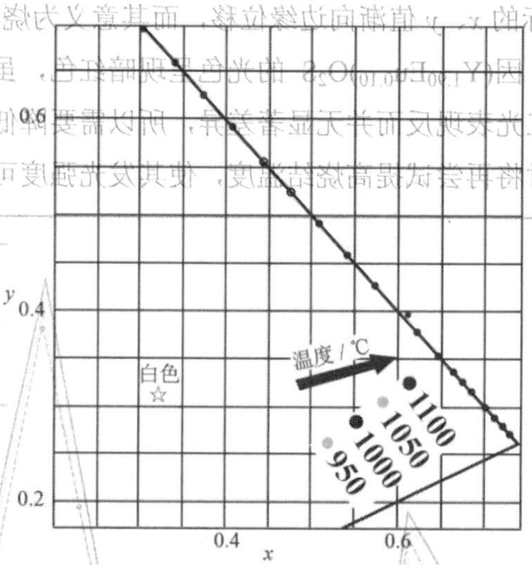

图 4-25　不同温度烧结(Y$_{1.90}$Eu$_{0.10}$)O$_2$S 样品的 CIE

## 4.4.5　其他 LED 用的荧光粉

除了上述各类主要 LED 用的荧光粉外，近年来也不断研发出许多新颖种类荧光材料，例如：钨酸盐、钼酸盐、硼酸盐、钒酸盐、碱土金属卤磷酸盐等。

钨酸盐类与钼酸盐类的荧光体属于自激发性材料，不同于一般荧光粉，不需再掺杂其他发光中心，本身即能在 UV 与 X 射线激发下呈现高效率荧光，主要发光源自于 $WO_4^{2-}$ 和 $MoO_4^{2-}$ 化合物。$CaWO_4$ 的晶体结构为四方晶系，$Ca^{2+}$ 周围键结八个氧，$W^{6+}$ 位于四面体中心，形成 $WO_4^{2-}$ 化合物[47]。其在波长 254 nm 光激发下，呈现出一宽谱带的蓝光光谱，发射峰位于 415 nm，因本身具有 $d^0$ 电子结构的过渡金属离子化合物，会产生大量的斯托克斯位移（Stokes shift）（$10000 \sim 20000\ cm^{-1}$）。

硼酸盐 $LnMgB_5O_{12}$：M（Ln=La, Y, Gd;M=Mn^{2+}, Tb^{3+}, Ce^{3+}）[48]，其晶体结构十分复杂，Ln 位于三面体硼和四面体硼环绕中，Mg 位于八面体位置上。当掺杂 $Ce^{3+}$ 时，激发带为 170~280 nm，发射波长约在 300 nm 处。

钒酸盐 $Y(V, P)O_4$：Eu 早期是应用于彩色电视 CRT 中的红色荧光粉，而后来被发光效率较高的 $Y_2O_2S$：Eu 取代，在 UV 激发下，其发射波长为 600~620 nm，而发光中心（$Eu^{3+}$）为 f-f 能级跃迁。

专利申请号（200610035456.7）[49]，此篇中提及碱土金属卤磷酸盐荧光粉 $(M_{10-x-y}Mn_xEu_y)(PO_4)_6Cl_2$( M = Ca ,Sr,Ba)与碱土硼磷酸盐荧光粉 $(Sr_{1-x}Eu_x)_6B_mP_nO_{20}$ 在近紫外线 LED 组合下形成白光。

## 结　语

　　综合上述，目前已经研究出各式各样 LED 用的荧光粉，但实际能大量被运用且商品化的种类并不多，总括以本章所叙述的种类为主，仍于传统的荧光粉附近徘徊，并无重大的突破。在芯片发展上，很明显地发现由蓝光芯片逐渐转移至紫外线芯片的搭配，因此紫外线芯片能迅速蓬勃发展，技术采用 "UV-LED＋RGB 荧光粉" 来制备白光，但缺点是荧光粉在 370~410 nm 波段的光转换效率较差，与 UV-LED 匹配性欠佳，尽管产生高显色性的白光，但效率却无法提升，因此，我们必须积极研发与创新 UV-LED 激发的荧光粉，促使我国半导体照明技术的提升。以下归纳三个方向值得我们去努力发展：

　　①研究非 YAG：Ce 系列及热稳定性好的黄色荧光粉；

　　②寻找适合 UV-LED 用的三基色荧光粉，形成高效率的白光；

　　③开创新颖荧光粉，争取专利权，才能立足于全球。

# 参考文献

[1] Ropp R C. Luminescence and the Solid State.2$^{nd}$ ed. Amsterdam:Elsevier, 2004.

[2] Lambert P M . Mater Res Bull, 2000, 35:383.

[3] Kitai A H. Visible luminescence-Solid state materials & applications. London: Chapman & Hall, 1992.

[4] Deluca J A. J Chem Edu, 1980, 57:541.

[5] Blasse G J. Chem Phys, 1965, 48:3108.

[6] Lakowicz J R. Principle of Fluorescence Spectroscopy.2$^{nd}$ ed.New York:Kluwer Academic/Plenum Pub, 1999.

[7] Jüstel T. Phosphor global summit.PGS, San Diego, CA,2006.

[8] Sullivan S C, Woo W K, Steckel J S, Bawendi M, Bulovi V. Organic Electronics, 2003, 4:123.

[9] Shimizu Y, Sakano K,Noguchi Y,Moriguchi T, Light emitting device having a nitride compound semiconductor and a phosphor containing a garnet fluorescent material:US,5998925. 1997-7-29.

[10] Kummer F,Zwaschka F,Ellens A,Debray A,Waitl G. Luminous substance for a light source associates therewith:US, 6669866. 2000-7-8.

[11] Geller S , Gilleo M A. Acta Crystallogr, 1957, 10:239.

[12] Geusic J E , Van Uitert L G. Appl Phys Lett, 1964, 4:182.

[13] Geller S. Z Kristallogr,1967, 125:1.

[14] Liu X, Wang X,Wang Z. Phys Rev B, 1989,39:10633.

[15] Jacobs R R, Krupke W F, Weber M J. Appl Phys Lett, 1978,33:410.

[16] West A R. Basic Solid State Chemistry. New York:John Wiley & Sons Inc, 2000.

[17] Kim K B, Kim Y I, Chun H G, Cho T Y, Jung J S, Kang J G. Chem Mater, 2002,14:5045.

[18] Xiao Z, Xiao Z. Long afterglow silicate luminescent material and its manufacturing method:US,6093346. 1997-12-24.

[19] Tasch S, Pachler P, Roth G, Tews W, Kempfert W, Starick D. light source

comprising a light-emitting element:US, 6809347. 2001-12-19.

[20] Thomas J, Walter M, Schmidt P J, Muller G O, Muller M R B. Tri-color white light LED lamp:WO,03/080763. 2003-3-25.

[21] Wang N, Dong Y, Cheng S, Li Y Q. Novel silicate-based yellow-green phosphors:US, 2006/0028122.

[22] Dong Y, Wang N, Cheng S, Li Y Q. Novel phosphor systems for a white light emitting diode:US, 2008073616.

[23] Nag A, Kutty T R N. J Mater Chem, 2004, 14:1598.

[24] Kim J S, Park Y H, Choi J C, Park H L. J Electrochem Soc, 2005, 152:H135.

[25] Poort S H M, Janssen W, Blasse G. J Alloys Compd, 1997, 260:93.

[26] Erdei S, Ainger F W, Ravichandran D, White W B, Cross L E. Mater Lett, 1997,30:389.

[27] Lenggoro I W, Xia B, Mizushima H, Okuyama K, Kijima N. Mater Lett, 2001, 50:92.

[28] Rambabu U, Munirathnam N R, Prakash T L ,Buddhudub S. Mater Chem Phys,2002, 78:160.

[29] Sohn K S, Lee J M, Jeon W, Park H D. J Electrochem Soc, 2003, 150:H182.

[30] Buissette V, Moreau M, Gacoin T, Boilot J P, Ching J Y C,Mercier T L.Chem Mater,2004, 16:3767.

[31] Shimomura Y, Kurushima T, Olivia R, Kijima N. Jap J Appl Phys, 2005, 44:1356.

[32] Wu Z C, Shi J X, Wang J, Gong M L, Su Q. J Solid State Chem, 2006,179:2356.

[33] Tang Y S, Hu S F, Lin C C, Bagkar N C, Liu R S. Appl Phys Lett, 2007, 90:151108.

[34] Dexter D L, Schulman J A. J Chem Phys,1954, 22:1063.

[35] Blasse G. Philips Res Rep, 1969,24:131.

[36] Mueller G O, Mach R B M, Lowery C H. Tri-color, white light LED lamps: US,6686691. 1999-9-27.

[37] Earl D, Andries E, Frank J, Wolfgang R, Martin D, Daniel G, Manfred K,

Luminescence conversion based light emitting diode and phosphor for wavelength conversion:WO,02/11173. 2001-7-27.

[38]Pitha J J, Smith A L, Ward R. J Am Chem Soc,1947, 69:1870.

[39]Haynes J W, Brown J J. Electrochem J Soc:Solid State Sci Technol, 1968, 115:1060.

[40]Forest H. US, 3793527.1974.

[41]Guo C X, Shi C S, Zhang W P. J Lumin, 1981, 24:25297.

[42]Kaliakatsos J A, Giakoumakis G E, Papaioannou G J. Solid State Commun,1988, 65:35.

[43]岩崎和人，月桥洋司，户野秀夫．日本国特许厅公开特许公报 平3143985. 1991.

[44]Reddy K R, Annapurna K, Buddhudu S. Mater Res Bull,1996, 31:1355.

[45]Oguri Y, Adachi R, Tono H, Nakajima N, Endo T. J Ceram Soc Jpn, 1996, 104:1129.

[46]Lo C L, Dun J G, Chiou B S, Peng C C, Ozawa L. Mater Chem Phys, 2001, 71:179.

[47]Zalkin A, Templeton D H. J Chem Phys,1964, 40: 500.

[48]Abdulla G K, Mamedov K S, Dzhafarov G G. Sov Phys Crystallogr, 1975, 19: 457.

[49]王静，等．一种含有碱土硼磷酸盐荧光粉的 LED 器件．申请号：200610035456. 7. 2006.

# 第 5 章

# 氮及氮氧化物荧光粉制作技术

# 5.1 引言

当今全球面临的能源紧张、资源减少、环境恶化等诸多现实问题，日益威胁到人类的生存、经济的发展和社会的进步，这些问题迫切需要发挥人类的智慧和力量来进行解决。目前，电能的主要来源是传统的火力发电——以燃烧大量的煤或者天然气实现机械能向电能的转换。这个过程带来严重的环境污染和大量的资源消耗，人们有必要对此进行技术革新以减少能源消耗。据分析，电能的 20%用以日常生活的照明，当前照明的主要工具是白炽灯和荧光灯。传统的白炽灯或者荧光灯的发光主要依赖于钨丝的发热或者是通过气体放电激发荧光粉的发光。这两种照明方式都伴随着大量的能量损失，前者主要是以热的形式损失能量，而后者则是以较大斯托克斯位移的方式使能量损失。因此改进传统的照明工具、提高能量的利用率是今后技术革新的方向。发光二极管（light emitting diodes, LED）的半导体照明（semiconductor lighting）或者固态照明（solid state lighting）有望替代传统照明工具，被誉为新一代绿色照明技术。与传统的白炽灯和荧光灯相比较，固态照明具有效率高、能耗低、寿命长、可靠性高、安全性好等优势，因此一出现就被人们给予极大的关注。目前，固态照明的发光二极管被广泛用在移动电话、数码相机、液晶电视等电子产品的背光源以及指示灯等方面。随着发光二极管发光效率和显色指数的提高，有望进一步取代白炽灯和荧光灯，实现通用照明应用。

生产白光 LED 的技术目前主要有三种：①利用三基色原理和红、绿、蓝三种超高亮度 LED 按一定光强比例混合成白色；②利用超高亮度 InGaN 蓝色 LED，其芯片上加上少许以钇铝石榴石为主体的荧光粉，能在蓝光激发下产生黄绿光，与透出的蓝光合成白光；③研制紫外线 LED，采用紫外线激发三基色荧光粉或其他荧光粉，产生多色混合而成白光。

在后两种白光 LED 中都必须使用合适的荧光粉材料，这些发光材料的目的是将蓝色 LED 或者紫外 LED 的光转换为可见光，也称为光转换材料。与电视机和荧光灯使用的荧光粉不同，白光 LED 荧光粉的激发光源是紫外线（360~410 nm）或者蓝光 LED（420~480 nm），而不是高压电子束（电视机）或者荧光灯的紫外

线（254 nm）。因此，白光 LED 荧光粉首先必须对紫外或者蓝光 LED 发射的光有
很强的吸收。除此之外，和其他荧光粉一样，它还必须满足下列条件：

①高的量子效率；

②高的化学稳定性，不和氧、水分、一氧化碳等发生反应；

③低的热淬灭性或者高的热稳定性；

④细小均匀的粒径；

⑤合适的发光波长。

已经有报道的白光 LED 发光材料的基体分别有：钇铝石榴石、磷酸盐、硼酸
盐、硅酸盐、铝酸盐、硫化物等 [1~12]。其中，大多数发光材料只有在紫外线的激
发下才有比较高的发光效率，而在蓝光激发下的发光效率很低，难以和蓝光 LED
一起搭配使用。而且，有的发光材料，如掺铈钇铝石榴石（$Y_3Al_5O_{12}：Ce^{3+}$）和
掺铕钡镁铝酸盐（$BaMgAl_{10}O_{17}：Eu^{2+}$）等的热稳定性较低，发光性能容易劣化。
另外，硫化物发光材料虽然具有优异的发光性能而且能和蓝光 LED 配合使用，但
是化学稳定性差、容易水解、热稳定性低、发光强度衰减快等是它们的大问题。
这些问题的出现使得人们不得不重新考虑对现有荧光粉的改善或者开发全新的白
光 LED 发光材料。

氮氧化物和氮化物发光材料是近年来新开发出来的一类非常适合白光 LED
应用的高效荧光粉[13~16]。实际上，由于有可能在蓝光-紫外线电子和微电子器件方
面得到应用，对稀土掺杂氮化物，如 GaN、InGaN、AlN、AlInGaN 的发光特性的
研究一直是半导体和光电子的热门领域[17~20]。但对于多元系氮氧化物与氮化物发
光的研究却报道很少，可能是以下原因所造成的：

①这些氮化物的合成条件比较苛刻，需要高温高压；

②没有摆脱这些氮化物只能被用作高温结构材料的思想束缚；

③难以制备这些氮化物的单晶以及对它们的晶体结构的认识还比较少；

④没有一个通用的合成方法。

最近几年对氮氧化物和氮化物发光材料的报道逐渐增多，并由此认识它们具

有独特的发光特性以及优异的发光性能，特别适合白光 LED 的应用。的确可说白光 LED 的诞生给氮氧化物和氮化物发光材料提供了一个很好的发展机会，使它们的应用领域由结构材料延伸至功能材料方面；与此同时，氮氧化物和氮化物发光材料的研制和开发也促进白光 LED 技术的迅速发展。本章将着重介绍一些稀土元素离子掺杂的 Si 基多元系氮氧化物与氮化物的晶体结构、发光特性以及它们在白光 LED 器件中的应用。

##  5.2 氮化物的分类和结晶化学

### 5.2.1 氮化物的分类

氮和元素周期表中电负性小于氮的元素相结合即可形成氮化物[21,22]。这些元素包括碱金属、碱土金属、过渡金属、稀土金属以及非金属。依据其间化学键性质的不同，氮化物大体上可以分为：①金属键化合物；②离子键化合物；③共价键化合物。

由于 N 位于元素周期表中 C 和 O 的中间，所以氮可以形成性质类似于碳化物或者氧化物的物质。

过渡金属元素和 N 比较容易形成金属键化合物，如 TiN、ZrN、FeN、CrN 等。金属键氮化物往往具有较高的熔点、硬度和良好的导电性，可以用作磨料、耐磨涂层等材料。

离子键氮化物是碱金属、碱土金属以及稀土金属元素与 N 形成的化合物，如 $Li_3N$、$Mg_3N_2$、LaN、$LiMnN_2$ 等。N 原子有较高的电负性（3.04），它与电负性较低的金属，如 Li（电负性 0.98）、Ca（电负性 1.00）、Mg（电负性 1.31）、La（电负性 1.10）等形成二元氮化物时，能够获得 3 个电子而形成 $N^{3-}$。$N^{3-}$ 的负电荷较高，半径较大（171 pm），遇到水分子会强烈水解，因此离子型化合物只能存在于固态，不会有 $N^{3-}$ 的水合离子。离子键氮化物具有较低的熔点、硬度和良好的离子导体特性，通常用作电池材料、离子导体材料等[23]。

共价键氮化物是非金属元素如 Si、B、P 等，以及部分金属元素如 Al、Ga、Ge 等和 N 反应所形成的化合物，例如 $Si_3N_4$、AlN、BN、GaN、$P_3N_5$ 等。这些化合物具有较高的硬度、适中的熔点、良好的导热性和优良的半导体特性，一般作为结构部件、导热衬底以及半导体材料等。

从发光材料的角度考虑，金属键氮化物或离子键氮化物由于是电子或离子导体，而且带宽较窄，不适合作为发光材料的基质。大多数共价键氮化物是绝缘体或者是半导体，它们的带宽较大，因此可以考虑作为发光材料的基质材料。另外，共价键氮化物的共价键性比较强，会产生强的电子云膨胀效应，预期可以导致掺杂离子的 5d 电子激发态能量的降低。这些综合效果可使氮化物荧光粉在传统灯用荧光粉或者阴极射线管（cathode ray tube，CRT）用荧光粉中获得难以达到的可见光激发和较小斯托克斯位移（Stokes shift）的特点。

共价键氮化物根据所含元素的多少可以分为二元系、三元系、四元系以及多元系化合物。二元系共价键氮化物，如 $Si_3N_4$、AlN、BN 等，没有合适的间隙或者替代位置为启动剂原子所占据，因此也不能作为发光材料，特别是白光 LED 用发光材料的基质使用。三元、四元以及多元系共价键氮化物，特别是 Si 基氮化物，具备独特的坚固晶体结构、合适的为启动剂原子所占据的结晶位置以及其结构的多样性，因此是理想发光材料的基质材料。

## 5.2.2　氮化物的结晶化学

Si 基多元系氮化物和氮氧化物的形成主要是通过在硅酸盐或者铝硅酸盐晶体结构中引入 N 原子，而得到一系列含有 Si-N、Al-N、(Si, Al)-N 等四面体的氮硅化物（nitridosilicates）和氮铝硅化物（nitridoaluminosilicates）[24~32]。由于硅氧化物（oxosilicates）或者铝硅氧化物（oxoaluminosilicates）中引入 N 原子而形成氮氧化硅或者氧铝氮化硅等氮氧化物。与熟知的硅酸盐氧化物相比，这些氮化物和氮氧化物等化合物在结构上更具有多样性和自由度，因而种类繁多，为研究它们的发光特性提供了丰富的空间。

类似于硅酸盐氧化物，Si 基氮化物和氮氧化物的结构是一个构筑在相互联结的 $SiX_4$（X＝O，N）四面体上高度致密的三维网络结构。$SiX_4$ 网络的凝聚度可以用四面体中心 Si 原子与桥联 O 原子的比例来表示[27]。在硅酸盐氧化物中，Si:X 的比值在 $SiO_2$ 中达到最高值 0.5，而在氮化物中，Si:X 的比值可以在 0.25~0.75 范围内变化。由此可见，氮化物的结构凝聚度相对比较高。这主要是由于在硅酸盐氧化物晶体结构中，O 原子或是联结一个 Si 原子或是桥联两个 Si 原子，而在氮化物结构中，N 原子既可以联结两个 Si 原子（以 $N^{[2]}$ 表示），也可以是三个 Si 原子（$N^{[3]}$），甚至在 $BaSi_7N_{10}$ 和 $MYbSi_4N_7$（M＝Sr，Ba）中联结四个 Si 原子（$N^{[4]}$）[26,28,29]。$SiN_4$ 四面体高度凝聚的网络以及各原子之间稳定的化学键造就了 Si 基氮化物非常突出的化学和热稳定特性，这也是它被广泛作为高温结构材料和耐磨材料等的重要原因。

##  5.3　氮氧化物/氮化物荧光粉的晶体结构和发光特性

### 5.3.1　氮氧化物蓝色荧光粉

蓝色荧光粉主要是使用紫外或近紫外线 LED 和其他绿色或红色荧光粉相配合制备白光光源。通常蓝色荧光粉的发光光谱都比蓝光 LED 芯片的发光光谱宽，而且它的发光波长可以自由调控，因此，蓝色荧光粉配合紫外或近紫外线 LED 芯片可以制备高演色性的白光 LED。对蓝色荧光粉的基本要求是，必须具备在波长为 360~410 nm 光的激发下发射高亮度蓝光（420~480 nm）的能力，同时，还应具备遇水不分解、热稳定性高等特点。一般而言，在两价铕或三价铈掺杂的硅酸盐、铝酸盐、磷酸盐等发光材料中，有很多能够在紫外线的激发下发射蓝光的荧光粉，但是它们大多数存在发光效率低、热稳定性差等缺点。目前，在白光 LED 中普遍使用的蓝色荧光粉是两价铕启动的钡镁铝酸盐 $BaMgAl_{10}O_{17}$：$Eu^{2+}$（BAM：Eu）。众所周知，BAM：Eu 荧光粉的热稳定性较差，容易发生劣化和色坐标偏移的情况，而且和大多数氧化物发光材料一样，在近紫外线激发下的量子效率比较低，因此人们对探索新型高效高稳定性的蓝色发光材料的努力一直没有间断过。下面介绍几种氮氧化物蓝色发光材料的晶体结构和它们的发光性能。

### 5.3.1.1　LaAl(Si$_{6-z}$Al$_z$)N$_{10-z}$O$_z$：Ce$^{3+}$

1995 年瑞典大学的研究人员在研究稀土 α-赛隆陶瓷材料时发现，在合成名义组成为 Ln$_2$Al$_4$Si$_{11}$N$_{18}$O$_4$（Ln＝La，Ce）时得到一个新的富氮化合物。经过他们的晶体结构分析，其化学组成为 LnAl(Si$_{6-z}$Al$_z$)N$_{10-z}$O$_z$($z$≈1，Ln＝La，Ce)，命名为 JEM 相[34]。JEM 相具有正交结构，属于 *Pbcn* 空间群，它的晶胞参数如下：$a$＝9.4303(7)Å，$b$＝9.7689(8)Å，$c$＝8.9386(6)Å。在该结构中，Al 和（Al，Si）与（O，N）构成四面体，形成 Al(Si, Al)$_6$(N, O)$_1$ 网络。Ln 原子位于该网络中沿 $z$ 轴方向[001]形成的通道中，在其周围有 7 个最邻近的（O，N）原子，Ln-(O, N) 之间的平均间距为 2.70Å。如图 5-1 所示为 JEM 相的晶体结构示意图。

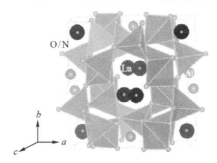

**图 5-1　JEM 相的晶体结构**

Hirosaki[13,14,16,33]等人报道了三价铈掺杂 La-JEM（LaAl(Si$_{6-z}$Al$_z$)N$_{10-z}$O$_z$：Ce$^{3+}$，$z$＝1）的发光特性。他们以 La$_2$O$_3$、Si$_3$N$_4$、AlN、CeO$_2$ 为原料，经过充分混合后，利用气压烧结炉在 1900℃以及 10atm（1atm=101325Pa,下同）氮气的条件下合成得到蓝色的 JEM：Ce$^{3+}$荧光粉。由 XRD 分析，所得到的荧光粉含有质量分数 94％的 JEM 相和质量分数 6％的 β-赛隆相。该荧光粉的激发和发射光谱如图 5-2 所示。在 368 nm 光激发下，得到一个范围比较宽的 JEM：Ce$^{3+}$发射光谱，其发射峰位于 475 nm，峰的半峰宽为 110 nm。并且从图 5-2 可以发现其激发光谱也比较宽，由 200 nm 延伸到 450 nm，激发峰位于 370 nm 左右。由此可见，JEM：Ce$^{3+}$能有效地为紫外 LED 芯片所激发，是一种潜在的适用于制造白光 LED 的蓝色荧光粉。由于 La-JEM（LaAl(Si$_{6-z}$Al$_z$)N$_{10-z}$O$_z$）和 Ce-JEM（CeAl(Si$_{6-z}$Al$_z$)N$_{10-z}$O$_z$）具有相同的晶体结构，两者之间可以互为固溶体，即 Ce$^{3+}$在 La-JEM 中的固溶度可以达到 100% 而不形成其他杂质相。另外,其化学式中的 $z$ 值表示取代 Si—N 键的 Al—O 键的数量,即 $Al^{3+}$ 在其中的固溶度。这些组成特点说明,通过降低 $Ce^{3+}$ 的浓度和 $z$ 值可以改变和优化 JEM:$Ce^{3+}$ 的发光特性。例如,Takahashi 等人[33]研究表明,增加 $Ce^{3+}$ 的浓度使得激发和发射光谱同时发生红移,提高了其在近紫外光谱段的吸收能力。掺杂摩尔分数 50%$Ce^{3+}$ 的试样的测试结果是:在波长 405 nm 光激发下,其吸收率为 82%,内部和外部量子效率分别为 59% 和 48%。这使得经过优化的 JEM:$Ce^{3+}$ 蓝色荧光粉不仅能够配合紫外 LED 芯片而且也能够结合近紫外 LED 芯片(405 nm)实现白光的合成。

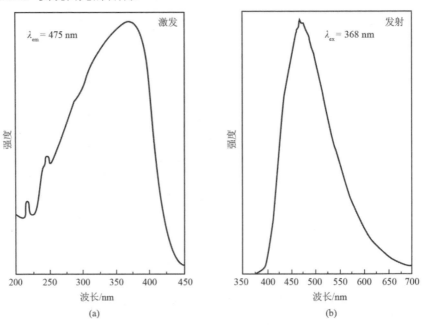

**图 5-2  $Ce^{3+}$ 掺杂的 JEM 相的激发光谱(a)和发射光谱(b)**

### 5.3.1.2  α-赛隆:$Ce^{3+}$

氮化硅($Si_3N_4$)存在两个晶体结构不同的物相,即 α 型和 β 型氮化硅。在氮化硅陶瓷的液相烧结时往往需要添加少量的氧化物烧结助剂以促进物质的扩散来达到材料致密化的目的。这些助剂最后以晶界相的形式存在于氮化硅陶瓷芯片之间。但是在添加一些适量的氧化物助剂(如 $Al_2O_3$)的材料中,这些氧化物会溶到氮化硅的晶格中形成固溶体。α-赛隆是 α-$Si_3N_4$ 的固溶体,发现于 20 世纪 70 年代[38]。它是 α-Si₃N₄ 中的 Si—N 键部分被 Al—O 键和 Al—N 键取代后所形成的化合物。同时，为了维持电中性，需要引入金属离子以弥补部分取代所造成的电荷失衡。一个 α-赛隆结构单元中含有四个"Si₃N₄"单元，由此 α-赛隆的化学式可以表示为：$M_xSi_{12-m-n}Al_{m+n}O_nN_{16-n}$[38~40]。其中，$m$ 和 $n$ 分别表示 Al—N 键和 Al—O 键的数目；$x$ 是金属 M 在晶格中的固溶度，等于 $m$ 除以金属 M 的价态；金属 M 一般是 Li、Ca、Mg、Be、Y 以及除 La 和 Ce 以外的稀土元素。

α-赛隆的晶体结构属于六方晶系，空间群为 $P31c$，晶格常数为 $a = 7.822Å$，$c = 5.699Å$。如图 5-3 所示是 α-赛隆的晶体结构模型。在其结构中，(Si, Al)-(O, N) 四面体以顶点相连形成一个四面体三维网络，金属原子 M 位于网络中的间隙位置，并且与最邻近的 7 个（O, N）原子形成 7 配位[41]。大量的实验结果表明，$m$ 和 $n$ 值是影响晶格常数的决定性参数，而金属原子 M 的离子半径大小对 α-赛隆的晶格常数的影响并不显著，这是由于金属原子 M 所处的空洞大小远大于 M 的离子半径。

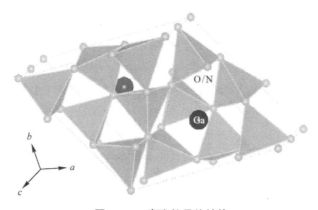

**图 5-3　α-赛隆的晶体结构**

α-赛隆陶瓷材料由于具有高强度、高硬度、热膨胀系数小、化学稳定性高等优异的热力学特性，被广泛应用于高温耐热耐磨结构[42]。尽管有大量关于 α-赛隆陶瓷材料的文献报道，但都局限于 α-赛隆的合成、烧结、显微结构控制以及组成设计[43~45]。2000 年前后，荷兰 Eindhoven 工业大学[35]和日本的物质材料研究机构[36,37,46]的两个研究小组分别独立地对稀土元素掺杂 α-赛隆的发光性能进行研究，开创 α-赛隆发光材料在功能领域中，特别是白光 LED 中应用的局面。在三价铈掺杂的 α-赛隆

（$Y_{m/3}Si_{12-m-n}Al_{m+n}O_nN_{16-n}$：$Ce^{3+}$和 $Ca_{m/2}Si_{12-m-n}Al_{m+n}O_nN_{16-n}$：$Ce^{3+}$）中观察到了蓝色发光[35~37]。该材料的制备是通过在高温（1600~1800℃）和高压氮气（小于 10atm）的条件下煅烧 $Si_3N_4$、$CaCO_3/Y_2O_3$、$CeO_2$、 AlN 的混合物。其激发和发射光谱如图 5-4 所示。摩尔分数 7%$Ce^{3+}$掺杂的 α-赛隆的发射光谱是一个在 400~650 nm 波长范围内的宽谱，发射峰位于 495 nm；激发光谱的峰值位于 390 nm 左右。Xie[37]等人的研究结果表明，随着掺杂量的增加（摩尔分数 5%~25%），发射光谱的峰值会发生红移，由 480 nm 红移至 510 nm。同时，激发光谱也出现红移，提高其对蓝光波段的吸收。实验结果表明最佳的掺杂浓度为摩尔分数 15%，另外，通过改变 $m$ 和 $n$ 值也能有效地控制发射和激发光谱的移动，实现发光性能的调控和优化。

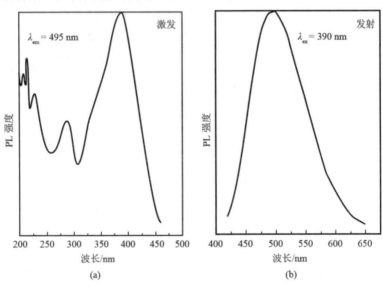

**图 5-4   $Ce^{3+}$掺杂的 α-赛隆相的激发光谱(a)与发射光谱(b)**

### 5.3.1.3   Ln-Si-O-N：$Ce^{3+}$（Ln=Y, La）

在 $Y_2O_3$-$Si_3N_4$-$SiO_2$ 和 $A_2O_3$-$Si_3N_4$-$SiO_2$ 这两个四元体系中，存在一些氮含量不同、晶体结构相异的氮氧化合物[49~53]。这些化合物的晶体结构都存在由硅原子和氧/氮原子所构成的 $SiO_{4-x}N_x$ 四面体，这些四面体有的是孤立的，有的是相互共顶点、共角连接形成三维网络。另外，金属原子 Y 或者 La 周围的配位情况、键长也不尽相同。这些结构上的特点决定稀土元素离子 $Ce^{3+}$ 在这些氮氧化合物中的发光特性（激发、发射、发光强度、斯托克斯位移等）的不同。在这类氮氧化物中替代 Y 或者 La 位置的 $Ce^{3+}$ 的发光均为蓝色或者蓝绿色发光（440~520 nm）。以下就对它们的晶体结构和发光性能做些介绍。

Krevel[47]等人报道了 $Ce^{3+}$ 掺杂的 Y-Si-O-N 的发光特性，这些材料包括 $Y_5(SiO_4)_3N$、$Y_4Si_2O_7N_2$、$YSiO_2N$ 和 $Y_2Si_3O_3N_4$。他们详细研究氮/氧比例对发光光谱、斯托克斯位移以及晶体场分裂的影响。研究结果表明，提高氮/氧比例可以使晶体场分裂增大、斯托克斯位移减小以及使发射和激发光谱发生红移。在这些氮氧化物发光材料中，以 $Y_4Si_2O_7N_2$：$Ce^{3+}$ 的发射和激发光谱最适合于白光 LED 的应用。如图 5-5 所示为 $Y_4Si_2O_7N_2$ 相的晶体结构示意。$Y_4Si_2O_7N_2$ 相的晶体结构与 $Y_4Al_2O_9$ 高温相的结构相同，属于单斜晶系和 $P2_1/C$ 空间群。$SiO_{4-x}N_x$ 四面体每两对相连形成 $Si_2(O_5N_2)$。在 $Y_4Si_2O_7N_2$ 的结构中 Y 原子占据四个位置：其中有三个 Y 原子和（O, N）原子构成 7 配位，另一个 Y 原子则是 6 配位。而且每个 Y 原子具有低的点对称性（$C_1$）。如图 5-6 所示是掺杂摩尔分数 6%$Ce^{3+}$ 的 $Y_4Si_2O_7N_2$ 的激发和发射光谱。由图中可知其激发光谱很宽，从紫外线（250 nm）一直延伸到蓝光波长段（460 nm），并且最大的峰值位于 390 nm 左右，说明它可以同时被紫外和近紫外 LED 芯片所激发。$Y_4Si_2O_7N_2$：$Ce^{3+}$ 的发射光谱也很宽，峰值位于 510 nm，峰的半高宽值约是 100 nm。相比较同类的其他氮氧化物，$Y_4Si_2O_7N_2$：$Ce^{3+}$ 之所以能够发射较长波长的蓝光，主要是与 $Ce^{3+}$ 配位的氧离子都是自由氧离子，而与自由氧离子配位有助于增强共价键性，即较大的电子云膨胀效应导致 $Ce^{3+}$ 激发态能量的下降。

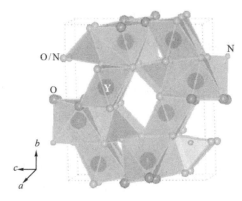

**图 5-5　$Y_4Si_2O_7N_2$ 相的晶体结构**

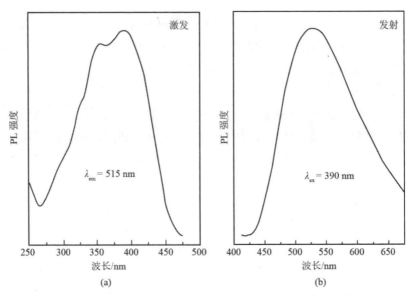

**图 5-6** $Ce^{3+}$掺杂的 $Y_4Si_2O_7N_2$ 相的激发光谱(a)和发射光谱(b)

Dierre[48]等人报道 $Ce^{3+}$ 在 La-Si-O-N 体系化合物中的发光特性。该体系含有四种不同晶体结构的物相：$La_5Si_3O_{12}N$（六方）、$La_4Si_2O_7N_2$（单斜）、$LaSiO_2N$（六方）、$La_3Si_8O_4N_{11}$（正交）。这些化合物在掺杂了 $Ce^{3+}$ 后均在紫外线（360 nm）的激发下发蓝色的荧光（415~480 nm）。其中，$La_3Si_8O_4N_{11}$：$Ce^{3+}$的光谱特性和发光强度都比较适合作为白光 LED 用的蓝色荧光粉。$La_3Si_8O_4N_{11}$ 相属于单斜晶系和 $C2/c$ 空间群，它的晶胞参数是：$a=15.850$Å，$b=4.9029$Å，$c=18.039$Å，$\beta=114.849°$。在 $La_3Si_8O_4N_{11}$ 中包含有以 $Si_6(O, N)_{16}$ 为结构单元，由 $Si(O, N)_4$ 四面体构成的沿[010]方向延展的带状结构。La 原子在该结构中占据两个位置，其中一个 La 原子跟四个（O, N）原子和两个 O 原子形成八配位，另一个 La 原子跟五个(O, N)、两个 O 以及一个 N 原子配位构成一个立方的倒棱柱结构。$La_3Si_8O_4N_{11}$：$Ce^{3+}$的发光光谱如图 5-7 所示。激发光谱的峰值大约在 365 nm，并拖尾至 460 nm，说明它在近紫外波段也有很强的吸收。$La_3Si_8O_4N_{11}$：$Ce^{3+}$的发光峰值位于 425 nm 左右，半峰宽值为 80 nm。相对于其他同类化合物，$La_3Si_8O_4N_{11}$：$Ce^{3+}$之所以能够较强地吸收紫外到蓝光波段的光，主要是由于：N/O 比值最大，即晶体场分裂大；$Ce^{3+}$ 与自由氧离子配位，即共价键性强；$SiO_{4-x}N_4$ 四面体在结构中是相互联结，形成一个牢固的三维网络结构，结构的刚性大，即晶体场强度大。Dierre[48]等人也研究 La-Si-O-N 体系化合物发光强度的热稳定特性,结果表明 $La_3Si_8O_4N_{11}$：$Ce^{3+}$ 的热稳定性最高，热淬灭温度（即发光强度下降至 50%时的温度）约为 250℃，这与 $La_3Si_8O_4N_{11}$ 的刚性晶体结构有关。

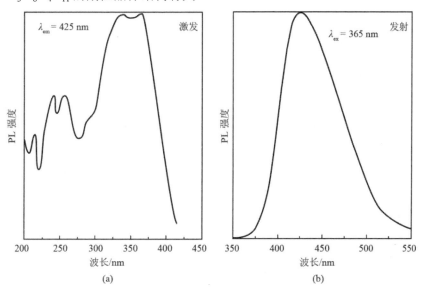

图 5-7　$Ce^{3+}$掺杂 $La_3Si_8O_4N_{11}$ 相的激发光谱(a)和发射光谱(b)

## 5.3.2　氮氧化物绿色荧光粉

绿色荧光粉是制备下列两种类型白光 LED 的不可或缺的发光材料：使用紫外或近紫外 LED 芯片时配合蓝色和红色荧光粉；使用蓝色 LED 芯片时结合红色荧光粉。在前一类型的白光 LED 中,使用的绿色荧光粉主要有 $BaMgAl_{10}O_{17}$：$Eu^{2+}$，$Mn^{2+[54]}$、ZnS：Cu，$Al^{[10,12]}$；在后一类型的白光 LED 中,通常使用的绿色荧光粉是 $Y_3(Al, Ga)_5O_{12}$：$Ce^{3+[55]}$、$SrGa_2S_4$：$Eu^{2+[11,12]}$。然而这些荧光粉在实际使用中均存在许多问题，如硫化物荧光粉存在易潮解、热稳定性低等不足，而 $BaMgAl_{10}O_{17}$：$Eu^{2+}$，$Mn^{2+}$和 $Y_3(Al, Ga)_5O_{12}$：$Ce^{3+}$存在热稳性差、色坐标漂移等问题。因此，对现有绿色荧光粉进行改造或者继续探索新型的高效高稳定绿色荧光粉成业界的共识。特别是随着蓝色 LED 芯片的广泛使用，开发能有效吸收蓝光波段的绿色荧光粉成为当务之急。为达到此目的，所选择的基质材料必须具有较大的晶体场分裂或者较强的共价键。最近，日本三菱化学的研究人员开发出能被蓝色 LED 芯片激发的掺杂 $Ce^{3+}$ 的硅酸盐化合物[56,57]——$Ca_3Sc_2Si_3O_{12}$：$Ce^{3+}$ 和 $CaSc_2O_4$：$Ce^{3+}$，其较低的激发能源自于晶体内部较高的晶体场分裂。本节介绍几种以氮氧化物或者氮化物为基质的绿色荧光粉。

### 5.3.2.1 β-赛隆：$Eu^{2+}$[13~16, 58, 59]

和 α-赛隆类似，β-赛隆陶瓷由于其优良的热力学性能、高硬度、高化学稳定性以及高韧性，在高温结构部件、切削工具、轴承球等方面有着广泛的应用。虽然研究人员对 β-赛隆陶瓷的功能性能进行了研究，但都集中在 β-赛隆陶瓷的热传导特性。Hirosaki[58]等人对 β-赛隆粉末的发光性能进行了研究，在 2005 年报道了掺杂 $Eu^{2+}$β-赛隆的发光特性，并指出 β-赛隆：$Eu^{2+}$ 有望成为应用于白光 LED 的绿色荧光粉，从而使 β-赛隆和 α-赛隆一样成为新一代发光材料。β-赛隆是 β-$Si_3N_4$ 的固溶体，它是以部分 Al-O 键取代 β-$Si_3N_4$ 中的 Si-N 键而形成。β-赛隆的化学式是：$Si_{6-z}Al_zO_zN_{8-z}$（$0 < z \leqslant 4.2$）。由于不存在因替代而引起的电荷失衡问题，在 β-赛隆中不需要引入像在 α-赛隆一样的金属原子 M。β-赛隆与 β-$Si_3N_4$ 有着相同的晶体结构，即同属于六方晶系和 $P6_3$ 或 $P6_3/m$ 空间群。在沿 $z$ 轴方向[001]是一条连续的通道，如图 5-8 所示。

如图 5-9 所示是掺杂摩尔分数 0.3 % β-赛隆（$z$=0.3）的荧光光谱。该材料在 2000℃以及 10atm 氮气压力的条件下合成而得。对 β-赛隆：$Eu^{2+}$ 的激发光谱进行高斯拟合分析，可以得到峰值分别位于 301nm、350nm、407nm 和 485 nm 的四个宽峰。而且可以发现，它在紫外-蓝光波段都有很强的光吸收，说明它有极大的潜力应用于各类白光 LED 中。β-赛隆：$Eu^{2+}$ 的发射光谱是一个宽峰，显示是来源于 $Eu^{2+}$ 的 $4f^65d^1 \rightarrow 4f^7$ 电子转移的发光。发射峰的最高值位于 536 nm，其半峰宽值为 56 nm，色坐标为（0.321, 0.643）。相对于其他绿色荧光粉如 $Y_3(Al, Ga)_5O_{12}$：$Ce^{3+}$、$SrGa_2S_4$：$Eu^{2+}$ 和 ZnS：Cu, Al，β-赛隆：$Eu^{2+}$ 的色纯度为最好。β-赛隆：$Eu^{2+}$ 的外部量子效率在 405nm 和 450 nm 波长的激发下分别是 41%和 33%。

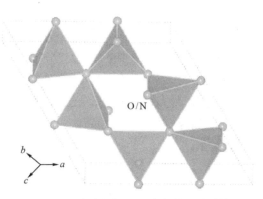

图 5-8　β-赛隆相的[001]方向的晶体结构

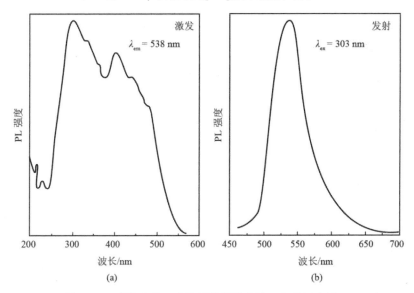

图 5-9　Eu$^{2+}$掺杂的β-赛隆相的激发光谱(a)和发射光谱(b)

Xie[59]等人详细讨论 Eu$^{2+}$掺杂量和 $z$ 值对相组成、颗粒形貌和大小、发光强度以及热稳定性的影响。结果显示：

①单相 β-赛隆的形成与 Eu$^{2+}$掺杂量和 $z$ 值存在着直接的关系，较少的 Eu$^{2+}$掺杂量和较小的 $z$ 值比较容易形成单相；

②Eu$^{2+}$的掺杂几乎不影响晶格常数和发射波长，而 $z$ 值的增大使晶格常数增加、芯片粗化，并使发射波长发生红移；

③最佳的掺杂量和 $z$ 值分别为摩尔分数 0.3 %和 1.0；

④β-赛隆：$Eu^{2+}$ 在 150℃的发光强度是室温的 87%左右。

β-赛隆的晶体结构显示没有合适的位置为 $Eu^{2+}$ 所占据，但是 β-赛隆：$Eu^{2+}$ 的高亮度发光以及 Eu 元素的均匀分布却表明，$Eu^{2+}$ 的确存在于 β-赛隆的晶格中并占据某一位置。比较容易接受的解释的是，$Eu^{2+}$ 的掺杂造成 β-赛隆晶格发生局部的畸变，形成类似α-赛隆的结构，使 $Eu^{2+}$ "陷入"沿 z 轴方面延伸的空穴中，并与周围的（O，N）原子形成化学键，可由两者（β-赛隆：$Eu^{2+}$ 和α-赛隆：$Eu^{2+}$）相近的激发光谱中得到证据。然而确定 $Eu^{2+}$ 在 β-赛隆晶体结构中的位置的研究工作还有待进一步展开。

### 5.3.2.2　α-赛隆：$Yb^{2+}$

Xie[60]等人报道了两价 $Yb^{2+}$ 在α-赛隆中的绿色发光，这也是首次显示 $Yb^{2+}$ 在氮氧化物中的发光光谱。α-赛隆：$Yb^{2+}$ 荧光粉是在 1700℃与 5 个大气压的氮气条件下合成而得，外观颜色呈绿色。如图 5-10 所示是掺杂 $Yb^{2+}$ α-赛隆（$Ca_{0.995}Yb_{0.005}Si_9Al_3ON_{15}$）的激发和发射光谱。它的激发光谱主要包含三个峰值，分别位于 298 nm、343 nm 和 445 nm 的宽带波谱，而且在 445 nm 处的吸收强度为最高，因而满足吸收蓝色可见光的白光 LED 用发光材料的基本要求。α-赛隆：$Yb^{2+}$ 的发射光谱是一个峰值位于 550 nm 的对称性高的宽带波谱，其半高宽值约为 75 nm。此材料的发光源自于 $Yb^{2+}$ 的 $4f^{13}5d{\rightarrow}4f^{14}$ 电子跃迁。

据文献记载，$Yb^{2+}$ 在碱土卤化物、氟化物、磷酸盐等基质中的发光一般位于紫外到蓝色的光谱段[61~63]，只有在卤磷酸盐中是个例外[$Ba_5(PO_4)_3Cl$：624 nm，$Sr_5(PO_4)_3Cl$：560 nm[61]]。而且 $Yb^{2+}$ 的激发光谱处于紫外线区域，对蓝光的吸收都很弱。但是在α-赛隆中 $Yb^{2+}$ 的发射和激发光谱明显区别于上述基质，发生显著的红移，不仅能发射较强的绿色光，而且能强烈吸收蓝光。这种现象在 $SrSi_2O_2N_2$ 这类氮氧化物中也能观察到，$SrSi_2O_2N_2$：$Yb^{2+}$ 的发射波长位于 620 nm 左右[64]。$Yb^{2+}$ 在氮氧化物中的这种红移主要是由于较大的晶体场分裂以及 $Yb^{2+}$ 与周围阴离子之间较强的共价键结合所造成的。

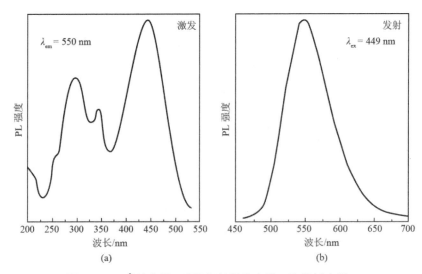

**图 5-10　Yb$^{2+}$掺杂的α-赛隆相的激发光谱(a)和发射光谱(b)**

对α-赛隆：Yb$^{2+}$的浓度消光和组成相关性的研究显示，Yb$^{2+}$的最佳浓度应控制在摩尔分数 0.5 %左右，高于或者低于此值都会造成发光强度的急剧下降；其最优基质组成应为 $m = 2$，$n = 1$。组成为 Ca$_{0.995}$Yb$_{0.005}$Si$_9$Al$_3$ON$_{15}$ 的荧光粉在 450 nm 激发下的外部量子效率约为 35%。

### 5.3.2.3　MSi$_2$O$_2$N$_2$：Eu$^{2+}$（M=Ca, Sr, Ba）

德国慕尼黑大学的 Schnick 的研究组[29]等合成了 CaSi$_2$O$_2$N$_2$ 的单晶，并解析其晶体结构。荷兰 Eindhoven 技术大学的 Li[65]等人则是合成了 MSi$_2$O$_2$N$_2$：Eu$^{2+}$（M = Ca , Sr, Ba）的荧光粉末，并对三个物相的结构进行了简单的分析。MSi$_2$O$_2$N$_2$（M = Ca , Sr, Ba）系化合物都属于单斜晶系，但隶属于不同的空间群，CaSi$_2$O$_2$N$_2$、SrSi$_2$O$_2$N$_2$ 和 BaSi$_2$O$_2$N$_2$ 的空间群分别为 $P2_1/C$、$P2_1/M$ 和 $P_2/M$。CaSi$_2$O$_2$N$_2$ 和 SrSi$_2$O$_2$N$_2$ 的结构具有关联性，都是一类新型的层状化合物，每层是由含有共顶点的 SiON$_3$ 四面体的[Si$_2$O$_2$N$_2$]$^{2-}$层构成。在层状结构中，1 个 N 原子与 3 个 Si 原子键合，而 O 原子则是与 1 个 Si 原子键合；金属原子 M 在结构中占据 4 个位置，分别与 6 个氧原子和 1 个氮原子配位。如图 5-11 所示为与 SrSi$_2$O$_2$N$_2$ 具有类似层状结构的 EuSi$_2$O$_2$N$_2$ 的晶体结构。

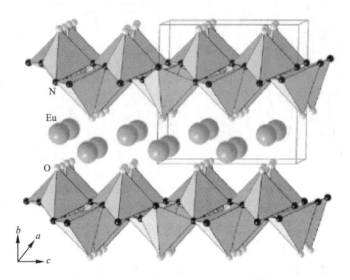

N

Eu

O

b
a
c

**图 5-11　EuSi$_2$O$_2$N$_2$ 的晶体结构**[29]

MSi$_2$O$_2$N$_2$：Eu$^{2+}$（M = Ca，Sr, Ba）的合成通常是以碳酸盐、氮化硅、二氧化硅和氧化铕为原料，在 1300~1500℃以及氮气或者氮气、氢气混合气的条件下进行的[29,65]。如图 5-12 所示是在 1500℃和 5atm 氮气气氛下合成的摩尔分数 4%掺杂的 MSi$_2$O$_2$N$_2$：Eu$^{2+}$（M = Ca，Sr, Ba）的激发和发射光谱。从图中可知，三个化合物的激发光谱具有很大的相似性，其范围涵盖了紫外线到蓝光波段并且在近紫外线和蓝光波段有很强的吸收。它们的发射光谱的峰值位置随着碱土金属离子半径的增大而发生蓝移，即由 563 nm（Ca）、542 nm（Sr）变化到 490 nm（Ba）。因此，CaSi$_2$O$_2$N$_2$、SrSi$_2$O$_2$N$_2$ 和 BaSi$_2$O$_2$N$_2$ 分别是黄色、绿色和蓝绿色荧光粉。

台湾大学刘如熹的研究组[66]发现，稀土元素共掺杂（Eu$^{2+}$-Ce$^{3+}$，Eu$^{2+}$-Dy$^{3+}$）以及 Eu$^{2+}$-Mn$^{2+}$共掺杂对 MSi$_2$O$_2$N$_2$（M = Ca，Sr, Ba）发光特性的影响。研究结果显示，MSi$_2$O$_2$N$_2$ 相的发光性能都得到了显著的提高。Eu$^{2+}$-Ce$^{3+}$，Eu$^{2+}$-Dy$^{3+}$以及 Eu$^{2+}$-Mn$^{2+}$共掺杂 SrSi$_2$O$_2$N$_2$ 的发光强度分别提高 144%、148%与 168%。其将发光性能的改善归结于稀土元素离子之间的能量转移。

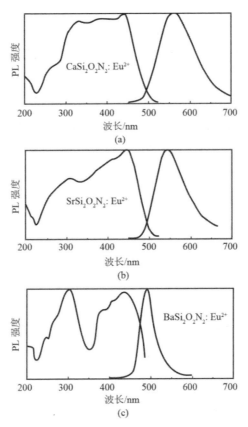

**图 5-12　Eu$^{2+}$掺杂的 MSi$_2$O$_2$N$_2$ 相的发光光谱**

**(a)** M=Ca；**(b)** M=Sr；**(c)** M=Ba

## 5.3.3　氮氧化物黄色荧光粉

1996 年，日本 Nichia 公司开发出世界上第一个商用的白光 LED 组件。该产品由蓝色 LED 芯片和黄色荧光粉组合而成，其基本原理是蓝色 LED 发出的蓝光激发黄色荧光粉发射黄光，蓝光和黄光混合即得到白光。所用的荧光粉是铈掺杂的钇铝石榴石，即(Y$_{1-a}$Gd$_a$)$_3$(Al$_{1-b}$Ga$_b$)$_5$O$_{12}$：Ce$^{3+}$(YAG：Ce)。由于 Ce$^{3+}$在 YAG 结构中有很强的晶体场分裂，YAG：Ce 的激发波长能够红移至蓝光波段，特别是对 460 nm 波长左右的蓝光有很强的吸收，发光效率也很好，非常适合制造白光 LED。但是 YAG：Ce 的发光颜色偏绿，缺少红色成分，只能制备色温较高的白光而不能配制色温低如白炽灯的白光。为实现此目的，一是通过添加红色荧光粉，但发光效率会大幅度下降；二是以 Gd 原子部分替代 YAG 中的 Y 原子使其发射光谱红移，但替代后的荧光粉的热稳定性、发光强度会大幅度降低；三是开发新的能够发橙黄色光的发光材料，这就需要探索新的基质材料。

2002 年，荷兰 Eindhoven 技术大学的 Hintzen 研究组和日本物质材料研究机构的 Mitomo 研究组分别独立地报道了 $Eu^{2+}$ 掺杂的 Ca-α-赛隆的发光光谱[35,46]。Ca-α-赛隆：$Eu^{2+}$ 荧光粉的合成一般采用气压烧结技术，在高温（1600~1800℃）高压（5~10atm）氮气气氛下进行。如图 5-13 所示是摩尔分数 7.5% $Eu^{2+}$ 掺杂 Ca-α-赛隆 （$m=2$，$n=1$）的发光光谱。在紫外线的激发下，Ca-α-赛隆的发光波长是在 585nm 左右的黄光。同时，它的激发光谱延伸至绿光区域，显示对蓝光也有很强的吸收，有望成为新一代应用于白光 LED 的黄色发光材料。

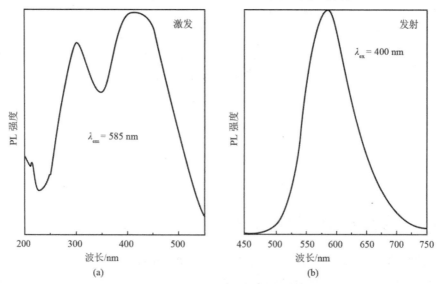

**图 5-13** $Eu^{2+}$ 掺杂的 Ca-α-赛隆相的激发光谱(a)和发射光谱(b)

Xie[37,67~70]等人系统地研究掺杂量、基质材料的组成以及金属原子种类对 α-赛隆发光特性的影响，成功地对其发光性能进行调控，并开发具有一系列发光波长（565~605nm）的黄色荧光粉。通过对掺杂量的研究发现，$Eu^{2+}$ 的最佳掺杂量应控制在摩尔分数 7.5%左右。随着 $Eu^{2+}$ 量的增加，发光波长发生明显的红移，超过摩尔分数 20% 的掺杂量会导致杂相如 AlN 多形体的出现。$Eu^{2+}$ 的掺杂并不明显地改变晶胞参数。基质材料的组成如 $m$ 和 $n$ 值对发光性能的影响很大，它直接控制颗粒的形貌、大小和粒径分布。研究表明，基质的最佳组成为 $m=2$、$n=1$。随着 $m$ 值的增大，发射波长会向长波长方向移动，主要是由于 $Eu^{2+}$ 的绝对浓度的增加以及斯托克斯位移的增大。随着 $n$ 值的增大，发射波长会向短波长方向移动，其原因主要是 N/O 值的减小削弱了电子云膨胀效应和晶体场分裂。通过设计 $m$ 和 $n$ 值可以对 α-赛隆的发光性能进行有目的地调控。α-赛隆可以固溶一些金属元素，如碱金属、碱土金属和稀土金属。研究结果说明以 Li 部分或者全部替代 Ca 可以使 α-赛隆的发光波长蓝移，而用 Y 替代 Ca 则使 α-赛隆的发光波长红移。

　　α-赛隆：$Eu^{2+}$ 荧光粉具有较高的热稳定性，在 150℃ 下测得的发光强度仍然达到室温强度的 87%；在 800℃ 的空气中粉末和 $Eu^{2+}$ 不发生氧化，其发光强度与室温强度相当。α-赛隆：$Eu^{2+}$ 荧光粉在 450nm 波长激发下的外部量子效率可以达到 60% 左右。另外，用单一的经过波长调整的 α-赛隆：$Eu^{2+}$ 荧光粉不仅可以制备低色温（暖色调）的白光 LED，而且也可以合成高色温（冷色调）的白光 LED。

## 5.3.4　氮化物红色荧光粉

　　和绿色荧光粉一样，红色荧光粉是制备下列两种类型白光 LED 的不可或缺的发光材料：

　　① 使用紫外或近紫外 LED 芯片时配合蓝色和绿色荧光粉；

　　② 使用蓝色 LED 芯片时结合绿色荧光粉。

　　在前一类型的白光 LED 中，通常使用的红色荧光粉是三价 $Eu^{3+}$ 掺杂的氧化物和氧硫化物，如 $Y_2O_3$：Eu[71] 和 $La_2O_2S$：$Eu^{3+}$[72]。在后一类型的白光 LED 中，红色荧光粉通常使用两价 $Eu^{2+}$ 掺杂的硫化物，如 SrS：$Eu^{2+}$[11]。但是硫化物荧光粉的化学稳定性和热稳定性比较差，在生产、储存和使用中存在一些问题，特别是由此制备的白光 LED 的抗老化性差、光衰减大。这些问题的出现使得研发人员开始寻找新的材料体系，并在以氮化物为基质材料中获得成功。本小节介绍三种氮化物红色荧光粉。

### 5.3.4.1　CaAlSiN$_3$：Eu$^{2+}$

日本东京工科大学的 Uheda 和日本物质材料研究机构的 Hirosaki 等人开发了一种能同时被紫外和蓝光 LED 所激发的红色氮化物荧光粉——CaAlSiN$_3$：Eu$^{2+[73]}$。该材料的合成全部是以 Ca$_3$N$_2$、EuN、Si$_3$N$_4$ 和 AlN 等氮化物为原料，在 1600~1800℃以及 5atm 氮气的条件下进行的。用合成的粉末进行晶体结构分析，结果显示与单晶的一致。CaAlSiN$_3$ 的晶体结构数据如下：正交晶系，$Cmc$21 空间群，$a$ = 9.8007 Å，$b$ = 5.6497Å，$c$ = 5.0627Å。如图 5-14 所示是 CaAlSiN$_3$ 的晶体结构。CaAlSiN$_3$ 具有和 NaSi$_2$N$_3$ 和 Si$_2$N$_2$O 等同的晶体结构。CaAlSiN$_3$ 的结构是基于(Si/Al)N$_4$ 四面体的三维结构，其中 1/3 的 N 原子与两个 Si/Al 配位，另外 2/3 的 N 原子与三个 Si/Al 配位。Si 原子与 Al 原子任意分布于相同的四面体位置内，并与 N 原子一起构成一个共顶点的(Si/Al)$_6$N$_{18}$ 环状结构。Ca 原子位于上述环内，并与周围 5 个 N 原子配位，Ca-N 键之间的平均距离约为 2.451 Å。

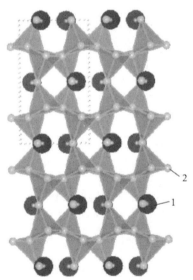

**图 5-14　CaAlSiN$_3$ 相的[001]方向的晶体结构**

1—黑色球表示 Ca/Al 原子；2—灰色球为 N 原子

CaAlSiN$_3$：Eu$^{2+}$ 的发光光谱如图 5-15 所示。其激发光谱非常宽，包含从紫外到红光的波谱区域（250~600 nm），而且对蓝光的吸收最为强烈，显示粉末的颜色为砖红色。发射光谱的峰值位于 660 nm，其半峰宽值为 100 nm。发射波长可以通过用其他碱土金属原子替代 Ca 原子或者控制 $Eu^{2+}$ 的掺杂量来进行调整。$CaAlSiN_3$：$Eu^{2+}$ 的热稳定性高，在 150℃ 下测得的发光强度是室温强度的 87% 左右。另外，$CaAlSiN_3$：$Eu^{2+}$ 的外部量子效率达到 74%（450 nm），这是一种发光效率很高的红色荧光粉。

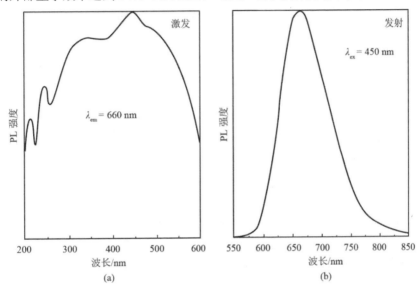

图 5-15　$Eu^{2+}$ 掺杂的 $CaAlSiN_3$ 相的激发光谱(a)和发射光谱(b)

### 5.3.4.2　$M_2Si_5N_8$：$Eu^{2+}$（M = Ca，Sr, Ba）

1995 年，德国慕尼黑大学的 Schnick 研究组报道了三元系氮化物——$M_2Si_5N_8$（M = Ca，Sr, Ba）单晶的合成和晶体结构[30,31]。其中，$Ca_2Si_5N_8$ 的结构参数如下：单斜晶系，$Cc$ 空间群，$a$=14.352Å，$b$=5.610Å，$c$=9.689Å，$\beta$=112.03°，$Z$=4。$Sr_2Si_5N_8$ 的结构参数为：正交晶系，$Pmn2_1$ 空间群，$a$=5.710Å，$b$=6.822Å，$c$=9.341Å，$Z$=2。$Ba_2Si_5N_8$ 的结构参数为：正交晶系，$Pmn2_1$ 空间群，$a$=5.783Å，$b$=6.959Å，$c$=9.391Å，$Z$=2。如图 5-16 所示为 $M_2Si_5N_8$（M=Ca, Sr）的晶体结构。此三个化合物的局部结构具有相似性，即一半的 N 原子与 2 个 Si 原子联结，而另一半的 N 原子则与 3 个 Si 原子相连。金属 M 占据两个晶体位置，2 个 Ca 原子均与周围的 7 个 N 原子配位，而一个 Sr/Ba 原子与周围的 8 个 N 原子配位，另一个则与周围的 9 个 N 原

子配位。金属 M 与 N 原子之间的距离约为 2.880 Å。

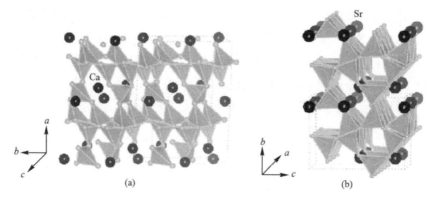

图 5-16 $Ca_2Si_5N_8$(a)和 $Sr_2Si_5N_8$(b)相的晶体结构

Hoppe[74]和 Li[75]等人报道了掺杂 $Eu^{2+}$ 的 $M_2Si_5N_8$（M=Ca, Sr, Ba）的发光特性。$M_2Si_5N_8$：$Eu^{2+}$（M=Ca, Sr, Ba）荧光粉的合成通过高温固相反应（1400~1600℃）进行，原料一般是金属或者金属氮化物和氮化硅。如图 5-17 所示是在 1600℃和 5atm 氮气的条件下合成的 $M_2Si_5N_8$：$Eu^{2+}$（M=Ca, Sr, Ba）的发光光谱。它们的激发光谱彼此非常相似，波谱范围涵盖从紫外到红光区域，峰值都位于 450 nm 波长左右。碱土氮化硅荧光粉的发光颜色为橙红色或红色，它们的发射波长的峰值与碱土金属离子半径大小有关，随着离子半径的增大，发射波长发生红移。1% $Eu^{2+}$ 掺杂的 $Ca_2Si_5N_8$、$Sr_2Si_5N_8$ 和 $Ba_2Si_5N_8$ 的发光峰值分别是 623nm、640nm 和 650 nm。

与 $CaAlSiN_3$：$Eu^{2+}$ 类似，$M_2Si_5N_8$：$Eu^{2+}$（M=Ca, Sr, Ba）的热稳定性和量子效率也比较高，在 450 nm 波长的激发下，于 150℃测得的发光强度是室温强度的 86%，外部量子效率为 63%[76]。

### 5.3.4.3  $CaSiN_2$：$Eu^{2+}/Ce^{3+}$

$Eu^{2+}$ 或者 $Ce^{3+}$ 掺杂的 $CaSiN_2$ 是另一类三元系红色氮化物荧光粉[77]。$CaSiN_2$ 的晶体结构等同于 $KGaO_2$，结构参数为：正交晶系，*Pnma* 空间群，$a$=5.123Å，$b$=10.207Å，$c$=14.823Å[78,79]。如图 5-18 所示为 $CaSiN_2$ 的晶体结构示意图。在该结构中，Ca 原子占据两个结晶位置，均与周围的 6 个 N 原子构成八面体。

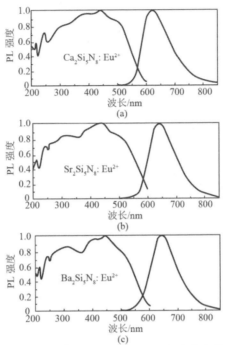

图 5-17　Eu²⁺掺杂的 M₂Si₅N₈相的发光光谱

**(a)** M=Ca；**(b)** M=Sr；**(c)** M=Ba

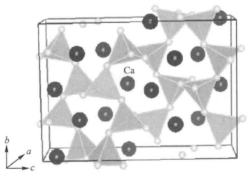

图 5-18　CaSiN₂相的晶体结构

Le　Toquin[77]等人报道了 Eu²⁺和 Ce³⁺掺杂的 CaSiN₂的发光光谱。两者的激发光谱有很大的相似性，但 Eu²⁺掺杂的峰值位于 400 nm，而 Ce³⁺掺杂的峰值则位于 535 nm，显示稀土元素离子在基质中的晶体场分裂较大。Eu²⁺和 Ce³⁺掺杂的 CaSiN₂的发光峰值分别位于 605 nm 和 625 nm，而且后者的半峰宽值比较大，这是 Ce³⁺

发光的典型特征。通过用 Mg、Sr 部分取代或者用 Al 部分取代 Si 都可以对发光波长进行调控。

相比较上述两类氮化物红色荧光粉，$CaSiN_2 : Eu^{2+}/Ce^{3+}$ 的热稳定性和量子效率都逊色不少。Uheda[80]等人的研究结果表明，摩尔分数 0.3% $Eu^{2+}$ 掺杂的材料在 150℃的发光强度只有室温强度的 26%。Le Toquin[77]等人报道的 $CaSiN_2 : Ce^{3+}$ 的外部量子效率只有 40%。

##  5.4　氮氧化物/氮化物荧光粉的合成

荧光粉的合成方法有很多，概括起来就是固相反应、气相反应和溶液法。氮化物由于含有氮，因此它的合成需要含氮的原料或者气氛来引入氮，导致其合成方法受到很大的限制，不如氧化物那样广泛和简单。特别是对于 Si-基的多元系氮氧化物/氮化物荧光粉，其合成方法更是有限。根据文献上的记载，氮化物荧光粉的制备通常采用高温固相反应法、气体还原氮化法和碳热还原氮化法等方法。本小节将针对这些方法做介绍。

### 5.4.1　高压氮气热烧结法

高压氮气热烧结法（高温固相反应法）是制备各类荧光粉的通用方法，也是简单、经济、适合于工业生产的方法。固相反应的充要条件是反应物必须相互接触，即反应是通过颗粒接触进行的。反应颗粒越细，其比表面积越大，反应物颗粒之间的接触面积也就越大，从而有利于固相反应的进行。固相反应通常包括以下步骤：①固相界面的扩散；②原子尺度的化学反应；③新相成核；④固相的输运及新相的长大。

Si 基氮氧化物/氮化物合成时往往使用 $Si_3N_4$ 粉末作为 N 源和 Si 源的原料，但是由于 $Si_3N_4$ 具有很强的共价键，扩散系数低，反应活性差，因此需要比较高的合成温度（1500~2000℃）。另外，$Si_3N_4$ 的分解温度在常压下大约为 1830℃，因此在大于此温度合成时需要充填高压氮气以抑制其分解。Schnick[24~32]研究组利用反应活性更大的 $Si(NH)_2$ 来替代 $Si_3N_4$，在较低温度和常压下制备一系列的硅酸盐氮化物。其他的原料可以是金属（如 Ca、Sr、Ba、Eu）、金属氮化物（如 AlN、

$Ca_3N_2$、$Sr_3N_2$、$Ba_3N_2$、$EuN$）或者金属氧化物（如 $Al_2O_3$、$CaCO_3$、$Li_2CO_3$、$SrCO_3$、$BaCO_3$、$Eu_2O_3$、$CeO_2$）。

Xie[36,37,48,58~60,67~70,76]等人利用的合成设备是气压烧结炉，采用石墨加热方式，氮气压力可以控制在 1~10atm 之间。合成的荧光粉包括 $Eu^{2+}$或者 $Ce^{3+}$掺杂的α-赛隆、β-赛隆、$LaAl(Si_{6-z}Al_z)O_zN_{10-z}$、La/Y-Si-O-N、$M_2Si_5N_8$（M=Ca, Sr, Ba）、$CaAlSiN_3$。例如α-赛隆：$Eu^{2+}$（$m$=2, $n$=1）的合成利用以下反应式（5-1）在 1700℃和 5atm $N_2$ 中进行：

$$(2-2x)CaCO_3 + xEu_2O_3 + 6Si_3N_4 + 6AlN \longrightarrow 2Ca_{1-x}Eu_xSi_9Al_3ON_{15} + (2-2x)CO_2$$

$$(5\text{-}1)$$

Schnick 研究组[24~32]等利用的是高频传感炉来合成硅酸盐氮化物。较常使用的原料包括金属和 $Si(NH)_2$。例如 $Ba_2Si_5N_8$：$Eu^{2+}$的制备是利用以下反应式（5-2）在 1600℃以及 $N_2$ 中进行：

$$(2-x)Ba + xEu + 5Si(NH)_2 \longrightarrow Ba_{2-x}Eu_xSi_5N_8 + N_2 + 5H_2 \qquad (5\text{-}2)$$

Hintzen[65,75]等人利用管式炉来制备氮化物荧光粉。使用的原料包括金属氮化物和 $Si_3N_4$。有些氮化物（如 $Sr_3N_2$ 和 $Ba_3N_2$）需要预先合成。其合成是在 800℃左右通过金属与氮气反应进行：

$$2Sr + (1-x)N_2 \longrightarrow 2SrN_{1-x} \qquad (5\text{-}3)$$

$$(2-x)Sr_3N_2 + 3xEuN + 5Si_3N_4 \longrightarrow 3Sr_{2-x}Eu_xSi_5N_8 \qquad (5\text{-}4)$$

## 5.4.2  气体还原氮化法

一般地讲，高温固相反应法制得的荧光粉比较容易结块，颗粒的粒径比较大，通常还需要进行后处理，如粉碎等工艺。而对于硬度高，团聚严重的荧光粉而言，粉碎必然会造成颗粒表面的破坏，从而导致大量表面缺陷的产生，直接影响材料的发光性能。另外，颗粒大小的分布也不均匀，使得粉体的堆积密度小而增大散射系数，降低了发光效率。另外，有些氮化物荧光粉合成时需要必要的金属或者金属氮化物，不仅价格昂贵，而且在空气中极不稳定，导致这些氮化物荧光粉的制备过程复杂，生产成本高。因此，需要开发合适、简单、成本低廉的合成方法来制备颗粒均匀、性能优异的氮化物荧光粉。

气体还原氮化法是一个行之有效的、简单的合成二元系氮化物常用的方法，也是合成三元系或者多元系氮化物荧光粉的方法。例如，Q.H.Zhang[81]等人在 $NH_3$ 中加热 $Al_2O_3$ 到 1000~1400℃即可得 AlN 粉末，其反应式为如下所示。

反应式：

$$Al_2O_3 + 2NH_3 \longrightarrow 2AlN + 3H_2O \qquad (5-5)$$

氨气分解：

$$2NH_3 \longrightarrow N_2 + 3H_2 \qquad (5-6)$$

氧化物还原：

$$Al_2O_3 + 3H_2 \longrightarrow 2Al + 3H_2O \qquad (5-7)$$

金属氮化：

$$2Al + N_2 \longrightarrow 2AlN \qquad (5-8)$$

气体还原氮化包括两个过程：气体还原金属氧化物和金属单质的氮化，两个过程实际上都是气-固相反应。气体还原金属氧化物的机理，现在普遍被接受的观点是吸附-自动催化理论[82]。这种理论认为，气体还原剂还原金属氧化物，分为以下几个步骤：第一步是气体还原剂如 $NH_3$ 被氧化物吸附；第二步是被吸附的还原剂分子与固体氧化物中的氧相互作用并产生新相；第三步是反应的气体产物从固体表面上分解。在反应速率与时间的关系曲线上具有自动催化的特点。

$$吸附\ MO(s)+X(g) \longrightarrow MO*X(吸附) \qquad (5-9)$$

$$反应\ MO*X(吸附) \longrightarrow M*XO(吸附) \qquad (5-10)$$

$$分解\ M*XO(吸附) \longrightarrow M + XO(g) \qquad (5-11)$$

$$MO(s) + X(g) \longrightarrow M + XO(g) \qquad (5-12)$$

气体还原金属氧化物有以下过程。

①气体还原剂分子由气流中心扩散到固体外表面并按吸附原理发生化学还原反应。

②气体通过金属扩散到氧化物-金属界面上发生还原反应。

③氧化物的氧通过金属扩散到金属-气体界面上可能发生反应。

④气体反应产物通过金属转移到金属外表面。

⑤气体反应产物从金属外表面扩散到气流中心而除去。

金属单质的氮化过程就是被还原的金属与氮气进行反应得到金属氮化物的过程。

气体还原氮化中通常使用的还原性气体是 $NH_3$、$CH_4$、$C_3H_8$、CO 或者是它们的混合气体,其中 $NH_3$ 既是还原剂又是氮化剂。对于三元系或者多元系氮化物而言,在合成中影响物相纯度的因素很多,例如前驱体的组成、颗粒大小、气体的种类、气体的流量、温度、升温速率、保温时间等。该方法的优点就是原料的颗粒大小在气-固相反应后能保留下来,所以控制好原料颗粒的大小和形貌就可以对产物的粒度和形貌进行控制。Suehiro[83]等人用 $SiO_2$-$Al_2O_3$-CaO($Eu_2O_3$)作为氧化物原料,在 1300~1500℃于氨气和甲烷混合气体中制备 α-赛隆黄色荧光粉。他们讨论实验参数对氮化率、物相纯度以及发光性能的影响。由此方法合成的 α-赛隆的粒径基本上和原料的粒径相当,约是 0.23μm。而且,合成温度也比高温固相反应法下降 200℃左右。Gal[79]等人用 CaSi 作为原料在氨气气氛中合成 $CaSiN_2$,其化学反应如式(5-13)所示:

$$CaSi + 2NH_3 \longrightarrow CaSiN_2 + 3H_2 \qquad (5\text{-}13)$$

## 5.4.3　碳热还原氮化法

碳热还原氮化法也是一种制备氮化物的常用的方法。与气体还原氮化的不同之处就是,它用固体碳粉作为还原剂。它基本上包括碳还原金属氧化物和金属单质的氮化两个主要过程。一般认为,高温下碳还原金属氧化物的反应为式(5-14)反应的平衡:

$$MO + CO \longrightarrow M + CO_2 \qquad (5\text{-}14)$$

$$CO_2 + C \longrightarrow 2CO \qquad (5\text{-}15)$$

$$MO + C \longrightarrow M + CO \qquad (5\text{-}16)$$

该过程的机理与前面介绍的气体还原氧化物机理一致,也包括气体的吸附、反应和解吸三个过程。虽然固体碳也能直接还原氧化物,但固体与固体的接触面积很有限,因而固-固相反应速率慢,只要还原反应器内有过剩固体碳存在,则碳的气化反应也总是存在的,氧化物的直接还原从热力学观点看,可认为是间接还原反应与碳的气化反应的加成反应,这就是固体碳还原氧化物还原过程的实质。

Weimer[84]等人探讨 α-$Si_3N_4$ 碳热还原氮化的机理和动力学问题。他们认为 α-$Si_3N_4$ 的成核是控制碳热还原氮化反应的关键因素。α-$Si_3N_4$ 的成核来自于颗粒大小很细的中间非晶态相 Si-C-O。$SiO_2$ 经过碳热还原氮化后得到 $Si_3N_4$ 可以用式(5-17)表示:

$$3SiO_2 + 6C + 2N_2 \longrightarrow Si_3N_4 + 6CO \qquad (5\text{-}17)$$

它又包括下面的几个反应步骤。

气相 SiO 的产生：$C + SiO_2 \longrightarrow SiO + CO \qquad (5\text{-}18)$

$$SiO_2 + CO \longrightarrow SiO + CO_2 \qquad (5\text{-}19)$$

$$C + CO_2 \longrightarrow 2CO \qquad (5\text{-}20)$$

α-Si$_3$N$_4$ 的异质形核：$3C + 3SiO + 2N_2 \longrightarrow Si_3N_4 + 3CO \qquad (5\text{-}21)$

α-Si$_3$N$_4$ 的生长：$3SiO + 3CO + 2N_2 \longrightarrow Si_3N_4 + 3CO_2 \qquad (5\text{-}22)$

Zhang[85]等人用 Si$_3$N$_4$、CaCO$_3$、Al$_2$O$_3$、Eu$_2$O$_3$ 和 C 作为反应物原料，在 1600℃ 和 N$_2$ 的条件下合成氧含量极少的 α-赛隆荧光粉。其反应式为：

$$Si_3N_4 + CaO + Al_2O_3 + Eu_2O_3 + C + N_2 \longrightarrow (Ca,Eu)Si_{10}Al_2N_{16} + CO_2 \qquad (5\text{-}23)$$

Piao[86]等人也用碳热还原氮化的方法合成了 Eu$^{2+}$ 掺杂 Sr$_2$Si$_5$N$_8$ 的红色荧光粉，以 Si$_3$N$_4$、SrCO$_3$、Eu$_2$O$_3$ 和 C 作为原料，在 1500℃ 和 N$_2$ 下进行，其反应式为：

$$Si_3N_4 + SrCO_3 + Eu_2O_3 + C + N_2 \longrightarrow (Sr,Eu)_2Si_5N_8 + CO_2 \qquad (5\text{-}24)$$

这些用碳热还原氮化方法合成的荧光粉的发光性能接近或达到用高温固相法合成的粉末，同时该方法避免使用于空气中不稳定的金属氮化物原料。碳热还原氮化法的一个最为突出的问题就是如何避免残留的碳。碳的存在会严重影响荧光粉的发光性能以及外观。

## 5.4.4 其他方法

除了上述方法以外，文献还报道了用自蔓延合成法和氨溶液法等方法合成氮化物荧光粉。

Piao[87]等人以 Ba$_{2-x}$Eu$_x$Si$_5$ 为原料，用自蔓延方法合成 Ba$_2$Si$_5$N$_8$：Eu$^{2+}$ 橙色荧光粉。原料 Ba$_{2-x}$Eu$_x$Si$_5$ 的制备是用电弧熔化一定配比的 Si、Ba 和 Eu 金属并经过粉碎而得。将制备的原料置于 BN 坩埚后在高频传感炉中加热，并充填高纯 N$_2$。自蔓延反应在 1060℃ 开始，并于 1350~1450℃ 保温 8h 后得到荧光粉。该合成可以用反应式（5-25）表示：

$$Ba_{2-x}Eu_xSi_5 + 4N_2 \longrightarrow Ba_{2-x}Eu_xSi_5N_8 \qquad （5\text{-}25）$$

Li[88]等人利用氨溶液法在 800℃成功合成了 CaAlSiN$_3$：Eu$^{2+}$荧光粉，其发光强度是用高温固相反应制备所得荧光粉的 1/3 左右。

以上合成方法以高压氮气热烧结法（高温固相反应法）所获得的粉体发光效率最高。

# 5.5　氮氧化物/氮化物荧光粉在白光 LED 中的应用

氮氧化物和氮化物荧光粉由于具有优异的发光特性，如能吸收可见光、量子效率高、热稳定性好、化学性质稳定、发光波长可调等，成为受人瞩目的新一代发光材料，也被誉为荧光粉中的一朵奇葩。氮氧化物和氮化物荧光粉一出现，就受到世界上各大白光 LED 生产商（如 OSRAM、PHILIPS、NIICHIA 等）的极大关注，很快就应用于白光 LED 的制造中。氮氧化物和氮化物荧光粉的使用，显著提高了 LED 的发光性能并极大地丰富了白光 LED 的产品种类，为白光 LED 器件的实际应用起到了关键性的推动作用。本节主要介绍几类用氮氧化物和氮化物荧光粉制作的白光 LED 的发光性能。

## 5.5.1　蓝色 LED+α-赛隆黄色荧光粉

Sakuma[89]等人首次将氮氧化物荧光粉应用于白光 LED 中。所用的氮氧化物荧光粉为 Eu$^{2+}$掺杂的 Ca-α-赛隆，其发光波长为 586 nm，所用的 LED 芯片为蓝色 LED 芯片，其发光波长为 450 nm 左右。在白光 LED 中通常使用的发光材料为黄色的 YAG：Ce，由于其发光波长较短，难以制备色温比较低的白光 LED。值得注意的是，用橙黄色 Ca-α-赛隆荧光粉制作的白光 LED 为暖白色 LED，其色温（correlated color temperature, CCT）为 2750 K，发光效率为 25.9 lm/W。这显然弥补了用单一 YAG：Ce 发光材料制作白光 LED 的不足。Sakuma 等人也比较了两类白光 LED 的热稳定性，发现用 Ca-α-赛隆：Eu$^{2+}$制作的白光 LED 的色坐标由室温的（0.503, 0.463）变化到200℃时的（0.509, 0.464），而用 YAG：Ce$^{3+}$制作的白光

LED 的色坐标则由（0.393，0.461）显著变化到（0.383，0.433）。这显示前者的色坐标变化很小，原因是 Ca-α-赛隆：$Eu^{2+}$的热稳定性高于 YAG：$Ce^{3+}$。

Ca-α-赛隆：$Eu^{2+}$的发光波长主要在 585 nm 以上，因此用它只能制作低色温的白光 LED。能不能对它的发光波长进行调整以使其蓝移，从而实现既可以制作暖白色 LED，也可制作白色甚至冷白色 LED 的目的。Xie[69,70]等人用 Li 部分或者全部替代 Ca 后发现，α-赛隆的发光波长发生明显的蓝移，由橙色发光变化为黄绿色发光，同时发光强度和热稳定性都保持不变，这为制作高色温的白光 LED 提供了可能。Xie[69,70]等人用发光波长分别为 567nm、575nm 和 585 nm 的 Li-α-赛隆配合蓝光 LED 芯片制作了色温分别是 4500K、3990K 和 3010K 的白光 LED，它们的发光效率为 55 lm/W 左右。这些结果表明，选择不同发光波长的α-赛隆黄色荧光粉可以得到不同色温的白光 LED，这些白光 LED 具有较高的发光效率和稳定的色度。

## 5.5.2　蓝色 LED+绿色荧光粉+红色荧光粉

用单一α-赛隆：$Eu^{2+}$黄色荧光粉制作的白光 LED 的平均显色指数（color rendering index, $Ra$）大多在 60 左右，较高色温的器件 $Ra$ 可达 73，这些参数不仅低于用 YAG 粉制作的 LED（$Ra$=80），也大大低于通用照明所要求的 85 以上。这主要归因于光谱中缺少足够的绿色和红色成分，使得光谱分布较窄。为了解决显色指数低的问题，需要在光谱中补充绿色和红色部分，采用绿色和红色荧光粉搭配蓝色 LED 的方法是比较目前流行的方法之一，也是解决不能用单一 YAG 制作暖白色 LED 的方法之一。

Xie[90]等人用绿色 α-赛隆：$Yb^{2+}$，红色 $Sr_2Si_5N_8$：$Eu^{2+}$以及蓝色 LED（主波长是 450nm)制作了各种色温的白光 LED。其显色指数和发光效率分别为 82~83 和 17~23 lm/W。刘如熹的研究组[91]采用绿色 $SrSi_2O_2N_2$：$Eu^{2+}$、红色 $CaSiN_2$：$Eu^{2+}$与蓝色 LED 相配合，制作的白光 LED 的显色指数达到 92，发光效率达到 30 lm/W。Schnick 的研究组[92]使用绿色 $SrSi_2O_2N_2$：$Eu^{2+}$，红色 $Sr_2Si_5N_8$：$Eu^{2+}$以及蓝色 LED 制作了大功率暖白色 LED，在 1W 输入功率下的发光效率为 25lm/W，显色指数为 90。

Sakuma[93]等人使用绿色 β-赛隆：$Eu^{2+}$，红色 $CaAlSiN_3$：$Eu^{2+}$的同时，也混合黄色 α-赛隆：$Eu^{2+}$，并搭配蓝色 LED 制作 4 波段的白光 LED。其显色指数为 81~88，发光效率为 24~28 lm/W。为进一步提高显色指数，Kimura[94]等人又在上述荧光粉混合体中添加蓝绿色 $BaSi_2O_2N_2$：$Eu^{2+}$可制得超高显色指数的白光 LED，其显色指数高达 98，非常接近自然光，而且其发光效率也很高，这也推翻了只有用紫外 LED 才能制作超高显色指数白光 LED 的论述。

## 5.5.3　近紫外 LED+蓝色荧光粉+绿色荧光粉+红色荧光粉

在使用紫外线 LED 制作白光 LED 时，通常采用各类氧化物荧光粉。但是，在使用近紫外线 LED 制作白光 LED 时，大多数氧化物荧光粉因对近紫外线的吸收比较低而导致它们不太适合和近紫外 LED 配合使用。而氮化物荧光粉却不同，它们不仅可以有效地吸收可见光，也能很好地吸收近紫外线，使它们在配合近紫外线 LED 时也能表现出优异的性能。

Takahashi[33]等人采用波长 405nm 的近紫外线 LED 作为主光源，配合一定比例的蓝色 JEM：$Ce^{3+}$，绿色 β-赛隆：$Eu^{2+}$，黄色 α-赛隆：$Eu^{2+}$和红色 $CaAlSiN_3$：$Eu^{2+}$制作各种色温的白光 LED。其显色指数为 95~96，发光效率为 19~20 lm/W。

## ● 结　语

本章介绍氮氧化物和氮化物荧光粉的晶体结构和发光特性。与氧化物发光材料不同，作为发光中心的稀土元素离子在氮化物中与相邻的氮原子配位，受到较强的晶体场作用和电子云膨胀效应的影响，稀土离子的 5d 激发态的能量会大幅降低，从而导致激发和发射波长的红移。同时，氮氧化物和氮化物坚固的晶体结构使氮化物荧光粉具有优异的化学稳定性和温度特性。这些特点决定氮氧化物和氮化物荧光粉十分适合在白光 LED 应用。

本章列举用氮氧化物和氮化物荧光粉制作白光 LED 的实例。这些案例进一步显示氮氧化物和氮化物荧光粉在白光 LED 中的优势和良好的发光特性。

本章回顾制备氮氧化物和氮化物荧光粉的一些方法。根据发光材料基质的不同，可以适当选择合成方法来降低成本、提高发光效率和改善粒度分布等。

虽然氮氧化物和氮化物荧光粉具有优异的发光性能，并受到业界的极大关注，但是它们的研究仍处在黎明时期，还有很多方面需要人们的进一步努力以促进这类新型发光材料的发展和应用，例如新材料的合成和晶体结构分析、高效廉价合成方法的开发、发光效率的提高、发光特性的调控等。

# 参考文献

[1]  Nakamura S, Fasol G. The Blue Laser Diode:GaN Based Light Emitter and Lasers. Berlin:Springer,1997.

[2]  Yang W J,Chen T M.Appl Phys Lett,2006, 88:101903.

[3]  Tang Y S,Hu S F, Lin C C, Bagkar N C,Liu R S. Appl Phys Lett,2007,90:151108.

[4]  Park J K, Choi K J, Kim K N, Kim C H. Appl Phys Lett,2005, 87:031108.

[5]  Park J K, Choi K J, Yeon J H, Leeand S J, Kim C H. Appl Phys Lett,2006, 88: 043511.

[6]  Setlur A A, Heward W J, Gao Y, Srivastava A M, Chandran R G, Shankar M V.Chem Mater,2006, 18:3314.

[7]  Yang W J, Luo L, Chen T M, Wang N S. Chem Mater,2005, 17:3883.

[8]  Jung K Y, Lee H W, Jung H K. Chem Mater,2006, 18:2249.

[9]  Jia D, Hunter D N. J Appl Phys,2006, 100:113125.

[10]  Sato Y, Takahashi N, Sato S. Jpn J Appl Phys,1996, 35:L838.

[11]  Mueller-Mach R, Muller G O, Krames M R, Trottier T. IEEE J SelectedTopics Quantum Electron,2002, 8:339.

[12]  Huh Y D, Shim J H, Kim Y, Do Y R. J Electrochem Soc,2003, 150:H57.

[13]  Hirosaki N, Xie R J, Sakuma K. Seramiikusu,2006,41:602.

[14]  Hirosaki N, Xie R J, Sakuma K. Oyo Buturi,2005,74:1449.

[15]  Li Y Q, Hintzen H T. Oyo Buturi, 2006,76: 258.

[16]  Xie R J, Hirosaki N, Mitomo M.Phosphor Handbook. second ed. Yen W M, Shionoya S, Yamamoto H. Boca Ratan: CRC Press,2007:331.

[17]  Steckl A J, Birkhahn R. Appl Phys Lett,1998, 73:1700.

[18]  Andreev A A. Phys Solid State,2003,45:419.

[19]  O'Donnell K P, Hourahine B. Eur Phys J Appl Phys,2006, 36:91.

[20]  Steckl A J, Heikenfeld J C, Lee D S, Garter M J, Baker C C, Wang Y Q, Jones R. IEEE J Selected Topics in Quant. Electron,2002, 87:49.

[21] Marchand R, Laurent Y, Guyader J,L'Haridon P, Verdier P. J Eur Ceram Soc,1991, 8:197.

[22] Marchand R. Ternary and Higher Order Nitride Materials in Handbook on the Physics and Chemistry of Rare Earths. Elsevier Science B.V, 1998.

[23] Metselar R. Pure &Appl Chem,1994, 66:1815.

[24] Schnick W, Huppertz H. Chem Eur J,1997, 3:679.

[25] Schnick W. Inter J Inorg Mater,2001, 3:1267.

[26] Huppertz H, Schnick W. Chem Eur J,1997, 3:249.

[27] Irran E, Kollisch K, Leoni S, Nesper R, Henry P F, Weller M T, Schnick W.Chem Eur J,2000, 6:2714.

[28] Huppertz H, Schnick W. Angew Chem Int Ed Engl,1996,35:1983.

[29] Huppertz H, Schnick W. Z Anorg Allg Chem,1997, 623:212; Stadler F, Oeckler O, Hoppe H A, Moller M H, Pottgen R, Mosel B D, Schmidt P, Duppel V, Simon A, Schnick W. Chem Eur J,2006, 12:6984.

[30] Hoppe H A, Stadler F, Oeckler O, Schnick W. Angew Chem,2004, 116:5656.

[31] Schlieper T, Milius W, Schnick W. Z Anorg　Allg Chem, 1995,621:1380.

[32] Schlieper T, Schnick W. Z Anorg Allg Chem,1995, 621:1037.

[33] Takahashi K, Hirosaki N, Xie R J , Harada M, Yoshimura K, Tomomura Y. Appl Phys Lett,2007, 91:091923.

[34] Grins J, Shen Z J, Nygen M, Ekstroem T. J Mater Chem,1995, 5:2001.

[35] Krevel J W H van, Rutten J W T van, Mandal H, Hintzen H T, Metselaar R. J Solid State Chem,2002, 165:19.

[36] Xie R J, Hirosaki N, Mitomo M, Yamamoto Y, Suehiro T, Ohashi N. J Am Ceram Soc,2004, 87:1368.

[37] Xie R J, Hirosaki N, Mitomo M, Suehiro T, Xin X, Tanaka H. J Am Ceram Soc,2005, 88:2883.

[38] Hampshire S, Park H K, Thompson D P, Jack K H, K H. Nature (London),1978,274:31.

[39] Cao G Z, Metselaar R. Chem Mater,1991, 3:242.

[40] Ekstrom T, Nygen M.J Am Ceram Soc,1992, 75:259.

[41] Izumi F, Mitomo M, Suzuki J. J Mater Sci Lett,1982,1:533.

[42] Chen I W, Becher P F, Mitomo M, Petzow G, Yen T S. Silicon Nitride Ceramics Mater Res Soc Pittsburgh, PA, 1993.

[43] Shen Z, Nygren M. J Euro Ceram Soc,1997, 17:1639.

[44] Rosenflanz A, Chen I W. J Am Ceram Soc,1999, 82:1025.

[45] Chen I-W, Rosenflanz A. Nature,1997, 389: 701.

[46] Xie R J, Mitomo M, Uheda K, Xu F F, Akimune Y. J Am Ceram Soc,2002, 85:1229.

[47] Krevel J W H van, Hintzen H T, Metselaar R, Meijerink A. J Alloy Compd,1998, 268:272.

[48] Dierre B, Xie R J, Hirosaki N, Sekiguchi T. J Mater Res,2007, 22:1933.

[49] Rae A W J M. Yttrium silicon oxynitrides. University of Newcastle upon Tyne, 1976.

[50] Titeux S, Gervais M, Verdier P, Laurent Y. Mater Sci Forum,2000,17:325-326.

[51] Takahashi J, Yamane H, Hirosaki N, Yamamoto Y, Suehiro T, Kamiyama T, Shimada M. Chem Mater,2003, 15:1099.

[52] Harris R K, Leach M J, Thompson D P. Chem Mater, 1992,4:260.

[53] Grins J, Shen Z, Esmaeilzadeh S, Berastegui P. J Mater Chem,2001, 11:2358.

[54] 刘如熹,纪喨胜.紫外光发光二极管用荧光粉介绍. 台北:全华科技图书,2003.

[55] Zhang S S, Zhuang W D, Zhao C L, Hu Y S, He H Q, Huang X W. J Rare Earths,2004, 22:118.

[56] Shimomura Y, Honma T, Shigeiwa M, Akai T, Okamoto K, kijima N. J Electrochem Soc,2007, 154:J35.

[57] Shimomura Y, Kurushima T,Kijima N. J Electrochem Soc,2007, 154:J234.

[58] Hirosaki N, Xie R J, Kimoto K, Sekiguchi T, Yamamoto Y, Suehiro T, Mitomo M. Appl Phys Lett,2005, 86:211905.

[59] Xie R J, Hirosaki N, Li H L, Li Y Q, Mitomo M. J Electrochem Soc, 2007,154, J314.

[60] Xie R J, Hirosaki N, Mitomo M, Uheda K, Suehiro T, Xu Y, Yamamoto Y, Sekiguchi T. J Phys Chem B,2005, 109:9490.

[61] Palilla F C, O'Reilly B E, Abbruscato V J. J Electrochem Soc,1970,117:87.

[62] Rubio O J. J Phys Chem Solids ,1991,521:101.

[63] Lizzo S, Meijerink A, Blasse G. J Lumin,1994, 59:185.

[64] Bachmann V, Justel T, Meijerink A, Ronda C, Schmidt P J. J Lumin,2006,121: 441.

[65] Li Y Q, Delsing A C A, With G de, Hintzen H T.Chem Mater,2005, 17:3242 .

[66] Liu R S, Liu Y H, Bagkar N C, Hu S F. Appl Phys Lett,2005, 91:061119.

[67] Xie R J, Hirosaki N, Sakuma K, Yamamoto Y, Mitomo M. Appl Phys Lett,2004, 84:5404.

[68] Xie R J, Hirosaki N, Mitomo M, Yamamoto Y, Suehiro T, Sakuma K. J Phys Chem B,2004, 108:12027.

[69] Xie R J, Hirosaki N, Mitomo M, Takahashi K, Sakuma K. Appl Phys Lett,2006, 88:101104.

[70] Xie R J, Hirosaki N, Mitomo M, Sakuma K, Kimura N. Appl Phys Lett, 2006,89:241103.

[71] Park W J, Yoon S G , Yoon D H. J Electrochem Soc,2006, 17:41.

[72] Reddy K R, Annapurna K, Buddhudu S. Mater Res Bull,1996, 31:1355.

[73] Uheda K, Hirosaki N, Yamamoto Y, Naito A, Nakajima T, Yamamoto H. Electrochem. Solid State Lett,2006, 9:H22.

[74] Hoppe H A, Lutz H, Morys P, Schnick W, Seilmeier A. J Phys Chem Solids,2000, 61:2001.

[75] Li Y Q, Delsing A C A, With G de, Hintzen H T. Chem Mater,2005, 15:4492.

[76] Xie R J, Hirosaki N, Suehiro T, Xu F F, Mitomo M. Chem Mater,2006,18:5578 .

[77] Le Toquin R, Cheetham A K. Chem Phys Lett,2006, 423:352.

[78] Ottinger F, Nesper R. Acta Cryst,2002 , A58 (Suppl.):C337.

[79] Gal Z A, Mallinson P M, Orchard H J, Clarke S J. Inorg Chem,2004, 43:3998.

[80] Uheda K, Hirosaki N, Yamamoto H. Phys State Sol,2006, (a) 203:2712.

[81] Zhang Q H, Gao L. J Am Ceram Soc,2006, 89:415.

[82] 黄培云.粉末冶金原理.北京：冶金工业出版社，1982：23-26.

[83] Suehiro T, Hirosaki N, Xie R J, Mitomo M. Chem Mater,2005, 17:308.

[84] Weimer A W, Eisman G A, Susnitzky D W, Beaman D R, McCoy J W. J Am Ceram Soc,1997, 80:2853.

[85] Zhang H C, Horikawa T, Hanzawa H, ayanori H, machida K.J Electrochem Soc, 2007,154:J59.

[86] Piao X Q, Horikawa T, Hanzawa H, Machida K. Appl Phys Lett,2006, 88:161908.

[87] Piao X Q, Machida K, Horikawa T, Hanzawa H. Appl Phys Lett,2007,91:041908.

[88] Li J W, Watanabe T, Wada H, Setoyama T, Yoshimura M. Chem Mater,2007,19:3592.

[89] Sakuma K, Omichi K, Kimura N, Ohashi M, Tanaka D, Hirosaki N, Yamamoto Y. Xie R J, Suehiro T. Opt Lett,2004, 29:2001.

[90] Xie R J, Hirosaki N, Kimura N, Sakuma K, Mitomo M. Appl Phys Lett,2007, 90:191101.

[91] Yang C C, Lin C M, Chen Y J, Wu Y T, Chuang S R, Liu R S, Hu S F.Appl Phys Lett, 2007,90:123503.

[92] Mueller-Mach R, Mueller G, Krames M R, Hoppe H A, Stadler F, Schick W, Juestel T, Schmidt P. Phys State Sol,2005, (a) 202:1727.

[93] Sakuma K, Hirosaki N, Kimura N, Ohashi M, Yamamoto Y, Xie R J, Suehiro T, Asano K, Tanaka D. IEICE Trans Electron,2005, E88-C:2057.

[94] Kimura N, sakuma K, Hirafune S, Asano K, Hirosaki N, Xie R J. Appl Phys Lett,2005, 90:051109.

# 第6章

## 发光二极管封装材料介绍及趋势探讨

# 6.1 引言

早在 1970 年美国 RCA 公司运用氮化镓研发出 LED 发光二极管,而当年的技术,只能发出红光与黄光,且亮度低,寿命不长,无法做到照明的功能,一般多应用在指示灯,或是玩具的装饰上。直到 1994 年由中村修二博士将氮化镓以沉积的方式生长与组成,有效提升亮度和寿命,成功开发出蓝光 LED,让自然界红、黄、蓝三原色光可借由 LED 组成白光,使得 LED 产业蓬勃发展。

如图 6-1 所示为 LED 发光二极管应用分类及用途[1]。

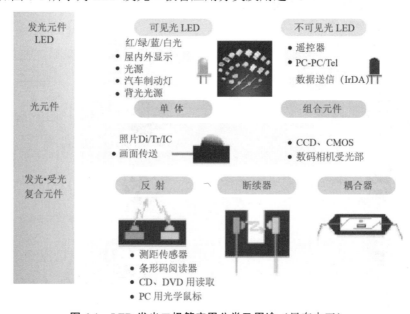

**图 6-1 LED 发光二极管应用分类及用途**(日东电工)

因为现今沉积技术的迅速发展,LED 发光效率已可达 90%左右,但如果不能搭配适当的封装技术,不仅不能发挥较好的发光效率,还会造成能量的损失。关于 LED 封装技术大都是在分立器件(discrete)及 IC 封装技术基础上发展与演变而来的。一般情况下,芯片被密封在封装实体内,封装的作用主要是保护芯片。另外,也提供电气绝缘性、耐热性等可靠性要求。但是在 LED 的封装上更需考虑到优良的光传输特性,所以选用良好的封装材料对于 LED 产品的质量,可说是一个相当重要的议题。如表 6-1 所示是透明封装材料与传统封装材料组成比较。

表 6-1　透明封装材料与传统 IC 封装材料组成比较（数据源：日东电工、松下电工）[2]

| 项目 | 透明封装材料 | 传统 IC 封装材料 |
|------|------------|----------------|
| 颜色外观 | 透明 | 黑色 |
| 树脂种类 | 环氧树脂 | 环氧树脂 |
| 固化剂 | 酸酐 | 酚醛树脂 |
| 固化促进剂 | 三级胺类、有机金属 | 三级胺类、三苯基膦 |
| 填充物 | 无 | 二氧化硅（$SiO_2$） |
| 阻燃剂 | 无 | 溴化物、三氧化二锑 |

早期 LED 封装材料在产业应用考虑成本及电气特性等因素下，以环氧树脂封装材料最为业界所广泛应用，但是随着新型高功率 LED 的发展需求，目前也选用透明性硅胶（Silicone）作为封装材料。封装材料的选择随着特性要求以及制作方式的不同而产生差异，在此我们先由封装的方式进行说明。

#  6.2　LED 封装方式介绍

依所使用不同的封装材料，现将 LED 的封装方式分为灌注式封装、移送成型封装及其他封装进行说明。

## 6.2.1　灌注式封装

引脚式 LED（或称 lamp LED）发光二极管是最先投入市场的封装结构，产品种类数量繁多，技术成熟度也较高。此产品常用的封装方式是灌注式封装，封装材料为液态树脂封装胶，灌注式封装也是最早应用于发光二极管的封装方式（见图 6-2）。

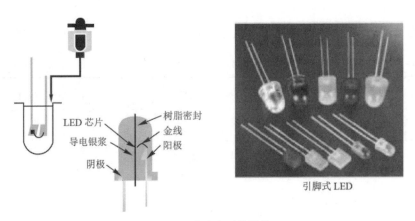

图 6-2　灌注式封装结构

标准引脚式 LED 被大多数客户认为是目前显示器行业中最方便、最经济的解决方案，其 LED 在封装后功率输出发光，所产生的大部分热量是由负极的引线架传导至 PCB 板，再散发到空气中，如何降低工作时的温度是封装与应用必须考虑的。

封装材料多采用高温热固化的液态树脂封装胶，最常用的是环氧树脂，树脂本身光学性能优良，操作性好，产品可靠性高，可做成有色透明或无色透明和有色散射或无色散射的透镜封装，不同的透镜透过注模形状构成多种外形及尺寸，例如，圆形分为 $\phi$2mm、$\phi$3mm、$\phi$4mm、$\phi$5mm、$\phi$7mm 等数种，树脂封装材料的不同组成也可产生不同的发光效果。

目前 LED 在光源用途也有其他不同的封装结构：

①陶瓷底座树脂封装，具有较好的工作温度性能，引脚可弯曲成所需形状，体积小；

②金属底座塑料反射罩式封装，适合用作电源指示。

反射罩式进行灌注封装具有字型大、用料省、组装灵活的混合封装特点，一般用白色塑料制作成带反射罩外壳，将单个或多个 LED 芯片粘贴在 PCB 板或引线架上，每个反射罩底部的中心位置是芯片形成的发光区，在反射罩内注入液态树脂封装材料，然后高温固化即成。反射罩式又分为空封和实封两种，前者采用添加散射填充剂与染料色剂的树脂封装材料；后者则是上盖滤光片与匀光膜，并在芯片与底板上涂透明绝缘胶。LED 背光源设计，即是多个 LED 粘贴在微型 PCB 衬底上，采用塑料反射框罩并灌注树脂封装材料而形成。

关于灌注式封装操作流程，以液态环氧树脂封装胶为例，如表 6-2 所示。液态环氧树脂封装胶是利用液态环氧树脂与液态酸酐固化制作而成，一般环氧树脂称为主剂或 A 剂，而酸酐则称为固化剂或 B 剂，两液体使用前必须均匀混合。主剂成分是环氧树脂、稀释剂（黏度调节用）、着色剂等，固化剂成分是酸酐与固化促进剂，虽然固化物理性质会随着主剂与固化剂的配方不同而改变，不过一般会设计成添加比例为 1∶1，以方便使用者调配。

表 6-2　灌注式封装操作流程

| 前处理 | A 剂：环氧树脂， B 剂：固化剂 |
| --- | --- |
| | A、B 剂分别预热 60℃，30min |
| | 预热后放置时间不超过 60℃/8h |
| 混合 | A 剂：环氧树脂＋B 剂：固化剂＋其他添加剂 |
| | 添加比例 A 剂∶B 剂＝1∶1 |
| 脱泡 | 使用真空装置真空度约 10 mmHg |
| 灌注 | 将混合的材料用注射器注入模具内 |
| 固化 | 120℃，50~60min，在烘箱 |
| 脱模 | |
| 后固化 | 120℃，6~12h |

注：1mmHg=133.322Pa,下同。

灌注式封装也可应用在大功率 LED 方向发展,在大电流下产生比 φ5mm LED 大 10~20 倍的光通量，必须采用有效的散热与不老化的封装材料解决光衰问题，因此，注模外壳及封装也是其关键技术，能承受数瓦功率的 LED 封装已出现。其中 Lumileds Lighting 公司的 Luxeon 系列[3]高功率型 LED 产品（见图 6-3）是将 A1GaInN 功率型芯片倒装焊接在具有焊料凸点的载体上，然后把完成倒装焊接的载体装入散热器与外壳中，粘接引线以液态树脂封装胶进行封装。其主要特点：热阻低，约 14℃/W，只有一般 LED 的 1/3；可靠性高，封装内部填充稳定的柔性胶凝体，在-40~120℃范围，不会因温度骤变产生内应力，使金属丝与引线架断开，并防止树脂封装而成的透镜变黄，引线架也不会因氧化而影响传导；反射区与透镜的最佳设计使光强分布可控和光学效率最高。另外，其输出光功率、外量子效率等性能优异，将 LED 固态光源发展到一个新水平。

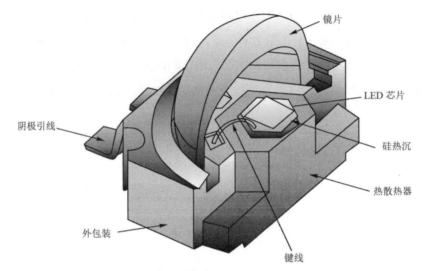

**图 6-3　Luxeon 系列高功率型 LED 结构**（Lumileds Lighting, Inc）

功率型 LED 的热特性直接影响到 LED 的工作温度、发光效率、发光波长、使用寿命等。因此，对功率型 LED 芯片的封装设计、制造技术更显得尤为重要。

## 6.2.2　低压移送成型封装

以往使用灌注式封装是用液态环氧树脂封装胶，这些液状树脂常为两液剂型系统，一般存在有处置或保存性较差以及作业周期长的缺点。尤其在现今要求短小轻薄的封装趋势下，大量使用液态封装胶封装这些微小型 LED 器件时，尺寸稳定性及生产效率往往表现得相当差，所以采用较新式的低压移送成型（transfer molding）来改善其缺点，达到微小型 LED 器件封装设计需求。低压移送成型封装结构，如图 6-4 所示。

低压移送成型法所使用模具精度要求较高且固化时间很短，适合短时间大量生产，但是移送成型设备投资费用远高于灌注式封装生产，所以初期需投资大型移送成型机台设备与模具。表 6-3 所示为灌注法与低压移送成型法的优缺点。

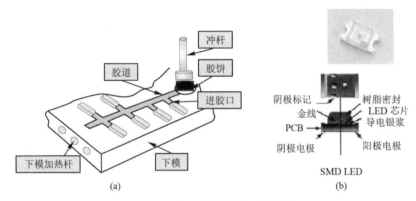

图 6-4　低压移送成型封装结构

表 6-3　灌注法与低压移送成型法的优缺点

| 项目 | 灌注法 | 低压移送成型法 |
|---|---|---|
| 优点 | 设备装置便宜<br>不需冷藏储存运送<br>适合小量生产<br>可靠性好 | 操作方便<br>定量容易<br>单位时间产量大（成型时间短）<br>适合微小型器件封装 |
| 缺点 | 操作不方便<br>尺寸、定量不容易<br>单位时间产量小（成型时间长）<br>外观尺寸较大 | 模具及设备装置昂贵<br>需冷藏储存运送<br>不适合小量生产<br>需含脱模剂，影响可靠性 |

　　可携式产品的迅速发展，造就了小型化、高亮度化的封装技术，其中表面贴装型 SMD LED 更是各家下游封装厂商积极发展的方向。在 2000 年以后表面贴装型 SMD LED 逐渐被市场所接受，从引脚式灌注封装转向 SMD 移送成型封装，符合整个电子行业短、小、轻、薄的发展趋势，很多生产商推出此类产品。此外，封装好的 SMD LED 体积很小，可灵活地组合起来，构成模块型、导光板型、聚光型、反射型等照明光源。

　　早期的 SMD LED 大多采用带透明塑料体的 SOT-23 改进型，外形尺寸 3.04mm×1.11mm，较大。而后经过改良由精密的模具设计及移送成型机台设备，并使用粒状固体环氧树脂封装材料制作出透镜的 SMD LED，很快地解决了亮度、视角、平整度、可靠性、一致性等问题。另外，采用更轻的 PCB 板和反射层材料，在显示反射层内需要填充的环氧树脂数量更少，减低封装材料的成本，并去除较重的碳钢材料引脚，使用较轻的合金材料。所以 SMD LED 产品尺寸缩小，质量降低，可轻易地将产品负量减轻一半，使产品应用层面更宽广多样。目前市场可适用于汽车仪表板、收音机及开关中的背光、手机系统、音/视频、通信设备及办公设备中的指示灯与背光，还包括 LCD、开关及标志的平面背光等应用。

　　SMD LED 封装的生产步骤为，首先须将芯片进行清洗，芯片安装在 PCB 或 LED 支架上，然后进行银胶固化的固晶装架作业，再用铝丝或金线执行键合作业，最后进行移送成型树脂封装。其操作流程可分为以下几个步骤，以图示说明低压移送成型制作流程及操作条件如图 6-5 所示。

## 6.2.2.1　材料回温

　　目前使用粒状固体环氧树脂封装材料为主，由于此材料为热固化树脂，一般都储存在 5℃以下的冷藏环境中，避免产生温度变高造成材料固化变质的情况发生。因此在材料使用前应在干燥的室温回温，避免不同程度的吸潮，回温时间一般不低于 16h。

　　在粒状固体环氧树脂封装材料选用上，其粒状材料的密度要高。疏松的材料会含有过多的空气和水蒸气，经回温和高频预热也不易挥发干净，会使器件封装后含水率高，造成可靠性问题。

## 6.2.2.2　材料预热

　　生产过程中，先使用高频预热机加热颗粒状的封装材料，将封装材料在 50~80℃温度范围内加热，使颗粒状材料呈现热软化状态后，将材料投入成型机中进行成型固化。

## 6.2.2.3　移送成型固化

　　低压移送成型机台外观及操作接口如图 6-6 所示，成型机台包含多项条件设定说明如下。

（1）操作模具温度　一般控制在 150℃，成型操作时间约 4min，保持模具表面温度均匀是非常重要的，因为模具温度不均匀，会造成封装材料固化不均匀，导致封装器件机械强度不一致，造成可靠性不良问题。

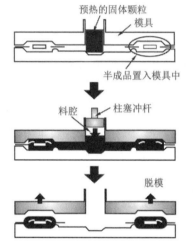

移送成型制作流程：

①半导体 chip/leadframe/PCB 半成品置入成型模具；

②颗粒状固体封装材料预热 70℃后，微软化的封装材料投入成型机料腔中；

③模具温度约 150℃条件下，封装材料微软化，以冲杆加压使材料流入模具中；

④封装材料加压成型热固化 4min 后，模具打开取出成品，完成 LED 成型封装。

操作条件

| 项　目 | 单　位 | 传统模具 | |
|---|---|---|---|
| | | 标　准 | 范　围 |
| 预热温度 | ℃ | 70 | 50~80 |
| 移送转进时间 | s | 30（实际转进时间，设定值约 60） | 30~90 |
| 成型温度 | ℃ | 150 | 150~165 |
| 成型压力 | kgf/cm$^2$ | 35 | 30~80 |
| 固化时间 | min | 4 | 3~5 |

建议后固化条件

| 项　目 | 标　准 | 范　围 |
|---|---|---|
| 后固化温度/℃ | 150 | 120~150 |
| 后固化时间/h | 4 | 4~16 |

图 6-5　低压移送成型制作流程及操作条件

（1kgf/cm$^2$=98.0665kPa,余同）

上/下模具

图 6-6　低压移送成型机台外观及操作接口（高工企业）

（2）移送转进压力　压力设定要根据封装材料的流动性和模具温度而定，压力过小，器件封装层密度低，与框架黏结性差，易发生吸湿腐蚀，并出现模具未填满封装材料前就固化的情况。压力过大，对内引线冲击力增大，造成内引线被冲歪或冲断，并可能出现溢料，堵塞出气孔，产生气泡和填充不良的情况。

（3）移送转进速率及时间　根据封装材料的胶（固）化时间来确定。胶化时间短，冲杆挤胶转进速率要稍快，反之亦然。转进时间要在胶化时间结束前完成，否则封装材料提前固化会造成金线冲断或封装缺陷。

#### 6.2.2.4 后固化过程

后固化是为了让树脂充分固化，同时对 LED 进行热老化。后固化对于提高树脂与支架或 PCB 衬底的粘接强度非常重要。一般条件为 120~150℃，4~16h。

#### 6.2.2.5 切割分离

将支架上或 PCB 板上的 LED，经由切割机来完成分离工作。

#### 6.2.2.6 测试包装

测试 LED 的光电参数、检验外形尺寸，对部分进行可靠性测试，并根据客户要求对 LED 产品进行分类筛选，最后包装成品。

由于环氧树脂封装材料的接着性良好，在移送成型生产制作上需注意脱模性的好坏，此点对于 LED 产品的操作产量及合格率影响很大。一般在 LED 移送成型制作上，都会使用脱模剂帮助产品成型后脱模，但是脱模剂的使用多少，往往使得 LED 产品产生相当大的质量差异。所以各家封装厂商在生产制作上，对于脱模剂喷涂操作以及量的控制，都需要一定的标准作业控制。

### 6.2.3 其他封装方式

另外，也有使用玻璃或金属帽盖作为封装材料，经由黏结或烧结的方式形成封装。此类封装工艺难度较高，虽然可以提供 LED 产品良好的可靠性，但是在制造成本及材料成本等考虑下，目前市场上仍以使用树脂封装材料为主。

##  6.3 环氧树脂封装材料介绍

环氧树脂（epoxy resin）多以热固化成型，其固化机构是由于环氧树脂分子结构中含有两个或两个以上环氧基，能与胺、酸酐、酚醛树脂等固化剂搭配反应形成交联固化成制品。所得到制品须具有优良的力学性能、电气绝缘性、耐化学药品腐蚀性能、耐冷热冲击性、良好密着性和低吸湿性。其应用领域包括灌注材料、封装材料、黏着剂等，是工业上相当重要的化工材料。

为何要选用环氧树脂作为 LED 封装材料？除了其本身具备高透光率、高折射率以及优良的电气绝缘特性外，还可以用双酚 A 型环氧树脂的化学结构式进行分析说明。如图 6-7 所示，内部含有的环氧官能基可提供良好的固化反应性，而醚基可提供耐化学药品性，羟基则可提供与金属或无机物材质的高黏着性。另外，也包含坚硬及柔韧结构可提供良好的机械特性，由此可见环氧树脂相当适合作为封装材料使用。

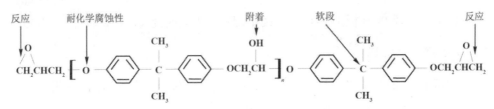

图 6-7　环氧树脂的化学结构及其结构特性

　　LED 用环氧树脂封装材料的基本组成成分及比例，如表 6-4 所示。环氧树脂封装材料在制作组成上因为有各种不同种类的环氧树脂、固化剂、固化促进剂以及添加剂等选择[4]，往往使得组成比例也随着改变，适当地组合可得到符合性质要求的固化树脂，但仍需要依照实际应用种类而定。以下将分为液态环氧树脂及固体环氧树脂两种封装材料进行说明。

表 6-4　环氧树脂封装材料组成成分及比例

| 组成种类 | 成分 | 组成比例 |
| --- | --- | --- |
| 环氧树脂 | 双酚 A 型、双酚 F 型环氧树脂、脂环式环氧树脂、环氧树脂稀释剂 | 45%~55% |
| 固化剂 | 胺类、酸酐 | 35%~45% |
| 固化促进剂 | 三级胺类、咪唑类、磷盐类、四级金属盐类 | <5% |
| 填充剂 | 扩散剂、荧光粉 | <25% |
| 其他添加剂 | 着色剂、脱模剂、抗氧化剂、消泡剂、光稳定剂 | <5% |

## 6.3.1　液态封装材料

透明液态环氧树脂封装胶主要是利用环氧树脂与酸酐固化剂制作而成，一般环氧树脂称为主剂或 A 剂，而酸酐则称为固化剂或 B 剂，两液体使用前必须均匀混合，主剂成分是环氧树脂、稀释剂（黏度调整用）、着色剂等。固化剂成分是酸酐与固化促进剂，虽然固化物性能会随着主剂与固化剂的配方不同而改变，不过一般会设计成添加比例为 1∶1，以方便使用者调配，热固化反应机制如图 6-8 所示。

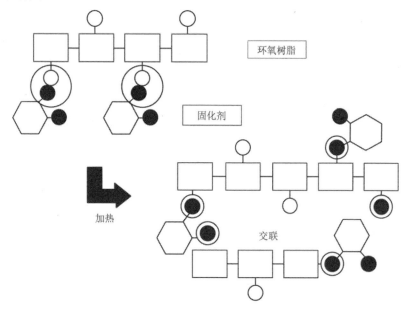

**图 6-8　环氧树脂热固化反应机制**

以下对于液态环氧树脂封装胶中组成种类进行说明。

### 6.3.1.1　环氧树脂

用于 LED 的环氧树脂（epoxy）封装材料的液态环氧树脂种类很多（表 6-5），其中以双酚 A 型环氧树脂与双酚 F 型环氧树脂等液态环氧树脂为主，此外会添加脂环式环氧树脂，用以提高玻璃化转变温度耐热性或是改善树脂变色问题。

表 6-5　LED 常用环氧树脂种类

| 名称 | 结构式 | 特性 |
|---|---|---|
| 双酚 A 型环氧树脂 | | 透明度高，价格较便宜 |
| 双酚 F 型环氧树脂 | | 透明度高，黏度低 |
| 脂环式环氧树脂 | | 透明度高，黏度低，$T_g$ 高，耐热 |

另外，也会为使用相同比例的 A 剂及 B 剂，或是降低材料的黏度、改善作业性等因素考虑，而添加稀释剂，一般会选用反应型的环氧树脂作稀释剂，在不影响热固化特性下，可以保持高温物理性质和耐化学药品性能。其中可选用 $C_{12}$~$C_{14}$ 烷基缩水甘油醚[alkyl($C_{12}$~$C_{14}$)glycidyl ether]、正丁基缩水甘油醚（$n$-butyl glycidyl ether）等。

### 6.3.1.2　固化剂方面

环氧树脂的固化树脂性质，取决于所用固化剂的种类[5]，固化所需温度或时间的不同，保存期限寿命的不同，往往影响到作业性。对于固化剂选择有以下要点：保存期限寿命长，固化收缩小，不挥发、不升华，低吸湿性，无毒性或低毒性以及物理及电气性质良好。

虽然市场上有许多固化剂，例如三级胺类、酚醛类、酸酐类等可供环氧树脂选择，不过应用在 LED 的封装，必须是固化后外观无色透明，因此固化剂的选用受到相当程度的限制。目前多选用液态酸酐，液态酸酐通常具有室温低黏度，以及固化后无色透明的优点。而对于加热固化，脂环式酸酐更具备良好的耐化学品腐蚀性能、电气性能和力学性能，是 LED 用环氧树脂固化剂中常用的种类。表 6-6 所示为多种不同脂环式酸酐种类。

表 6-6　脂环式酸酐种类比较

| 名称 | 简称 | 结构式 | 特性 |
|------|------|--------|------|
| 六氢邻苯二甲酸酐 | HHPA | | 白色蜡状固体，熔点 34℃ |
| 四氢苯二甲酸酐 | THPA | | 白色固体，熔点 100℃ |
| 甲基六氢苯二甲酸酐 | MeHHPA | | 液体、黏度低色泽浅、耐候性好 黏度：50~80 cP |
| 甲基四氢苯二甲酸酐 | MeTHPA | | 液体、黏度低色泽浅 黏度：30~60 cP |

注：1cP=10⁻³Pa·s，下同。

## 6.3.1.3　固化促进剂

由于环氧树脂与酸酐固化反应缓慢，通常会添加固化促进剂，其中包括胺类、磷盐类、咪唑类以及有机金属盐类等，虽然固化促进剂添加量相对较低，但是对于固化速率、外观黄变及固化时所产生收缩热应力等特性影响极大，所以固化促进剂种类的选用往往是各家封装材料制造商的重点所在。一般常用的固化促进剂，胺类有 *N,N*-二甲基氨基甲基酚、1, 8-二氮杂二环[5.4.0]十一碳-7-烯（DBU）；磷盐类有三苯基膦；咪唑类有 2-苯基-4-羟甲基咪唑、2-乙基-4-甲基咪唑、2-乙基-4-羟甲基咪唑等。

## 6.3.1.4　填充剂

环氧树脂封装材料添加填充剂的目的，主要是增加其黏度，形成适合作业的流动性，也可以减少固化发热提升热传导性，或是减少固化收缩及降低热膨胀系数等。另外，可降低成本也是主要考虑因素。但是应用在 LED 发光二极管方面，填充剂添加则多以光学特性为出发点，目前常用的填充剂为扩散剂，以及最新应用在白光 LED 的荧光粉。

导入扩散剂是基于扩散剂与环氧树脂封装料有不同的折射率，改变 LED 发光二极管光线传导方向，从而达到散射光线的效果，且可达光线均匀传导与较好的光线扩散。扩散剂材质可分为有机及无机系统，有机系统以硅粉为主[6]，硅粉化学结构式如图 6-9 所示。无机系统则以二氧化硅或其他无机氢氧化物、无机氧化物为主。

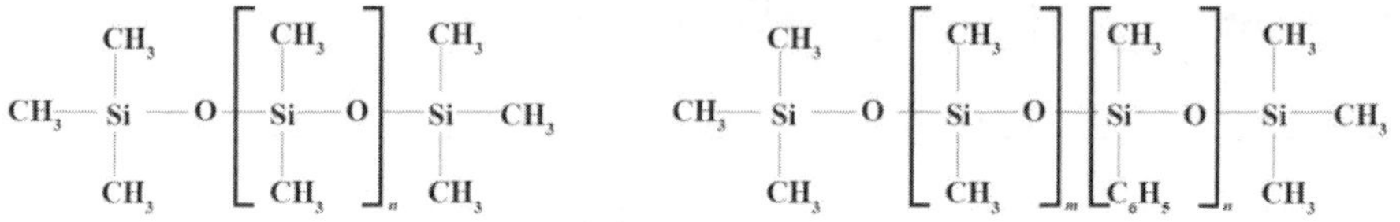

图 6-9　硅粉扩散剂化学结构式

荧光粉的添加，主要是因最近白光 LED 的发展而进展。白光 LED 的制作可分为两种方式，一种是使用红绿蓝的三色 LED，按照所属光的强弱排成矩阵，三种颜色的光混合后产生白光。但是 LED 芯片容易随操作温度的升高造成光输出效率的下降，使得不同颜色 LED 衰减程度差别很大，造成混合白光的色差。另一种是利用蓝光 LED 照射荧光物质以产生与蓝光互补的黄光，而黄光和蓝光混合便可得出人眼所需的白光。1996 年，日本日亚化学公司（Nichia Chemical）[7]提出专利以黄光系列的钇铝石榴石（YAG）荧光粉配合蓝光 LED，做成白色 LED 光源。目前白光 LED 受到 YAG 及 TAG 荧光粉专利限制，所以解决荧光粉的专利问题，对相关产业有极大的吸引力，事实上各国研究单位均积极开发新的荧光粉材料，对于日后白光 LED 无论在专利还是在效率上都会有很大突破。

## 6.3.1.5　其他添加剂

其他添加剂方面主要包括着色剂、脱模剂、抗氧化剂、光稳定剂以及消泡剂等。关于色剂的选用包括了染料及颜料，是为了装饰或增加对比度将封装透镜层上色，实质上并不能改变发光二极管发光的颜色。脱模剂在液态环氧树脂封装胶材上一般不使用，因为添加容易造成黏着性降低，进而影响 LED 产品的可靠性。目前大多被固体环氧树脂封装材料所使用，目的是在改善移送成型生产制作时，减少树脂与金属模具面的摩擦，或是减少树脂与树脂的摩擦而改善流动性，避免发生粘模，从而使加工顺利，一般可选用的添加剂包括脂肪族酰胺类、聚烯烃类、脂肪酸类（fatty acid）、硬脂酸金属盐类（metallic stearates）等。

　　添加抗氧化剂的目的，是加强环氧树脂透明封装材料外观抗热黄变性[8]。而抗氧化剂大致可分为酚系、硫系以及磷系三种抗氧化剂。其中酚系抗氧化剂一般称为初级或一级抗氧化剂，其主要作用是去除氧化过程中的过氧化自由基，使其终止连锁反应。硫、磷系抗氧化剂主要作用则是分解氧化过程中的氢过氧化物，由于硫、磷系抗氧化剂单独使用效果不大，常需与酚系氧化剂并用来发挥更好效果，所以一般称为次级或二级抗氧化剂。抗氧化剂若能与其他光稳定剂并用，如紫外线吸收剂、金属螯合剂和抑制去氢化反应的热稳定剂，将更能有效地赋予材料抗氧化功能。常用的抗氧化剂有受阻酚类、受阻胺类、亚磷酯类及硫酯类，其中以受阻酚类的使用最为普遍。受阻酚包括羟基苯基丙酸（hydroxyphenyl propionate）类抗氧化剂、酚系抗氧化剂 BHT（2，6-二叔丁基对甲酚）。抗氧化剂的种类及结构特性如表 6-7 所示。

表 6-7　抗氧化剂的种类及结构特性

| 抗氧化剂 | 品名 | 化学结构 | 性质 | 特性 |
|---|---|---|---|---|
| 受阻酚系 | CHEMNOX-10（IRGANOX-1010） | $\left[HO-\bigcirc-CH_2CH_2COOCH_2\right]_4 C$ | 白色粉末　熔点：110~125℃　相对分子质量：1178 | 高性能多功用抗氧化剂 |
| | 2,6-二叔丁基对甲酚（BHT） | | 白色粉末　熔点：69~71℃　相对分子质量：220 | 高性能抗氧化剂 |
| | CHEMNOX-76（IRGANOX-1076） | $HO-\bigcirc-CH_2CH_2COOC_{18}H_{37}$ | 白色粉末　熔点：49~54℃　相对分子质量：531 | 高性能抗氧化剂，可取代 BHT |
| 亚磷酸酯系 | CHEMSTAB-618（WESTON618）（ADK PEP-8T） | | 白色片状　软化点：52℃　相对分子质量：733 | 具优异水解稳定性及加工稳定性 |
| | CHEMSTAB-TNPP（WESTON TNPP）（ADK TNPP） | $(C_9H_{19}-\bigcirc-O)_3-P$ | 透明液体　黏度：5000 cP　相对分子质量：689 | 具优异颜色改良及热稳定性效果 |

　　光稳定剂能吸收或转化光线（太阳光、人工光）中的紫外线（UV，波长范围：280~400nm），减缓聚合物因紫外线能量所引发的劣化、裂解等结构破坏现象。由于环氧树脂封装材料在制造及应用的过程中，会受到光线中紫外线的作用，产生劣化裂解现象，导致结构被破坏，物理性质下降，失去应用价值。所以添加光稳定剂的功能在于防止或延迟因紫外线所造成的物理性质变化，确保产品的加工性及使用寿命，提高产品的附加价值。光稳定剂主要可分为紫外线吸收剂（UV absorber）及紫外线稳定剂（UV stabilizer）两种。紫外线吸收剂（UV absorber）是以其官能团吸收特定范围 UV 波长能量的光线，进行化学反应而转化成其他结构，一般可分为二苯酮系（benzophenone）及苯三唑系（benzotriazole）类两种。紫外线稳定剂则一般以受阻胺系列（hindered amine light stabilizer, HALS）为主，光稳定剂的种类及结构特性如表 6-8 所示。

表 6-8　光稳定剂的种类及结构特性

| 光稳定剂 | 品名 | 化学结构 | 性质 | 特性 |
|---|---|---|---|---|
| 紫外线吸收剂 二苯酮系 | CHEMSORB-BP3 | | 淡黄色粉末 熔点：63~64℃ 相对分子质量：228 | 高性能多功用光稳定剂 |
| | CHEMSORB-BP12 （CHIMASSORB81） | | 淡黄色粉末 熔点：48~49℃ 相对分子质量：326.4 | 高性能多功用光稳定剂 |
| 紫外线吸收剂 苯三唑系 | CHEMSORB P （TINUVIN P） （EVERSORB 71） | | 白色粉末 熔点：128~132℃ 相对分子质量：225 | 高性能多功用光稳定剂 |
| | CHEMSORB 328 （TINUVIN 328） （EVERSORB74） | | 淡黄色粉末 熔点：78~82℃ 相对分子质量：351.5 | 高性能多功用光稳定剂 |

172

续表

| 光稳定剂 | 品名 | 化学结构 | 性质 | 特性 |
|---|---|---|---|---|
| 紫外线稳定剂受阻胺系列 | CHEMSORB-LS-770（TINUVIN-LS-770） | | 白色水晶状粉末 | 高性能紫外线吸收剂 |
| | CHEMSORB-LS-292（TINUVIN329） | | 淡黄色黏液 | 高性能聚合物型紫外线稳定剂 |

消泡剂方面以兼容较好、消泡性好、无低沸点溶剂为准则，如德国消泡剂 BYK-A530、BYK-066、BYK-141 等型号可选用。

## 6.3.2 固体环氧树脂封装材料介绍

较新发展的固体环氧树脂封装材料是应用在低压移送成型的 LED 封装，由于呈现出来是一种固体状材料，所以材料本身就已经有环氧树脂、固化剂及固化促进剂等成分在里面，经由熔融混合形成一种 B 级（B stage）的固体状态，属于一种单剂型的热固化型树脂，在使用时多以颗粒形状提供给封装厂以制作移送成型方式封装。其材料组成比例及其种类与液态环氧树脂材料相似，但由于需要制作成固体材料，在制作工艺上就必须搭配熔点较高的环氧树脂及固化剂材料，材料可选范围比液态环氧树脂封装材料更为严苛。

由于固体环氧树脂封装材料属于单剂型的热固化型树脂，所以材料本身对温度相当敏感，储存环境温度变高往往造成材料内部产生交联固化现象，造成移送成型时流动性不良问题，使得产品在生产制造时产生缺陷。因此材料一般都储存在 5℃以下的冷藏环境中，避免升温造成材料固化变质。另外，材料在使用前应在干燥的室温下回温，建议与成型机操作环境条件相同即可，以避免树脂封装材料不同程度地吸潮，回温时间一般不低于 16h。

目前，国内外塑封料厂家 LED 用环氧树脂封装材料在技术上美国、日本两国仍处于领先地位，液态环氧树脂封装胶的厂家主要有日东电工、Fine Polymers、Plenox、Loctite-Hysol 等公司，中国台湾地区厂商在质量上也有不错的水平，主要生产厂商有宜加、川裕、绍惠等公司。对于固体环氧树脂封装材料，国外主要厂家有日东电工、松下电工、Loctite-Hysol 等公司，中国台湾地区主要则有长春、义典等厂家。

#  6.4 环氧树脂封装材料特性说明

封装材料在使用前，供货商会提供其物理性质分析数据，关于液态及固体环氧树脂封装材料成型前及固化后物理性质数据如表 6-9 所示，表列所提供物理性质对于封装材料成型操作性及可靠性均有相对应的关系，以下进一步说明。

（1）黏度/胶化时间　黏度是指流体对流动的阻抗能力，黏度对液态封装胶来说是一个重要的参数，它与液态封装胶的可作业性密切相关，往往影响封装外观及接着性的好坏。而材料固化时黏度的变化表现，对于成型操作产品好坏更是有相当大的关系，如图 6-10 所示封装材料随温度固化时黏度变化曲线，测试仪器经分析力矩（torque）变化换算而获得黏度值，其黏度变化呈现一弧形曲线。在左右两高点代表固化前后的黏度值，材料经由热熔融使得黏度降低，但材料也因热产生固化反应造成黏度升高，最终达到固化结束，整个固化过程我们也称为胶化时间。在胶化的过程中由于封装胶体仍可产生流变，所以我们称此阶段时间为操作的稳定时间（stable time），LED 产品在移送成型操作时，其挤胶杆转进时间通常不超过稳定时间。

表 6-9　液态及固体环氧树脂封装材料物理性质数据

| 分析项目 | | 液态树脂封装材料 | 固体树脂封装材料 |
|---|---|---|---|
| 成型前 | （1）黏度 | 100~1000cP,25℃ | 50~500Pa·s,150℃ |
| | 操作温度 | 120℃ | 150℃ |
| | 胶化时间 | 2~10 min | 30~60 s |
| 固化后 | （2）相对密度 | 1.2~1.4 | |
| | （3）吸水率（95℃，1h） | 0.4%~0.7% | |
| | （4）玻璃化转变温度 $T_g$（DSC） | 125~150℃ | |
| | （5）热膨胀系数 $\alpha_1$（CTE,$T_g$ 前） | （60~70）×10$^{-6}$/℃ | |
| | 热膨胀系数 $\alpha_2$（CTE,$T_g$ 后） | （170~195）×10$^{-6}$/℃ | |
| | （6）体电阻 | 1016~1017Ω·cm | |
| | （7）介电常数（1MHz） | 3~5 | |
| | （8）透光率（400 nm/1.0 mm） | ＞88% | |

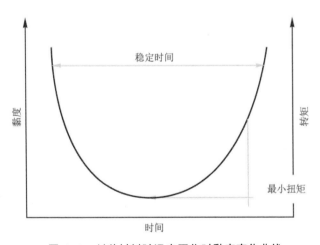

图 6-10　封装材料随温度固化时黏度变化曲线

另外，胶化时间测试也可由加热盘升温设定至所需温度（150℃），取待测样品置于加热盘上，当材料熔融时开始计时，并以刮勺开始搅动，搅动至刮勺与样品产生剥离材料固化时停止计时，此段时间即是胶化时间。胶化时间可随材料配方设计而改变，一般胶化时间越短，固化速率越快，即可缩短成型循环时间（cycle time）提升产能。但是胶化时间越短，所造成应力收缩也大，容易造成因封装材料与接口收缩不同而产生的接着不良等问题。

（2）相对密度　密度是单位体积内所含物质的质量，可对于设计产品体积需要多少材料质量进行估算。密度越小，单位体积所需材料质量也越少，一般环氧树脂固化后相对密度在 1.2~1.4 之间。

（3）吸水率　将固化成型后的材料经 95℃，1h 的热水滚煮，将材料拭干后计算前后质量差异，估算材料成型固化后的吸水率。封装材料所使用原料的不同，以及组成比例上的不同，均容易造成吸水率的变化。目前 LED 透明环氧树脂封装材料所测试的吸水率在 0.4%~0.7% 之间，一般不要超过 1%。

（4）玻璃化转变温度（$T_g$）　目前树脂封装材料多属于热固性塑料，由于塑料材料在低于玻璃化转变温度环境下，不管材料为非结晶或半结晶塑料均呈现较脆的玻璃状态，当材料温度逐渐升高，一旦高于玻璃化转变温度，此时材料软化而变成橡胶状态。产生上述相变化的温度，我们称为玻璃化转变温度，也可简称为 $T_g$，如图 6-11 所示玻璃化转变温度变化下，塑料材料的物理性质变化说明。

测试玻璃化转变温度的方法常用差示扫描量热计（differential scanning calorimeter, DSC）分析仪获得，由于塑料高分子材料经加热软化后，最显著的就是相变化造成比热容也发生变化。因此差示扫描量热图的基线在材料软化后，必发生极明显的转折，所以利用热分析仪内部比较样品盘和空白盘之间热的吸收量来进行分析。另外，也可利用热机械分析仪（TMA）及动态机械分析仪（DMA）来测试材料的玻璃化转变温度。

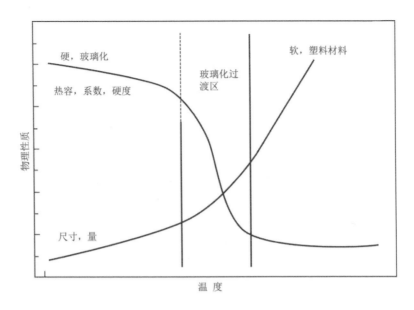

图 6-11 玻璃化转变温度变化下塑料材料物性关系

目前环氧树脂封装材料随使用环氧树脂结构的不同所测得的玻璃化转变温度也不同，其玻璃化转变温度 $T_g$ 值在 120~150℃之间。

（5）热膨胀系数 热膨胀是指物体的体积或长度随着温度升高而增大的物理性质，而热膨胀系数则是物体在单位温度改变下，材料长度或体积的改变率，其表示的方法为系数×10$^{-6}$ (10$^{-6}$/℃)。热膨胀系数不仅是重要的物理性质，同时也是成型操作条件设计的重要参数。热膨胀系数的不同，会产生树脂高分子的内部应力，使得材料过早破裂。塑料的膨胀和收缩是金属的 6~9 倍。

材料的热膨胀系数会随着玻璃化转变温度前后产生不同的数值，低于玻璃化转变温度 $T_g$ 时，因为材料呈现较脆的玻璃状态，所以热膨胀系数会较低；一旦高于玻璃化转变温度时，因材料软化而变成橡胶状态，热膨胀系数会变得较高。所以建议成型操作温度及后固化温度在玻璃化转变温度附近。操作温度过高容易造成热膨胀系数高，热应力大产生胶裂；操作温度偏低则固化慢，不符生产效率且容易固化不足。如图 6-12 所示利用热机械分析仪（TMA）测试样品试片的热膨胀系数，其分析结果在 $T_g$ 前的热膨胀系数为 $60×10^{-6}$/℃，而 $T_g$ 后的热膨胀系数为 $180×10^{-6}$/℃。

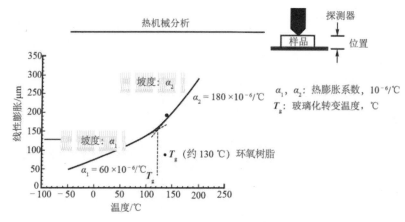

图 6-12　热机械分析仪（TMA）测试热膨胀系数

（6）体电阻和介电常数　体电阻和介电常数均代表电气性能特性。由于环氧树脂和酸酐固化剂所固化树脂中形成醚基，使得其电气绝缘特性相当优异，其电阻率为 $10^{16} \sim 10^{17} \Omega \cdot cm$。

介电常数 $D_k$ 为电介质损耗的尺度，真空则是属于一种无损耗的介电质，其介电系数为 1。目前常温下环氧树脂封装材料的介电常数在 3~5 之间。

（7）透光率　封装材料成型后的透光率，在 LED 的应用上是相当重要的一个特性，如图 6-13 所示为透明环氧树脂封装材料的透光率分析。由于 LED 用环氧树脂在紫外线区（波长小于 400 nm）会产生吸收造成透光率下降，所以一般分析在波长 400 nm 以上的环氧树脂封装材料透光率需达 88%以上。

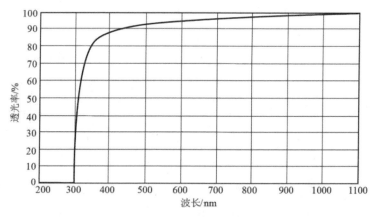

图 6-13　透明环氧树脂封装材料的透光率分析（厚 1 mm 试片）

在此，除了完全透明的树脂封装材料外，在红外线 LED 的应用上，也设计有屏蔽可见光波长的封装材料，如图 6-14 所示，透光度图形分别可屏蔽波长小于 700 nm 及 800 nm 的封装材料。其目的是避免可见光干扰，达到以发射红外光进行器件控制设计，目前多应用在红外线遥控器、光学鼠标等方面。另外，此材料的最新发展是应用在汽车用传感检测器件方面。

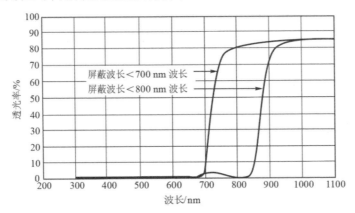

图 6-14　红外线的封装材料的透光率分析（厚 1 mm 试片）

## 6.5　环氧树脂紫外线老化问题

LED 封装用的环氧树脂主要成分是双酚 A（bis-phenol A）型环氧树脂，其本身因为含有可吸收紫外线的芳香族苯环结构，在双酚 A（bis-phenol A）型环氧树脂吸收紫外线之后，会产生氧化反应形成羰基的发色团造成树脂变色黄化[9]，反应式如图 6-15 所示。另外，当环氧树脂遇热后也容易氧化变色，因而造成透光率下降，但是该现象对蓝光与白光 LED 发光亮度影响较大，对红光 LED 方面则不构成问题。

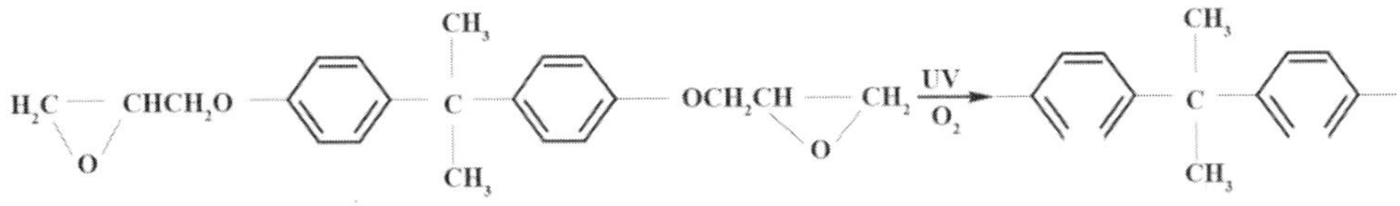

图 6-15　双酚 A（bis-phenol A）型环氧树脂的 UV 紫外线老化反应式

"含有苯环结构的封装材料最终都会发生老化"在日本召开的"2006 年 LED 技术研讨会"三垦电气 LED 业务部长大冢康二如此表示，作为高功率 LED 封装材料，树脂类材料可能无法避免老化问题。不过，这只是需要高功率和超长寿命时的情况，假如是寿命约 2 万小时的产品，通过在树脂材料上下工夫，完全可以使用树脂封装。所以想要使 LED 成为白光照明等通用光源，其中对于 LED 发光所导致的器件光老化现象，需要开发能够避免这种问题的封装材料。近期封装材料正逐步由环氧树脂向光老化现象更轻的硅胶过渡，但只要含有苯环，就无法避免颜色逐渐变黄的情况，需要进一步对树脂类封装材料进行改进。

 ## 6.6　硅胶封装材料

由于环氧树脂无法完全去除紫外线的吸收，针对蓝、白光和紫外线 LED 可提高抗紫外线性能的封装材料，近期发展的硅胶被认为是封装蓝光及紫外线 LED 的最佳封装材料，其波长 405 nm 光的透光率约 99%，于白光和蓝光 LED 近紫外线的透光率也高于环氧树脂。由于透光率很高，不会吸收紫外线，这样可以抑止树脂老化。例如，环氧树脂对短波长 400~450 nm 光的吸收在 2%~5%，但硅胶对 400~450 nm 的光线吸收却不到 1%，这样的落差，使得在抗短波长方面，硅胶有着较出色的表现。

固化的硅胶硬度与聚碳酸酯 PC 相当，使用硅胶封装蓝光 LED 芯片时，其机械强度低于环氧树脂，折射率则为 1.4~1.5。在 2000 年已发展开始出售 LED 用的硅胶，但 LED 厂商开始较大量购买该产品是在 2005 年之后，因为每个 LED 的光输出功率越来越高，LED 芯片发出的短波长光引起的环氧树脂封装材料老化越快，造成未来硅胶市场的需求。目前硅胶封装材料多以液态 A、B 剂形式出售，属于热固化封装材料，如图 6-16 所示为硅胶固化反应机构。

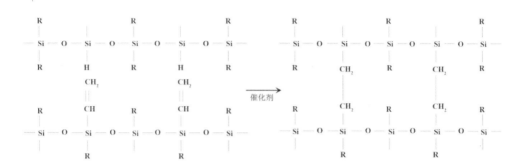

**图 6-16　热固性硅胶固化反应机构**

如表 6-10 及图 6-17 所示为 DOW CORNING 公司[10]所发展的硅胶产品外观及其物性，包括普通型折射率 1.41，以及折射率提高到 1.52 封装用的多种产品。其中有固化后硬度为 60~70 度、固化前黏度为 1.46 Pa·s 的"OE-6336"产品，以及同样硬度、黏度为 3.4 Pa·s 的"EG-6301"产品。黏度不同的 OE-6336 和 EG-6301 分别用于白光 LED 的封装。目前，美国 Lumileds 公司的 Luxeon 系列 LED 即是以硅胶封装的产品。

**表 6-10　DOW CORNING 公司硅胶产品物性表**

| 典型特性 | DOW CORNING® EG-6301 | DOW CORNING® OE-6336 | DOW CORNING® SR-7010 |
|---|---|---|---|
| 混合比 | 1∶1 | 1∶1 | 1∶1 |
| 黏度/cP 或 mPa·s | 2900/4100（A/B） | 950/2100（A/B） | 20000/7000 |
| 邵氏硬度 | 71（A） | 65（A） | 67（D） |
| 渗透（1/10 mm） | N/A | N/A | N/A |
| 拉伸强度/ MPa | 9 | — | — |
| 弹性模量/ MPa | 6.7 | — | — |
| 折射率（633nm 纠正） | 1.411 | 1.413 | 1.532 |
| 折射率（1321nm 纠正） | 1.403 | 1.404 | 1.516 |

续表

| 典型特性 | DOW CORNING® EG-6301 | DOW CORNING® OE-6336 | DOW CORNING® SR-7010 |
|---|---|---|---|
| 折射率（1554nm 纠正） | 1.402 | 1.402 | 1.514 |
| 450nm 透光率/% | 97,测量样品厚度 1mm | 98,测量样品厚度 1mm | 99,测量样品厚度 1.8mm |
| 800nm 透光率/% | 95,测量样品厚度 3.1mm | 98,测量样品厚度 3.1mm | 100,测量样品厚度 1.8mm |

注：1.对于成型预制件，由两部分组成，坚硬的、清晰的 LED 树脂具有高折射率指数和优异的透光性。

2.数据来源于 DOW CORNING Co.。

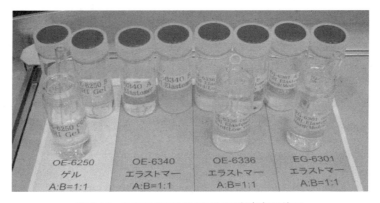

图 6-17　DOW CORNING 公司硅胶产品外观

利用硅胶封装多应用在高功率的蓝、白光 LED，市面上大部分较大型芯片的白光 LED，以及由于树脂应力会降低半导体性能等考虑，才会使用硅胶当作封装材料，如图 6-18 所示为以硅胶封装制作的 LED 结构图。事实上 LED 封装用硅胶折射率约为 1.4，比折射率为 1.5 的环氧树脂低，而且硅胶与器件、导线架的接着力也不如环氧树脂，造成出光效率偏低，这成为硅胶最大的缺点。有关折射率的改善一般是在硅氧烷结构内添加苯基或酚基，如此便可将折射率提高至 1.5 左右，但是一旦加入含有苯环结构的封装材料，最终都会出现黄化、耐紫外线特性变差的问题。

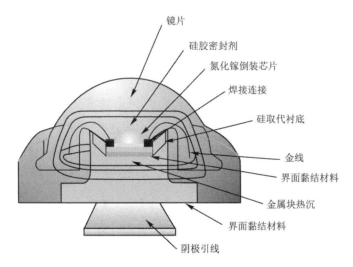

图 6-18　以硅胶封装制作的 LED 结构

就 LED 寿命表现而言，硅胶可以达到延长白光 LED 使用寿命的目标，甚至可以达到 $4 \times 10^4$ h 以上的使用寿命，但是，因为硅胶是具有弹性的柔软材料，所以在封装的过程中，需要特别注意保护坚硬度不足的问题，才能设计出最适当的应用技术。

硅胶封装材料制造厂商仍以美、日两国为主，例如通用电气东芝（GE Toshiba）公司的 InvisiSil 产品，东丽道康宁（DOW CORING TORAY CO.）的 SR7010 以及信越化学等，都是 LED 用硅胶封装材料的主要制造商。

##  6.7　LED 用封装材料发展趋势

近几年 LED 因发光效率增长，成本下降，开始广泛应用于大面积图文显示全彩屏、指示灯、标志照明、信号显示器、液晶显示器的背光源，汽车组合尾灯及车内照明等方面，其发展前景吸引了全球照明大厂先后加入 LED 光源生产及市场开发。极具发展与应用前景的是白光 LED，用作固态照明器件的经济效益日渐显著，而且 LED 本身无汞有利环保，正逐步取代传统的白炽灯、荧光灯，世界年增长率预计在 20% 以上。其中美国、日本、欧洲各国及中国（包括台湾）等国家和地区均推出了半导体照明计划，可见全世界对 LED 产品发展的重视。

目前功率型 LED 优异的散热设计与光学特性更能逐渐迈入通用照明领域,学术界和产业界认为,当 LED 进入照明领域时,首先需具备 150~200 lm/W 的发光效率,成本应低于 0.15 NTD/lm。若为替代荧光灯,则白光 LED 必须为 2.5 NTD/lm,红光 LED 为 0.7 NTD/lm。表 6-11 说明了 LED 未来技术及开发展望,虽然要实现所述的目标仍有很多技术问题需要研究,但是克服这些问题并不是十分遥远的事。因此,LED 被誉为有望成为继白炽灯、荧光灯、高强度气体放电灯之后的新一代光源。

表 6-11　LED 未来技术及开发展望

| 基础技术 | 发展期望 | 未来开发重点 |
| --- | --- | --- |
| 1.外延结晶生长、评价 | 1.高效率 | 1.外部量子效率的外延衬底技术 |
| 2.封装 | （2010 年＞100 lm/W） | 2.荧光粉新材料 |
| 3.照明光源 | （2015 年＞150 lm /W） | 3.树脂材料 |
| 4.系统 | （2020 年＞200 lm /W） | 4.导热材料 |
| 5.光源器具的安全性及标准化 | 2.高显色性 | 5.光学系统 |
| | 3.省电 | 6.综合技术 |
| | 4.长寿命化 | 7.结晶成长装置,封装技术 |
| | 5.无汞化 | |
| | 6.低成本 | |

随着高功率紫外线 LED 的实用化,可预期不久的未来,相关业者也势必要开发耐紫外线、耐高温、高透光率的新一代白光 LED 封装材料。所以 LED 用封装材料近期发展方向,也多为针对环氧树脂封装材料紫外线老化改善、封装材料的散热设计要求、无铅焊锡封装材料耐热性提升,以及高折射率材料等方面。

#  6.8　环氧树脂封装材料紫外线老化改善

含苯环的双酚 A 型环氧树脂所制作出的 LED 封装材料,由于紫外线吸收外观老化黄变所导致的 LED 器件光老化现象,无法成为白光照明等通用光源的封装材料。关于紫外线老化研究,以双酚 A 型环氧树脂所制作的厚 5 mm 透明平板试片，经过 150℃，72h 热处理，接着再用波长为 340 nm 的 Q-UV 测试仪，进行紫外线照射实验，其结果如图 6-19 所示。由图形可明显观察出，环氧树脂的透光率会随着热处理与紫外线照射降低，尤其在短波长领域透光率下跌最明显，不过一旦超过 600 nm 范围，透光率的跌幅就比较少，换句话说为防止紫外线老化，必须开发不使用双酚 A 型环氧树脂的方法。

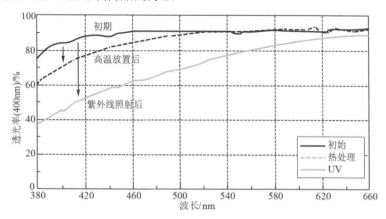

图 6-19　以双酚 A 型环氧树脂材料成型初期, 150℃高温放置 72h, 紫外线照射后的透光率 Q-UV

测试仪：340nm/55℃/300h

对于 LED 环氧树脂封装材料防止紫外线老化的方法，一般为添加紫外线吸收剂将紫外线吸收转换，避免光衰减，但是因为树脂溶解度较低容易造成浮出材料表面的缺点，使得在添加量以及抗紫外线能力上会有所限制。另外，从环氧树脂主原料观点发展，朝向使用不含苯环结构、紫外线吸收较低结构的环氧树脂，例如脂环式环氧树脂、氢化双酚 A 型环氧树脂（图 6-20）等作为主要成分，则是环氧树脂封装材料改善紫外线老化的发展趋势。

以上述氢化双酚 A 型结构的新型环氧树脂进行组配试验，选用 MeHHPA 酸酐作为固化剂，其中固化促进剂虽然决定树脂的固化速率，不过大部分的固化促进剂都具备强大的紫外线吸收能力，进而试验探讨固化促进剂结构对紫外线老化的影响。试验所使用的固化促进剂如表 6-12 所示，与双酚 A 型环氧树脂、固化剂组合变成透明状固化物进行紫外线照射测试。试验初期及紫外线照射后依旧能维持高透光度，而且紫外线老化最少的是固化促进剂（5）磷系促进剂，而使用（2）四苯基溴化磷

（tetra phenyl phosphene bromide）紫外线老化非常明显，主要是含有四个芳香环所造成的。另外，使用（3）苯二甲基胺（benzyl dimethyl amine）时，固化不久就会变色，这成为唯一的缺失，其他固化促进剂所成型的固化物几乎是完全透明。

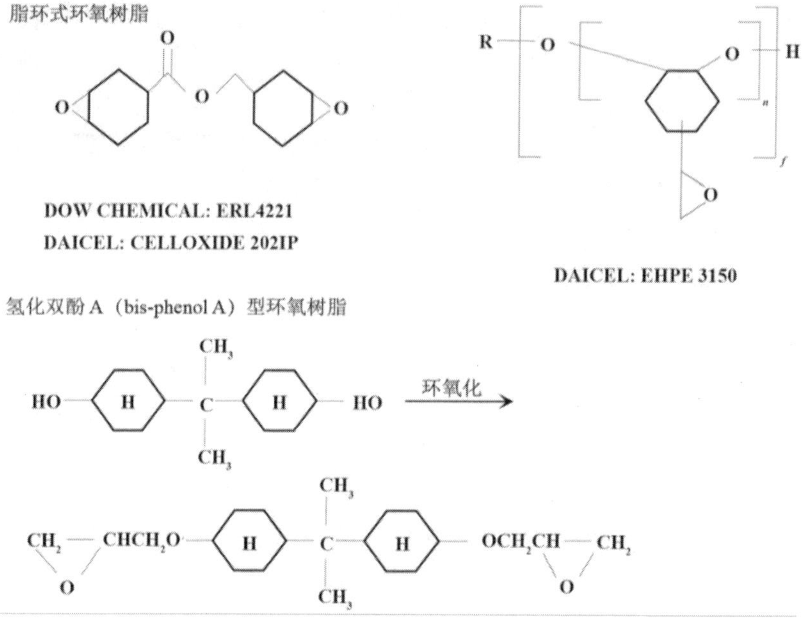

脂环式环氧树脂

DOW CHEMICAL: ERL4221
DAICEL: CELLOXIDE 2021P

DAICEL: EHPE 3150

氢化双酚 A（bis-phenol A）型环氧树脂

图 6-20　脂环式环氧树脂和氢化双酚 A（bis-phenol A）型环氧树脂结构

表 6-12　固化剂促进剂对初期与紫外线照射后的透光率影响

| 固化促进剂 | （1） 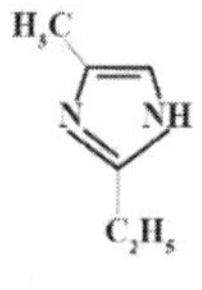 | （2） 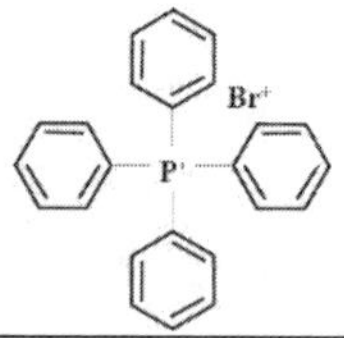 | （3） 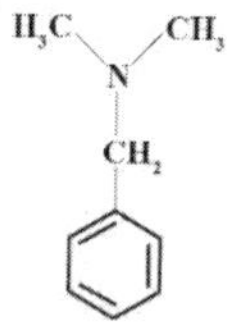 | （4） 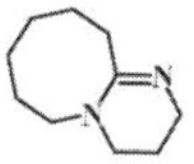 | （5） 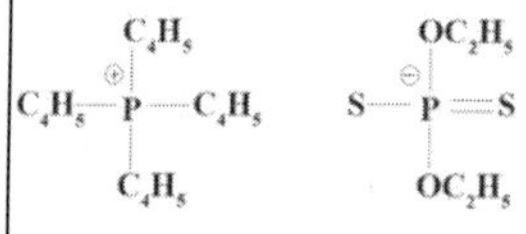 |
|---|---|---|---|---|---|
| 初期透光率/% | 86.4 | 87.1 | 76.5 | 73.0 | 89.8 |
| UV 照射后[①]/% | 84.8 | 37.9 | 71.3 | 71.9 | 87.8 |
| 变化率 | −1.85% | −56.49% | −6.79% | −1.50% | −2.22% |

①UV 照射后：透过率 Q-UV 测试仪，340 nm，55℃，300h。

虽然氢化双酚 A 型环氧树脂可提供良好的抗紫外线能力，但是环己醇的环耐热稳定性比芳香环低，为确保封装树脂能具备耐焊锡的稳定性，封装树脂须具备某种程度的耐热性。一般双酚 A 型环氧树脂与酸酐固化后的玻璃化转变温度约为130℃，不过氢化双酚 A 型环氧树脂单独与酸酐进行固化时，它的玻璃化转变温度大约是 100℃，此时可能因耐热不足而会有可靠性的问题，甚至还会产生热变色的问题。基于高耐热性等考虑，试验将玻璃化转变温度较大的脂环式环氧树脂DAICEL 2021P 添加于氢化双酚 A 型环氧树脂中，再进行固化物高温放置试验，根据实验结果证实，环氧树脂有色变的现象，如图 6-21 所示。其中试验添加质量分数 10% CEL2021P 固化后玻璃化转变温度可提高至 130℃，但随着 CEL2021P浓度的增加，初期透光率会随着浓度的增加而稍微降低，不过高温放置后CEL2021P 的浓度若超过质量分数 10 %，透光率则明显降低，外观黄变情形也大幅增加。

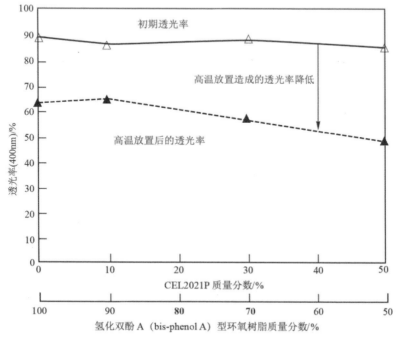

图 6-21　氢化双酚 A（bis-phenol A）型环氧树脂与 CEL2021P 添加浓度的透光率变化

##  6.9　封装材料散热设计

随着 LED 材料及封装技术的发展，使得发光效率不断提升，但是如何将高功率 LED 发光时所产生的热消除，不要造成太大的热应力损害，以及避免 LED 芯片上 PN 结温（junction temperature）偏高造成的发光效率下降、使用寿命降低的问题发生，是最近 LED 业界相当热门的课题。

从高功率 LED 的封装结构来说，一般散发的热经由 LED 的封装衬底传到印制板，然后传导至散热片发散到外部。对于封装衬底的相关材料，以往使用具有高可靠性特点的氮化铝（AlN）陶瓷衬底。在此有业者推出以树脂衬底通过设置散热用的铜充填导通孔（filled via），用作安装 LED 的封装衬底。在测试中使用两层树脂衬底时，通过利用充填导通孔，原本在加载电流 150s 后达到 100℃的 LED 温度降到了 80℃以下。而且树脂衬底价格低于陶瓷衬底，也能够实现与陶瓷衬底相同或更高的散热性能。目前使用金属衬底可以在实现高散热性能的同时，使成本低于陶瓷衬底。

但是 LED 主要的散热要求应该还是透明封装材料所构成的树脂绝缘层，由于大部分 LED 散发的热必须经由绝缘层传递到金属层，绝缘层如果热导率不高，热就会堆积在 LED 中。一般树脂封装绝缘层的导热方面，多以树脂中掺杂无机材料来实现绝缘层的高热传导性。可是在 LED 方面容易造成绝缘层透光率的下降而无法应用。随着纳米科技的发展，将物质极微化的填充剂添加于封装材料中，可呈现透明状的要求，来达到提高散热、降低材料热膨胀系数以及热应力的要求。有相关研究发现，添加纳米无机填充剂所制作的透明环氧树脂材料，在相关的物性上有不错的表现，如表 6-13 所示[11]。试验结果得知，当填充剂添加量提高时，在热导率数据上会明显提高，使得散热的效果提升；在热应力表现上，则以热膨胀系数为代表，其数值随填充剂添加量增加而降低，这对于 LED 降低热应力的影响也会相当显著。所以添加纳米无机填充剂是解决散热问题相当好的方式，虽然随填充剂量增加材料透光率会降低，但是填充剂添加量在 30%~50%时，透光率仍可处于大于 90%的高水平。但是因为纳米材料应用于封装材料仍有稳定性的考虑，目前材料仍处于测试阶段，无法提供于封装制作生产用。但是通过不断的研究改良，相信纳米材料应用于 LED 透明树脂封装材料是指日可待的[12]。

表 6-13　添加纳米无机填充剂制作透明材料的物理性质分析

| 填充剂质量分数/% | | 0 | 30 | 50 | 70 |
|---|---|---|---|---|---|
| 透光率/% | | 94.2 | 91.8 | 90.6 | 89.1 |
| 热导率/[W/（m·K）] | | 0.16 | 0.26 | 0.42 | 0.57 |
| 热膨胀系数/（×10$^{-6}$/℃） | $<T_g$ | 64 | 52 | 43 | 35 |
| | $>T_g$ | 17 | 142 | 125 | 107 |
| 吸水率/% | | 1.83 | 1.29 | 0.99 | 0.64 |

## 6.10　无铅焊锡封装材料耐热性要求

人们环保意识提高，更加注重电子组件的无铅（lead free）封装，促进绿色封装（green package）技术研发。欧盟至 2008 年全面禁止使用电子含铅焊料，日本大厂也多在 2004~2005 年，以无铅技术生产产品，两者意图通过限制性法令形成非关税障碍（non-tariffs barrier），达到保护市场的目的。信息电子、光电半导体企业未来只有符合环保标准、法令，才能突破全球市场非关税障碍，提高国际竞争力。

目前 LED 封装产品主要需满足无铅焊锡流程中 260℃高温回流焊 3 次的测试要求，但是由于 LED 经高温回流焊造成封装材料、芯片、金属支架的热膨胀系数不匹配而产生的内应力，对器件密封性有着不可忽视的影响。因为塑封料热膨胀系数（60×10$^{-6}$/℃）比芯片、支架（16×10$^{-6}$/℃）的大，在高温回流焊时温度的急剧变化，有可能导致压焊点脱开、焊线断裂甚至封装绝缘层与支架粘接处脱离，由此而引起 LED 器件失效，出现可靠性问题。

目前封装材料在耐热的要求上，针对环氧树脂的方面，一般多选用多官能团以及高 $T_g$ 的环氧树脂，例如脂环式环氧树脂、酚醛类环氧树脂或是含氮环氧树脂等。但一般树脂多以导入苯环结构来改善耐热性，所以耐紫外线问题仍需考虑。

## 6.11　高折射率封装材料

如表 6-14 所示为无机材料及有机塑料材料的折射率值。由于 LED 芯片等无机材料本身具有较高的折射率，与低折射率的树脂封装材料（1.4~1.56）之间的差异，使得 LED 光源透过树脂层后造成全反射，从而使出光效率降低。所以若能提高塑料树脂材料的折射率，也可使 LED 发光效率再提升。目前提高树脂材料折射率的方式，多将化学材料结构的主链或侧链导入坚硬的高分子结构中，如共轭键、芳香基（苯环）及硫、溴、碘等具有高折射率的分子。其中含萘环结构及溴元素（Br）的环氧树脂，如图 6-22 所示，折射率可提高至 1.55~1.6。

表 6-14　无机材料及有机塑料材料的折射率值

| 无机材料 | 折射率 | 塑料材料 | 折射率 |
|---|---|---|---|
| $SiO_2$ | 1.45 | PMMA | 1.49 |
| $TiO_2$ | 2.31 | PC | 1.58 |
| ZrO | 2.05 | TPX | 1.466 |
| 蓝宝石 | 1.77 | 环氧树脂 | 1.5~1.56 |
| GaP | 3.59 | 硅胶 | 1.4~1.5 |

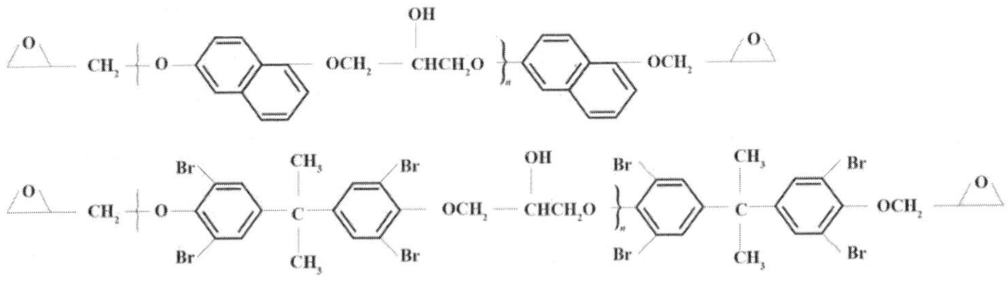

图 6-22　含萘环结构及溴元素（Br）的环氧树脂

## 6.12　硅胶封装材料发展

现今硅胶被认为是蓝光、白光 LED 封装的最佳材料，不过硅胶的黏结性、强度与折射率等问题仍有待解决，例如添加酚基结构可以获得高折射率的硅胶，不过酚基中的苯环结构所产生紫外线老化问题却受到很大的质疑。目前业界希望同时能获得硅胶的耐紫外线性能与环氧树脂的高黏结性，因此具备环氧基的硅氧烷化合物再度受到瞩目，如图 6-23 所示。其应用上可与硅胶、环氧树脂及固化剂搭配使用，材料选择度提高，而且封装材料可符合耐紫外线性能与环氧树脂的高黏结性要求，是目前硅胶与环氧树脂封装材料改性的最新研究发展方向。

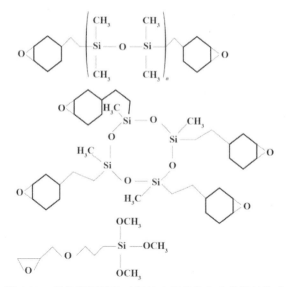

图 6-23　具备环氧基的硅氧烷官能基的化合物的结构式

## ● 结　语

LED 封装技术与封装材料的最新发展动向：随着高功率的蓝、白及紫外线 LED 的实用化、市场应用的多元化，以及日后广大照明市场的发展，相信封装材料业者势必投入更多的心力，开发出耐紫外线、耐高温、高透光率的新一代白光 LED 封装材料。

# 参考文献

[1] 日东电工. http://www.nitto.co.jp/.

[2] 松下电工. http://www.mew.co.jp/epm/pmd/index.html.

[3] http://www.lumileds.com/.

[4] Ernest W Flick. Epoxy Resins, Curing Agents, Compounds, and Modifiers. 2 edition. Noyes Publications ,1993.

[5] Edwards M, Zhou Y. Comparative Properties of Optically Clear Epoxy Encapsulants. Loctite Corp Technical Paper, Jan,2002.

[6] 信越化学. http://www.shinetsu.co.jp.

[7] 日亚化学. http://www.nichia.co.jp.

[8] 李巡天，陈凯琪，许嘉纹. 高性能发光二极管用透明封装材料技术发展. 先进构装联盟，2006，(23)：26-41.

[9] 田运宣. 白光 LED 用透明封装材料. 工业材料，2009，(229)：85-93.

[10] http://www.dowcorning.com/.

[11] Naganuma T, Iba H, Kagawa Y. Optothermal Properties of Glass Particle-Dispersed Epoxy Matrix Composite. J Mater Sci Lett, 1999,18:1587.

[12] Naganuma T, Kagawa Y. Effect of Particle Size on Light Transmittance of Glass Particle Dispersed Epoxy Matrix Optical Composites. Acta Mater, 1996,47: 4321.

# 第 7 章

## 发光二极管封装衬底及散热技术

7.1　引言

随着高功率高亮度二极管（HB LED）的发展，LED 应用于显示器背光源、迷你型投影机、照明及汽车灯源等市场的潜力愈来愈引起关注。但由于目前 LED 的输入功率只有 15%~20%转换成光，80%~85%转换成热，这些热如果无法及时排出，将使 LED 芯片界面的温度过高而影响其发光强度及使用寿命。因此 LED 的热管理问题愈来愈受到重视。欲降低 LED 的结温，必须从 LED 封装阶段就要考虑其散热问题，以降低 LED 器件的热阻，而其中最重要的就是散热衬底的材料选用及介电层（绝缘层）的热传导改善。本章即针对 LED 封装的热管理挑战及常用 LED 封装衬底材料和先进 LED 复合衬底材料等的发展现状及未来趋势做一介绍，并比较不同封装衬底的特性。同时介绍 LED 应用在显示器背光源、照明及其他各种光源等产品上所需的散热技术和主要散热组件，包括散热片、热管、均热板及回路热管等。由本章的介绍让读者对高功率 LED 的封装衬底及散热技术有更深一层的认识。

 7.2　LED 封装的热管理挑战

随着 LED 材料及封装技术的不断改进，LED 产品亮度及发光效率（lm/W）不断提高，由早期的电源指示灯功能，发展至具有省电、寿命长、浓雾中可视性高等优点的 LED 照明产品，如交通信号上的红绿灯、便携式光源、迷你型投影机、广告牌、手电筒、路灯、投射灯、室内照明、汽车用仪表板背光源、刹车灯、方向灯和头灯等，为 LED 产业提供了一个稳定成长的市场[1]。再则以 LED 作为显示器的背光源，更是近来最热门的话题，从小尺寸显示器背光源逐渐发展到中大尺寸的 LCD TV 背光源，颇有逐步取代 CCFL 背光源的趋势。主要是 LED 在色彩、亮度、寿命、耗电量及环保要求上均比传统冷阴极管（CCFL）更具优势，因此，吸引国内外从业人员积极投入进来。

早期单芯片 LED 的功率（小于 0.5W）不高，本身的发热量有限，热的问题不大，因此其封装方式相对简单。但近年随着 LED 材料技术的不断突破，LED 的封装技术亦随之改变，从如图 7-1 所示的 LED 的发展历史可看出，LED 已由早期单芯片的子弹型封装方式逐渐发展成平板式、大面积式的多芯片封装（multiple chips）模组[2]；其工作电流由早期 20 mA 左右的低功率 LED 发展到目前的 1/3~1A 的高功率 LED，单颗 LED 的功率由 0.1W 增加至 1W、3W 甚至 5W 以上；而 LED 模组的热阻由早期的 350℃/W 降低至目前的 6~10℃/W。在 LED 封装模组的改进方面，在过去 30 年其光通量几乎每 24 个月就增长一倍，到 2000 年左右由于高功率 LED 材料及封装技术的突破，LED 模组的光通量更呈倍数增长[3]，出现明显的转折，如图 7-2 所示。这样的技术发展也造成 LED 必须面临更严苛的散热挑战。因为以目前 LED 的发光效率，输入的功率只有 15%~20%转换成光，但有 80%~85%转换成热，这些热如无法及时排出至环境，将使 LED 的芯片温度过高而影响其发光效率及使用寿命[4,5]。如图 7-3 所示为 LED 芯片的结温对 LED 发光亮度及使用寿命的影响，由图 7-3 可看出，芯片结温愈高其发光亮度及使用寿命均相对地呈线性衰减，即温度升高不仅会造成发光亮度下降，且会加速 LED 器件的老化，降低 LED 器件使用寿命[6]，因此如何降低 LED 的操作温度变成一个相当重要的热管理课题。

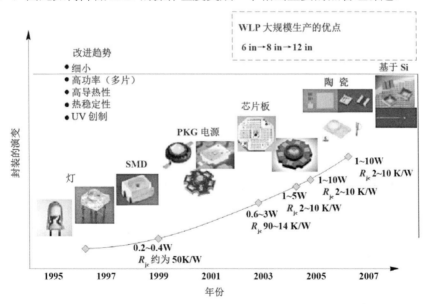

**图 7-1　LED 封装技术的发展历程**[2]

1in=2.54cm，下同

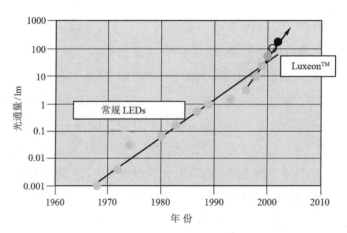

**图 7-2　LED 封装模组的光通量改进**（来源：Lumileds）[3]

在过去的 30 多年光通量每 24 个月增长 1 倍，大功率芯片及封装技术引入了一个拐点

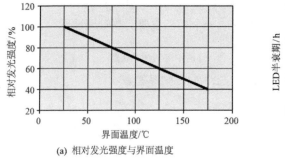

(a) 相对发光强度与界面温度

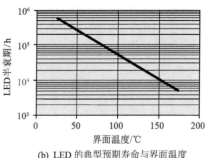

(b) LED 的典型预期寿命与界面温度

**图 7-3　LED 界面温度对光亮度及使用寿命的影响**（来源：Lumileds）[6]

　　由于高亮度高功率 LED 系统所衍生的热问题是影响产品功能的所在，要将这些 LED 组件的发热量迅速排出至周围环境，首先必须从 LED 封装阶段的热管理（thermal management）开始着手。如图 7-4 所示为典型的单芯片 LED 封装模块，包括光学透镜、LED 芯片、透明封装树脂、荧光粉、电极及散热金属块（heat slug）等，其做法是将 LED 芯片以焊料或导热银胶黏结在一散热块上，经由散热块来降低封装模组的热阻　（R$\Theta_{j\text{-}s}$），这也是目前市面上最常见的 LED 封装模组，主要来源有 Lumileds、OSRAM、Cree 和 Nichia 等 LED 国际知名厂商及亿光、璨圆、旭明、宏齐、隆达等厂商。这些 LED 模组在实际应用中可封装在一

个散热衬底上呈一条状（light bar）作为背光源，或呈数组排列（matrix array）或圆形排列作为照明光源。但对于许多终端的应用产品，如迷你型投影机、车用头灯及照明用光源，其在特定面积下所需的光通量需超过上千流明或上万流明,靠单颗封装模组显然不足以应付,因而逐渐形成多芯片 LED（multi-chip LEDs）封装及芯片直接粘到衬底（chip on board, COB）上的发展趋势，而这也直接影响到封装衬底材料的选用与发展，因为衬底的热阻占整体 LED 模组热阻相当大的比重，为散热的主要障碍。

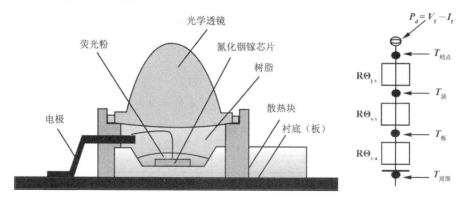

图 7-4　单芯片 LED 的封装方式及热阻分布

## 7.3　常见 LED 封装衬底材料

LED 的封装方式通常是将单颗或多颗 LED 芯片透过焊料（solder）或黏结剂（adhesive）贴至散热的金属板（heat slug）上，并在芯片上方涂覆透明的环氧树脂封装材料，再覆盖一个透镜，从而组装成 LED 光源，如图 7-4 所示。而在 LED 实际产品应用上，用于显示器背光源、指示灯、特殊照明或通用照明，通常会需要将多个 LED 组装在一个电路衬底上。因此电路衬底除了扮演承载 LED 模块结构外，另一方面随着 LED 的输出功率愈来愈高，衬底还必须扮演散热的角色，以将 LED 芯片产生的热传递出去，因此在材料选择上必须兼顾结构强度及散热方面的需求。传统低功率 LED，由于输入功率不大，散热问题不严重，因此只要运用一般电子用的铜箔印刷电路板（PCB）即足以应付，但随着高功率 LED 愈来愈盛行，铜箔印刷电路板的低热传导特性已不足以应付散热需求，因此需将印刷电路板贴附在一个金属板上（铝基材为主），即所谓的金属芯印刷电路板（metal core PCB），以改善其传热路径。另外也有一种改良做法是直接在金属基材表面做绝缘层（insulated layer）或称介电层（dielectric layer），再在介电层表面做电路层，这样 LED 模组即可直接引线键合（wire bonding）在电路层上。同时为避免因介电层的导热性不佳而增加热阻，除一方面提高介电层的热导率外，有时会采取穿孔方式（through hole），以便让 LED 模组底端的散热块（heat slug）直接接触到金属衬底，即所谓直接芯片接触（direct die attach）。对高功率 LED 而言，除了前述金属衬底外，事实上为提升 LED 产品的热稳定性及可靠性，有些用到热膨胀系数与 LED 芯片相匹配且热传导性不错的陶瓷衬底、陶瓷直接键合铜箔等。如表 7-1 所示为几种常用的 LED 衬底材料及其特性比较，而如表 7-2 所示为 LED 封装衬底材料的基本规格需求，基本上要通过翘曲度、电阻、劈裂强度、击穿电压、热循环、热冲击、耐候性及可焊性等多样的测试以确保衬底的可靠性及热稳定性。下面针对如表 7-1 所示的几种衬底材料做下介绍及比较说明。

表 7-1  几种 LED 衬底材料的特性比较

| 散热衬底 | 衬底特性 |
|---|---|
| 印刷电路衬底 | ①低热导率及高热膨胀系数[CTE＝（13~17）×10$^6$/℃，$K$＝0.36 W/（m·K）]<br>②低散热效能及低成本<br>③大的衬底尺寸（>18in×24in），铜箔厚度>100μm<br>④适用于低功率 LED |
| 金属绝缘衬底<br>（铝，铜） | ①金属衬底热导率高[铝衬底 $K$>160W/（m·K），铜衬底 $K$＝380W/（m·K）]<br>②热膨胀系数高（铝衬底 CET＝23×10$^{-6}$/K，铜衬底 CET＝17×10$^{-6}$/K）<br>③中价位<br>④介电层的热导率低[$K$＝1~3W/（m·K）]<br>⑤操作温度极限约 140℃，制程温度极限 250~300℃<br>⑥大的衬底尺寸（可达 18in×24in），铜箔电路厚 35~500μm<br>⑦适用于中高功率 LED |

| 散热衬底 | 衬底特性 |
|---|---|
| 陶瓷衬底<br>（$Al_2O_3$/AlN） | ①中高热导率[$Al_2O_3$：$K = 24\ W/(m \cdot K)$，AlN：$K = 170\ W/(m \cdot K)$]<br>②低热膨胀系数[CET=（5~8）$\times 10^{-6}$/K]<br>③中高价位<br>④衬底尺寸小（<4.5in×4.5in）<br>⑤可耐高制程温度，易处理高功率 LED |
| 陶瓷直接粘接铜衬底 | ①高热导率[$Al_2O_3$：$24\ W/(m \cdot K)$，AlN：$170\ W/(m \cdot K)$]，铜箔厚 125~600 μm<br>②低热膨胀系数[CET=（5.3~7.5）$\times 10^{-6}$/K]<br>③中高价位<br>④可耐高制备温度及操作温度（达 800℃）<br>⑤容易处理高功率及高电流 LED |

注：1.K：热导率。
　　2. CTE：热膨胀系数。

表 7-2　LED 封装衬底材料的基本规格需求

| 测试项目 | 规格需求 |
|---|---|
| 基材厚度 | 0.4~3 mm |
| 翘曲度 | <0.3% |
| 表面粗糙度 | $Ra$=0.2~0.6μm |
| 介电层电阻 | >$10^{11}$Ω |
| 穿透电压 | >2kV/mm（交流电） |
| 劈裂强度 | >2kgf |
| 耐热性（410℃，>10 min） | 衬底电镀层无脱层现象 |
| 高温高湿测试（85℃，85%RH） | 500h 测试后电气特性没有改变 |
| 热循环测试（大气下）（−40~125℃，30min） | 循环次数 100 次以上而衬底绝缘特性无衰减现象 |

续表

| 测试项目 | 规格需求 |
| --- | --- |
| 热冲击测试 | 0~120℃（10min），循环次数 100 次以上而衬底绝缘特性无衰减现象 |
| 锡爆测试 | 288℃锡液漂浮 5min，界面不发生脱层现象 |
| 焊性测试 | ＞95%（250℃±10℃） |

注：1kgf=9.80665N，下同。

## 7.3.1　印刷电路衬底

传统上最常用来作为 LED 电路衬底的是强化玻璃纤维（FR4）印刷电路衬底（PCB），它可以是单层设计，也可以是多层铜箔电路设计[7]，如图 7-5 所示。此种 FR4 印刷电路衬底的做法是在 FR4 表面上先热压一层铜箔，接着依电路的设计利用光刻、曝光、显影及刻蚀等制备作出 LED 用的电路，与一般印刷电路衬底的制备大致相同。印刷电路衬底的优点是技术相当成熟且成本低廉，同时可适用在各种中小尺寸及大尺寸面板。缺点是 FR4 印刷电路衬底的热导率约在 0.36 W/（m·K）、热膨胀系数在（13~17）×10$^{-6}$/K，热性能较差，一般用于传统的低功率 LED。目前很多指示灯、可携式背光源及显示器背光源，因使用的是低功率 LED（＜0.2 W）芯片且面板面积大，单位面积热流量（W/cm$^2$）低，因此散热问题不大，使用这种 FR4 印刷电路衬底就能满足需求。

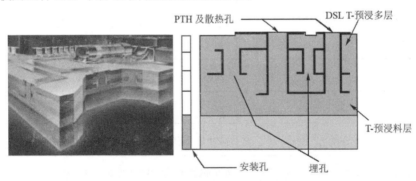

图 7-5　多层 PCB 的多芯片 LED 封装方式

[2 DSL（Double Side Layer，双面层），2 T-预浸，金属基]

## 7.3.2　金属芯印刷电路衬底

由于印刷电路衬底的热导率差、散热效能差，只适合传统低功率的 LED，对高功率高瓦数的 LED 封装则无法满足需求。因此后来再将印刷电路衬底贴附在一块金属板上（铝衬底为主），即所谓的金属芯印刷电路板（metal core PCB，MCPCB），如图 7-6 所示，目前高功率 LED 封装衬底大多采用此种含有金属衬底的 MCPCB，其价格介于印刷电路衬底与其他陶瓷衬底之间，属中间价位产品。不过其介电层的热导率与印刷电路衬底相当，同时操作温度局限于 140℃以内，制作温度则限于 250~300℃之内。如图 7-7 所示为 FR4 及 MCPCB 的散热模拟比较[8]，可以看出 MCPCB 的 LED 结温远低于 FR4 印刷电路板。正由于 MCPCB 的散热性远优于传统的 PCB，因此目前高功率 LED（＞1W）均大多采用此种金属衬底，特别是铝衬底。

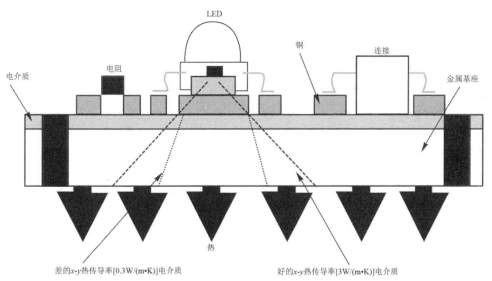

图 7-6　金属芯 PCB 封装结构

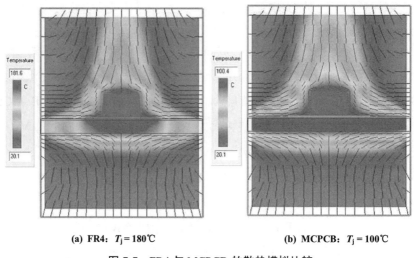

(a) FR4: $T_j = 180℃$　　　　　　　　(b) MCPCB: $T_j = 100℃$

图 7-7　FR4 与 MCPCB 的散热模拟比较

　　MCPCB，有人也把它称作金属绝缘衬底（insulated metal substrate, IMS）[9]，其主要是由一导热性较高的金属基材（铝或铜）、绝缘胶材（75~300μm）及导电电路所构成，如图 7-8 所示为 MCPCB 单层板及双层板制程。其做法是将高分子绝缘胶材（或称介电层）涂布在电解铜箔上而制成，俗称背胶铜箔（RCC），接着将背胶铜箔与表面处理过的金属衬底热压合（120~180℃）在一起，最后再依电路设计图样以刻蚀方式作成电路，此即所谓的金属芯印刷电路板或金属绝缘衬底，单颗或多颗 LED 芯片便组装在此金属衬底上。如图 7-9 所示即为各种形式的 MCPCB 封装衬底。

　　高分子绝缘胶材一般是以高玻璃化转变温度的树脂为基材，如环氧树脂或聚酰亚胺，但树脂的热导率低[< 0.5 W/（m·K）]，因此为提高其热导率通常会再添加热导率较高的陶瓷粉末，如氧化铝粉（$Al_2O_3$）、二氧化硅（$SiO_2$）、碳化硅（SiC）和氮化铝（AlN）等，其介电层的热导率分别为 1~4 W/（m·K），较 FR4 高出数倍，如表 7-3 所示。尽管如此，高分子绝缘胶材的热导率还是与金属基材的热导率相差甚多，造成相当大的热阻，因此，为避免因介电层的导热性不好而增加热阻，有时会在绝缘胶材上作穿孔设计（through hole），以便让 LED 模块底端的散热块不需再透过高分子绝缘胶材直接接触到金属散热衬底上。

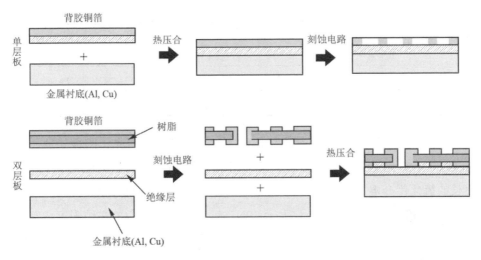

图 7-8　MCPCB 单层板及双层板的制作流程

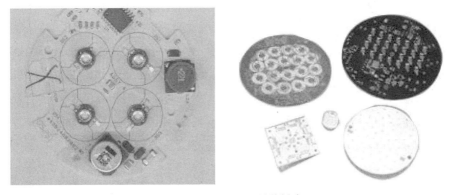

图 7-9　MCPCB 封装衬底

表 7-3　MCPCB 用的绝缘胶材

| 树脂种类 | 等级 | 填充材种类 | 热导率/[W/（m·K）] | 价格 |
|---|---|---|---|---|
| 环氧树脂 | 一般 | SiO$_2$ | 1.6~2.0 | 中 |
|  | 高散热性 | Al$_2$O$_3$、 SiC、 AlN | 3.5~4.0 | 高 |
|  | 玻璃树脂 | — | 0.2~0.5 | 低 |
| 聚酰亚胺（PI） | — | — | 0.6 | 中 |

表 7-4　传统金属绝缘衬底介电层与铝散热片表面阳极处理介电层特性的比较

| 介电层材料 | 热导率/[W/（m·K）] | 介电层厚度/μm |
|---|---|---|
| 导热高分子（环氧树脂+陶瓷粉末） | 3 | 75 |
| 铝散热片表面阳极处理层（氧化铝层） | 20 | 35 |

另外一种金属绝缘衬底做法则是直接在铝散热片表面先作阳极处理，长出约 35μm 的氧化铝绝缘介电层，再于介电层上方作印刷电路。此种利用化学反应生长的氧化铝介电层的热导率达 20W/（m·K），且介电层与铝基材的化学键强，界面劈裂强度（peel strength）大于 30N，远大于环氧树脂的黏结强度，有助于工作组件的稳定性。表 7-4 为传统金属芯印刷电路板的高分子介电层与铝衬底阳极处理的氧化铝介电层的热导率和介电层厚度的比较，可以发现铝衬底的氧化铝介电层厚度只有 35μm，为高分子介电层的一半，热阻相对较低。再则因铝表面阳极处理衬底是直接在铝散热片上作介电层及电路，少掉 MCPCB 的衬底层，省去金属衬底与散热片的热阻，如图 7-10 所示为传统金属绝缘衬底与阳极处理铝衬底的封装结构比较[10]，因此 LED 的 $R_{ja}$ 总热阻较传统金属绝缘衬底降低近 40%，由 7.61℃/W 降至 4.61℃/W，如图 7-11 所示。不过阳极处理铝衬底的氧化铝介电层为多孔性结构，如果介电层不够厚则无法耐较高的击穿电压（breakdown voltage）而产生电路短路，这是必须特别留意的。

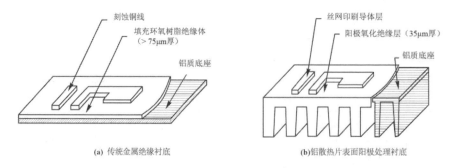

(a) 传统金属绝缘衬底　　　　　　(b)铝散热片表面阳极处理衬底

图 7-10　传统金属绝缘衬底与铝散热片表面阳极处理衬底的封装结构比较[10]

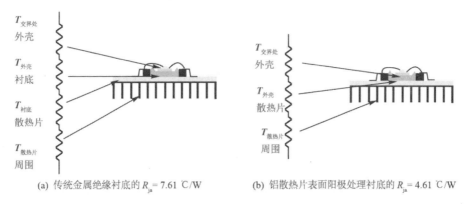

(a) 传统金属绝缘衬底的 $R_{ja}$ = 7.61 ℃/W　　(b) 铝散热片表面阳极处理衬底的 $R_{ja}$ = 4.61 ℃/W

图 7-11　传统金属绝缘衬底与铝散热片表面阳极处理衬底的热阻比较

## 7.3.3　陶瓷衬底

不管 MCPCB 或是 IMS 衬底均以金属板（Al, Cu）作为散热途径，但金属板本身导电，所以金属板表面需涂布或黏结一层高分子介电层，因此如直接以烧结成形的陶瓷材料作 LED 封装衬底，不但具有绝缘性而且不需额外作介电层且具有不错的热传导率，同时一般陶瓷的热膨胀系数[（4.9~8）×10$^{-6}$/K]与 LED 芯片、Si 衬底或蓝宝石较匹配，不会因热产生热应力及热变形。如图 7-12 所示为陶瓷衬底的制作流程，陶瓷粉末压坯成形（厚度 0.5~1.0mm）、打通孔、填充导热银粉、电路网印、低温共烧及电镀等程序[11]，由于其制程相对较长，陶瓷衬底的价格比 MCPCB 或 IMS 高很多，属于中高单价的产品，且其尺寸限于 4.5in×4.5in 以下，无法用于大面积的面板，但适合于高温环境及高功率 LED 的使用。

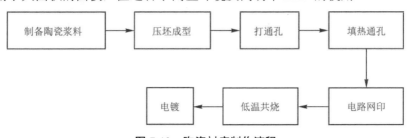

图 7-12　陶瓷衬底制作流程

典型的陶瓷衬底，如 AlN、SiC，其热导率在 170~230W/（m·K），热膨胀系数（3.5~5）×$10^{-6}$/K，但价格较高，为 $Al_2O_3$ 衬底的 4~5 倍；而 $Al_2O_3$ 衬底的热导率只有 20 W/（m·K）左右，热膨胀系数 6.7×$10^{-6}$/K。为改善 $Al_2O_3$ 衬底的热传导性，目前最常用的做法是打热通孔，填入热传导性较高的银粉。如表 7-5 所示为 AlN 及 $Al_2O_3$ 衬底与半导体材料及金属材料的热特性比较，而图 7-13 所示分别是含电路的 $Al_2O_3$ 衬底及 AlN 衬底。

表 7-5　AlN 陶瓷衬底与其他材料的热特性比较

| 材料 | 理论热导率/[W/（m·K）] | 热膨胀系数/（×$10^{-6}$/K） | 相对密度 | 实际热导率/[W/（m·K）] |
|---|---|---|---|---|
| 硅 | 150 | 4.1 | 2.3 | 65 |
| 砷化镓 | 54 | 6.5 | 5.3 | 8 |
| 氮化镓 | 130 | 6 | 6.1 | 21 |
| 氧化铝 | 20 | 6.7 | 3.9 | 5.1 |
| 氮化铝 | 170~230 | 3.5~5.7 | 3.3 | 51~70 |
| 铝合金 | 150~230 | 23 | 2.7 | 50~70 |
| 铜 | 400 | 17 | 8.9 | 45 |
| AlSiC | 200 | 8.4 | 3 | 67 |

（a）$Al_2O_3$ 陶瓷衬底　　　　　　（b）AlN 陶瓷衬底

图 7-13　陶瓷衬底

## 7.3.4　直接铜键合衬底

单纯 AlN 陶瓷衬底材料的热导率只在 170~200W/（m·K）之间，且价格偏高，如能在金属衬底上直接共烧键合陶瓷材料，则不但可兼具热导率及低热膨胀性还具介电性，一举数得。由德国 Curamik 公司所发展的直接铜键合衬底[12]，是在铜板与陶瓷（$Al_2O_3$、AlN）基材之间，先通入 $O_2$ 使其与 Cu 反应而在表面形成 CuO，同时使纯铜的熔点由 1083℃ 降低至 1065℃ 的共晶温度。接着加热至高温使 CuO 与 $Al_2O_3$ 或 AlN 反应形成化合物（$CuAl_2O_4$），而使铜板与陶瓷介电层紧密结合在一起，如图 7-14 所示。如图 7-15 所示为典型的陶瓷直接键合铜箔衬底，陶瓷基材厚度在 230~650μm 之间，此种直接键合铜箔的陶瓷衬底具有很好的热扩散能力，且介电层如为 $Al_2O_3$，则其热导率为 20 W/（m·K），热膨胀系数为 $7.3 \times 10^{-6}$/K；如为 AlN，则其热导率为 170 W/（m·K），热膨胀系数为 $5.6 \times 10^{-6}$/K，也因此直接铜键合衬底比前面几种衬底更加具有导热效能，热阻比金属绝缘衬底降低 73% 左右，如图 7-16 所示，同时适合于高温环境及高功率或高电流 LED 的使用。

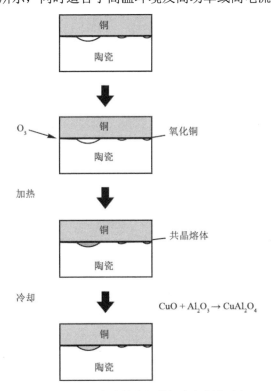

图 7-14　陶瓷直接键合铜箔衬底的制作流程

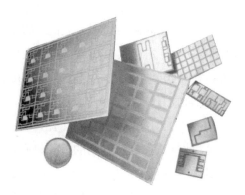

图 7-15 陶瓷直接键合铜箔衬底[12]

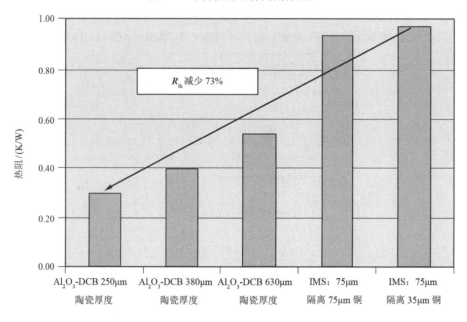

图 7-16 $Al_2O_3$ 陶瓷直接键合铜箔衬底与金属绝缘衬底的比较[12]

 7.4 先进 LED 复合衬底材料

LED 衬底材料除了上述的几种常用材料外，事实上世界各国为发展高亮度高功率 LED 亦开发出一些兼具轻量化高热导率及热膨胀兼容半导体器件的复合材料衬底。这主要是应用于 LED 封装的散热材料，在选择上除了考虑材质本身的热导率之外，还必须考虑与芯片接触等封装上的问题，即其热膨胀系数必须与芯片能够相配合，否则会衍生不匹配的热应力及热变形的问题。如图 7-17 所示为利用传统铝衬底（$CTE = 23 \times 10^{-6}$/K）及另一种碳纤维铝基复合衬底[$CTE = 4.2 \times 10^{-6}$/K, $K$=320W/（m·K）]在多芯片数组封装下，当结温与衬底温度的温差为 40℃时，芯片与衬底间的热应力分析结果。由结果显示因铝衬底材料[$CTE = 23 \times 10^{-6}$/K, $K$=200W/（m·K）]与芯片（$CTE = 5 \times 10^{-6}$/K）的热膨胀系数不匹配所造成的热应力达 416MPa，热变形量达 0.113mm；而以复合衬底时在相同条件下时其热应力达 222 MPa，为铝衬底的 1/2，而热变形量达 0.0366mm，只有铝衬底的 1/3。可见热膨胀系数的匹配性对衬底与 LED 芯片间的热应力影响相当大。

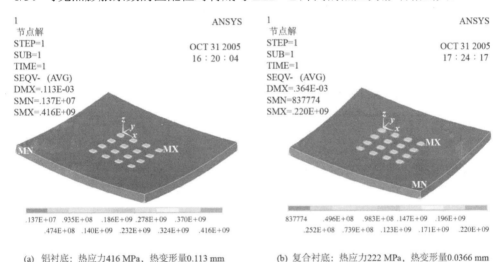

(a) 铝衬底：热应力416 MPa，热变形量0.113 mm　　(b) 复合衬底：热应力222 MPa，热变形量0.0366 mm

**图 7-17　铝衬底与 LED 芯片在温差 40℃下的热变形及热应力**

目前在发展中的低热膨胀、高热传导的 LED 复合衬底，有 Cu-Mo-Cu、Cu-钢-Cu、碳化硅强化铝基复合材料（SiC/Al）、碳纤维强化金属基复合材料[Cf/（Al, Cu）]、钻石颗粒强化金属基复合材料[diamond/（Al, Cu）]等，如表 7-6 所示为国内外所开发一些具发展潜力的金属基复合衬底[13,14]，其热导率由 200~800W/（m·K）不等，热膨胀系数在（3~11）$\times 10^{-6}$/K 之间，较之单一金属材料或陶瓷材料具有更好的散热性及热膨胀匹配性。利用这些复合材料作为 LED 散热衬底具有以下优点。

（1）热膨胀系数与 LED 芯片相匹配，可以减少直接接触时芯片与衬底界面间因温差引起的热应力及热变形。

（2）热膨胀系数的相匹配性可以提高 LED 器件的热稳定性及使用寿命。

（3）具有比传统金属散热衬底更高的热导率及热扩散性，可以迅速将热传递至周围或散热片，降低芯片层及电路板层的热阻。

（4）比较适合用于高功率及高密度矩阵排列的 LED 封装。

（5）可直接作为芯片直接黏着衬底（chip on board）的封装衬底。

表 7-6　国内外发展中的各种金属复合衬底材料及其热性质

| 材料 | $K/$ [W/（m·K）] | CTE/ （$10^{-6}$/K） | 密度（$\rho$）/（g/mL） | $K/\rho$ |
|---|---|---|---|---|
| Cu-Mo-Cu | 184 | 7.0 | 10 | 18.4 |
| Cu-Invar-Cu | 164 | 6.02 | 8.45 | 19.4 |
| SiC/Al | 170~220 | 8.75~11.5 | 2.9~3.0 | 57~73 |
| Cont.CF/Al | 300~800 | 3.2~11 | 2.3~2.5 | 120~315 |
| Disc.CF/Al | 218~290 | 4~7 | 2.3~2.7 | 92~100 |
| Cont.CF/Cu | 330~800 | 6.5~9.5 | 4.2~6.8 | 50~200 |
| Disc.CF/Cu | 300~400 | 7~10.9 | 4.5~6.6 | 50~100 |
| Gr Flake/Al | 400~420 | 6~7 | 2.3~2.7 | 195~200 |
| Diamond/Al | 400~600 | 4.5~5.0 | 3.4 | 174~260 |
| Diamond+SiC/Al | 550~600 | 7.0~7.5 | 3.1 | 177~194 |
| Diamond/Cu | 600~1200 | 5.8 | 5.9 | 330~670 |
| CVD Diamond | 1100~1800 | 1~2 | 3.5 | 310~510 |
| HOPG | 1500~1700 | −1 | 2.3 | 650~740 |

注：Cont.CF：连续碳纤维；Disc.CF：不连续碳纤维；Gr Flake：片状石墨；CVD Diamond：气相生成金刚石；HOPG：高定向热裂解石墨。

如图 7-18 所示为 Lumina Ceramic 所开发多芯片矩阵 LED 封装模组[15]，其衬底材料采用 Cu-Mo-Cu 金属复合板，而 DS&A LLC 推出以 SiC/Al 复材嵌入超高导热的高定向热裂解石墨片（TPG）及钻石栓（diamond pin）的复合衬底[16]，如图 7-19 所示。由分析结果显示其 LED 最大结温在 37.3℃，而以铜衬底及 AlN 介电层的 LED 最大结温则达 43.2℃，如图 7-20 所示，也显示高导热复合衬底对降低 LED 结温具有相当大的影响。如图 7-21 所示则是中国台湾工研院材化所利用石墨铝基复材表面覆上一层导热绝缘层及铜箔电路所制作的 LED 复合衬底[17]，其复合基材的热导率高达 320 W/（m·K），热膨胀系数在 $4 \times 10^{-6}$/K 左右，密度则只有 2.3 g/mL，比铝衬底还轻，热导率更是铜的 1.8 倍，未来有机会应用在高功率及高密度 LED 封装上。

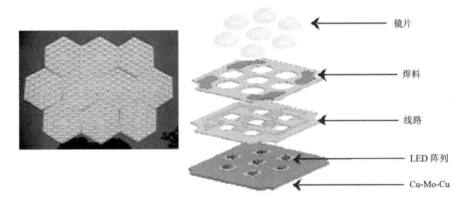

图 7-18　Lumina Ceramic 的 Cu-Mo-Cu 衬底

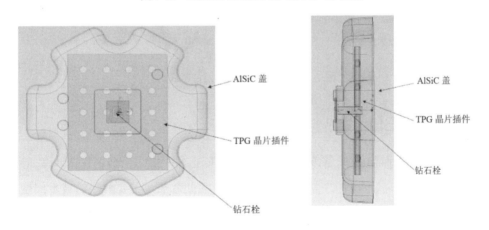

图 7-19　DS&A LLC 的 AlSiC+ TPG+钻石栓 LED 复合衬底

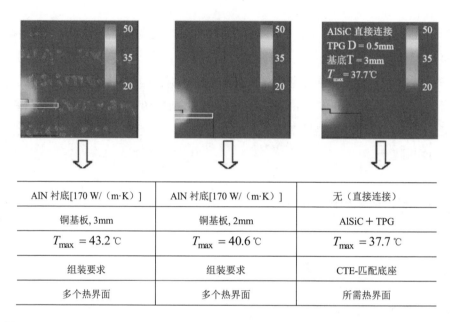

| AlN 衬底[170 W/（m·K）] | AlN 衬底[170 W/（m·K）] | 无（直接连接） |
|---|---|---|
| 铜基板, 3mm | 铜基板, 2mm | AlSiC + TPG |
| $T_{max} = 43.2 \, ℃$ | $T_{max} = 40.6 \, ℃$ | $T_{max} = 37.7 \, ℃$ |
| 组装要求 | 组装要求 | CTE-匹配底座 |
| 多个热界面 | 多个热界面 | 所需热界面 |

图 7-20　DS&A LLC 所推出 AlSiC+ TPG+钻石栓的 LED 复合衬底及对 LED 结温的影响

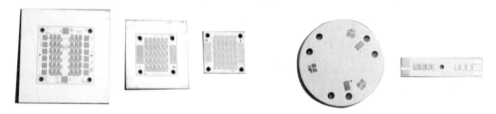

图 7-21　LED 石墨铝基复合衬底

#  7.5　LED 散热技术

高亮度白光 LED 照明属冷光光源，排热量比传统光源多出数倍，且半导体发光体仅能在 90℃以下操作才能维持低光衰率，因此散热是首要解决的技术问题。为解决 LED 散热问题，除了从前面所提的，从封装衬底材料层面开始着手以降低封装热阻外，事实上高亮度白光 LED 在应用时一旦其整体发热量超出封装衬底的散热能力，就必须加装外部散热装置来解决其热问题，此种散热设计依 LED 产品的总发热量、热流量、空间及使用环境限制等考虑因素而有下面几种可能组合：

（1）散热片；

（2）散热片＋风扇；

（3）散热片＋热管；

（4）散热片＋回路热管；

（5）平板热管＋散热片；

（6）散热片＋热管＋风扇；

（7）平板热管＋散热片＋风扇；

（8）冷板＋液相冷却系统；

（9）热电制冷器＋热交换器。

以上的散热装置也是目前普遍应用于计算机散热的成熟技术，其散热组件主要有散热片、热管、平板热管、回路热管及风扇等。由于 LED 产品在实际应用时通常不希望再用风扇来增加电能消耗、噪声及衍生的耐久性问题，因此基本上是要尽量避免采用风扇，除非产品已有风扇在运作，如投影机、背光模块等，通用照明及特殊照明的产品，几乎是不能用风扇来强制冷却的，也因此增加了 LED 散热技术的难度。以下就针对几种常用于 LED 散热的主要组件来加以介绍。

## 7.5.1　散热片

散热片是最常用的散热组件，主要是由一个底板及鳍片所组成，材质则以热导率较高的金属为主，如铝[$K$=160~200W/（m·K）]及铜[$K$=380W/（m·K）]。散热片的制程技术发展由来已久，从早期的铝挤型与铝压铸传统制程发展到现在的折弯、黏结、冲压、锻造、焊接、刨床和机械精密加工，乃至金属粉末射出等新制程[18~20]。这些制程各有其技术特性与能力限制，可应用在不同的产品市场上，在选择上可依其热性能、使用空间、量产性与生产成本等作为考虑。同时各种散热片材料的选择因制程的差异而不同，这都是事先必须注意的，如表 7-7 和表 7-8 所示为各种散热片制程的能力限制与优缺点比较。现就几种较常用的散热片制程做介绍。

表 7-7　各种散热片制程的能力限制

| 项目 | 铝挤型 | 铝压铸 | 冲压 | 折弯 | 锻造 | 刨床 | 金属粉末射出 |
|---|---|---|---|---|---|---|---|
| 最小鳍片厚度/mm | 1.0 | 1.0 | 0.75 | 0.25 | 0.4 | 0.3 | 1.0 |
| 细长比（高度／间隙） | 20 : 1 | 12 : 1 | 60 : 1 | 40 : 1 | 50 : 1 | 25 : 1 | 12 : 1 |
| 最小间隙/mm | 3.2 | 2.0 | 0.8 | 1.25 | 1 | 2 | 2 |
| 材料 | 铝合金 | 铝合金 | 铝，铜 | 铝，铜 | 铝，铜 | 铝，铜 | 铜 |

表 7-8　各种散热片制程的优缺点比较

| 材料制程 | 适用材料 | 优点 | 缺点 |
|---|---|---|---|
| 铝挤型 | 6063 铝合金 | ①成本低廉<br>②开发期短<br>③模具费用低 | ①细长比＜20<br>②形状单纯（钉点结构） |
| 压铸 | 1070/ADC12 | ①可作复杂导流形状<br>②量产性佳<br>③适合低鳍片高度 | ①开发成本高<br>②开发时间长<br>③细长比低 |
| 冲压型 | 纯铝，铝合金<br>纯铜，铝铜复合材 | ①高细长比<br>②重量轻、散热面积大<br>③可接合不同材料（Al, Cu）<br>④生产速率快 | ①有界面热阻<br>②形状单纯 |
| 锻造 | 铝/铝合金<br>纯铜/铜铝 | ①材料致密高<br>②高细长比<br>③可变化形状<br>④热性能佳 | ①模具费用较高<br>②需二次加工 |

| 材料制程 | 适用材料 | 优点 | 缺点 |
|---|---|---|---|
| 折弯型 | 铝/铝合金/铜 | ①高细长比<br>②重量轻、散热面积大<br>③可连接不同材料（Al, Cu） | ①界面连接阻抗大<br>②形状单纯<br>③产品稳定较差 |
| 刨床 | 铝/铝合金/铝铜/铜 | ①散热片面积大<br>②底座与鳍片一体成型，无界面连接问题<br>③适合铜散热片加工 | ①鳍片无法太高<br>②限于单纯的钉点结构<br>③风阻大 |
| 金属粉末射出 | 铜 | ①一体成形<br>②适用于铜合金 | ①原料成本比较昂贵<br>②合格率较其他制程低 |

（1）铝挤型散热片　铝挤型制程是将铝锭预热至 520~540℃后，在高压下流经 400℃左右的挤型模具，做出连续平行沟槽的散热片初坯，接着再二次加工将条状初坯裁剪、剖沟成一个个散热片。铝挤型散热片由于具有生产成本、技术门槛及模具开发费低和开发期短等优点，且其使用的铝挤型材料主要为 A6063，具有良好的热导率[160~180W/（m·K）]与加工平整度，因此是目前最被广为使用的散热片制程（占 60%以上），也是当前 LED 产品的第一选择。如图 7-22 所示为许多 LED 产品用的挤型散热片。不过铝挤型亦有其制程能力上的限制，一是其形状较单纯，缺乏变化与新颖性，二是其散热鳍片（fins）的细长比有限制（＜20），无法在有限空间下大量提高其散热表面积与降低热阻值，因此在使用上必须考虑高功率 LED 总体发热量。

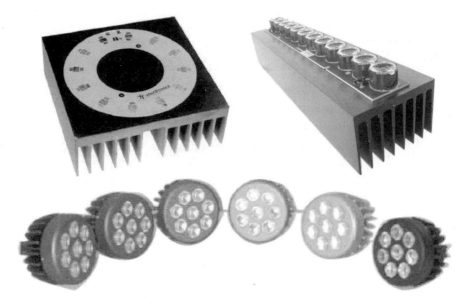

图 7-22　LED 产品用的挤型散热片

　　（2）铝压铸散热片　压铸制程是除了铝挤型外，另一个较常被用来制造散热片的制程，它是将铝锭溶解成液态后，利用压铸机将铝液快速充填入金属模具内，而直接成形出散热片。压铸型散热片可作成复杂形状、具流线设计及薄且密的鳍片来增加散热面积及散热性能，因此也是一种配合 LED 产品造型而设计的散热片，如灯泡、路灯等。图 7-23 即是配合 LED 灯泡、路灯造型而设计的压铸散热片。但是压铸散热片所用的铝合金通常为 ADC12，其热导率约为 96W/（m·K），较铝挤型所用的 6063 或 6061 铝合金[$K$=160~180W/（m·K）]相差甚远，散热性能相对较低。针对上述缺点，目前国内外另有发展一些高导热的压铸铝合金，其热导率可达150~180 W/（m·K），同时具有不错的铸造性，如中国台湾工研院材化所、五泰精密铝合金及日本的 Ryouka MACS Corporation 均有发展出高导热的压铸合金。

　　（3）冲压型散热片　冲压型散热片的做法是将轧延的铝卷片或铜卷片（厚度最薄可达 0.2 mm）利用连续冲压设备及模具直接冲出一片片的散热鳍片，这些冲压鳍片彼此之间透过设计可以扣接在一起，而成整片的散热鳍片，如图 7-24(a)所示。冲压的散热鳍片再与散热片底板（base plate）以锡焊制程或锻造制程接合在一起而成散热片，如图 7-24(b)所示，底板材料可以是铜材或铝材。由于此种冲压鳍片结合锡焊或转向轴旋锻（swaging）制程的散热片生产速率极快，且所用的材料可涵盖铜材、铝材及铝铜材等不同组合，材料选择弹性大，再则这种细长的散热片可突破传统制程的限制高达 60 倍以上，同时能与热管直接扣合在一起，如图7-25 所示，因此具有比传统铝挤型及铝压铸更好的散热性能，目前很多桌面计算机、笔记本电脑及服务器所用的散热片均采用此种设计，技术已相当成熟。而随着冲压技术的不断进步，其鳍片外形由传统叠片式外形发展到如挤型太阳花的辐射状外形，配合灯泡或投射灯（MR16）的特定造型而显得很有美感，可以预期冲压散热片在 LED 产品散热上会占有重要的一席之地。

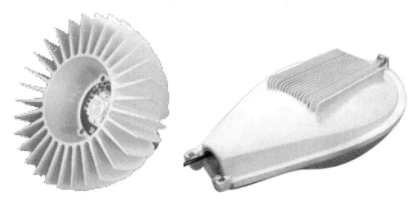

图 7-23　LED 产品用的压铸散热片

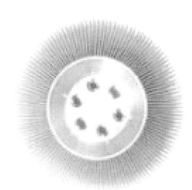

**(a)** 冲压鳍片　　　　　　　　　　　　　　**(b)** 冲压散热片

图 7-24　LED 产品用的冲压散热片

图 7-25　冲压散热片结合热管的散热装置

　　（4）折弯型散热片　折弯型散热片制程是先将薄板片（Al, Cu）折成鳍片排列形状（一体成型），再利用硬焊或锡焊方式与挤压成型过或机械加工过的底板相结合成一散热片，如图 7-26 所示。这种制程的优点与键合型制程（bonding）一样适合做高细长比（＞40）的散热片，且鳍片部分是一体折弯成型，有利于热传导的连续性；另一方面具有不同散热材料组合的弹性，即散热片的鳍片与底板可为不同材料连接而成，如铝-铝、铝-铜或铜-铜，缺点是其成型步骤较多且复杂，会增加散热片组装的制造成本，相对单价较高。再则这种折弯后再焊接的方式依然会产生额外的接触热阻，及不易构建紧密排列的细间距散热鳍片，因此这种散热片已逐渐被冲压散热片所取代。

图 7-26　折弯型散热片

　　（5）锻造型散热片　锻造型散热片制程是经精密的风道设计后于模具上开具适当的鳍片排列，再将铝块加热后于模腔内利用高机械压力，使铝材充满模腔而形成柱状鳍片，其优点为鳍片的高度可达到 50 mm 以上，厚度可薄至 1 mm 以下，且鳍片的高度对间隙比可达到 50 倍以上，因此可于相同的体积内得到最大的散热面积，且整体质量亦相对减少，达到最经济的效益。铝合金和铜均可利用锻造来做成散热片，所需的锻造机压力至少在 500t。锻造散热片最容易发生的问题是材料在锻造模腔内由于底板厚度与鳍片厚度有明显的厚差，当塑性流变时会出现收颈现象，而使散热片容易出现鳍片高度不均的现象。另外锻造模具费用相当高，因此通常是在其他散热片制程很难达到的性能需求或可靠性需求下才考虑用锻造工艺。

图 7-27 为一些锻造铝散热片，其散热片的细长比（$H/\delta$）高达 50 以上，且形状相当多样，有些是铝挤型所无法达到的外形设计。目前也有很多锻模底部插入一导热性好的铜块，整体加工出以铜为底板的锻造散热片，完全不需焊料，可有效降低散热片的热阻。目前中国亦有几家厂商具有纯铝、纯铜及铜底铝鳍片的锻造型散热片，在技术上已不输日本。

图 7-27　锻造铝散热片[21,22]

（6）刨床式工艺　刨床式工艺是一种相当特别的散热片工艺，它的做法是先以挤型方式或机械加工方式做出长条状带有凹槽的初坯，接着利用一个特殊的刀具将初坯削出一层层带点弯曲的鳍片出来，如图 7-28 所示。散热片鳍片厚度可薄至 0.5 mm 以下，同时鳍片与底板是一体成型的，没有像键合型和折弯型散热片存在的界面热阻问题，因此具有高鳍片密度、高散热片面积与高热导率的特点。该制程除了能直接将 6063-T6 的铝挤型材作成散热片外，最大的特点就是也能将铜材直接加工成全铜散热片，不需任何焊料，因此目前很多全铜散热片均采用此种制程生产，但量产性相对比冲压或锻造工艺来得差些。

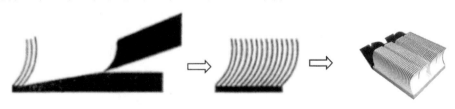

图 7-28　刨床式散热片制程

（7）金属粉末注射成型（MIM）工艺　金属粉末注射成型（MIM）散热片工

艺的发展已有一段时间，当初主要着眼于有些高熔点高热传导的材料，如Cu、Cu-W，不易用传统散热片工艺一体成型，因而才考虑到用金属粉末注射方式，直接作成散热片形式的初坯，接着再利用高温烧结成具有强度与高密度的成品。这种工艺的优点是可以将高热导的铜粉末直接整体加工出高效能的散热片，颇适合用在高发热密度并受限于空间限制的电子组件上，如图 7-29 所示。金属粉末注射成型散热片，其热阻值要比用铝材的低很多，缺点是原料成本比较昂贵，产品合格率较其他工艺低，因此此种工艺已有逐渐被刨床式工艺及冲压工艺取代的趋势。

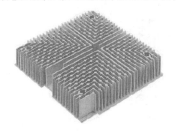

**图 7-29　金属粉末注射成型散热片**

## 7.5.2　热管

热管是一个利用两相变化（液、气）及蒸气和液体流动的一种热传递装置，其主要是由一个抽真空的封闭金属管、毛细结构及工作流体组成，如图 7-30 所示。通常我们将热管依物理特性分成三段，即蒸发段、绝热段及冷凝段，与热源接触的一端称为蒸发段，蒸气流动区域无明显温差的一端称为绝热段，而与冷却端（如散热鳍片）接触且使气相凝结成液相的一端称为冷凝段。热管的工作原理为当热管的蒸发段与热源接触后，金属管内填充的工作流体受热升温，吸收气化热变成蒸气。由于蒸发段的蒸气压力高于冷凝段，因此两端形成压力差，驱动蒸气从蒸发段流向冷凝段。蒸气在冷凝段接触散热鳍片放出热量变成液相，并利用金属管壁内的毛细结构所产生的毛细力将冷凝液由冷凝段流回到蒸发段，完成一个工作循环[23,24]。只要毛细结构所产生的毛细力大于热管内的总压降，热管即能正常工作。

由于热管能够在很小的温差条件下，利用蒸气和液体流动将热快速传递至一定长度的另一端，其等效热导率高达 4000 W/（m·K），为纯铜的 10 倍以上，因此被视为一种高传热的组件。一般而言，热管具有以下的优点：

①传热量大；

②热阻小；

③温度分布均匀；

④热反应迅速；

⑤质量轻体积小；

⑥构造简单；

⑦无磨耗，寿命长；

⑧无需电源；

⑨可在无重力场下操作。

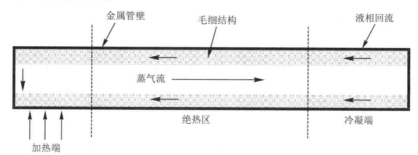

**图 7-30　热管工作原理**

正因这些特点，热管早期即已被应用于航天及国防工业上，近十年来则被广泛应用于笔记本电脑的 CPU 散热模块上，乃至其他桌面计算机、服务器及游戏机等 CPU 及 CPU 的散热模块上，成为电子散热不可或缺的重要组件。影响热管热传导效率的因素有以下两个。

（1）热管的尺寸——尺寸的大小会影响到热管内部工作流体的填充量，而填充量的多少则间接决定了此热管的最大传热量。以 6 mm 直径、200 mm 长的热管（铜管+纯水）而言，其最大传热量为 30~35 W，管径愈大，最大热吞吐量就愈大。

（2）工作流体——工作流体的选择取决于热管的工作温度范围落在哪里，因为不同工作流体的沸点、密度、黏度、汽化热、凝固热及表面张力等都不一样；若不考虑蒸气压降与重力影响，热管的最大传热量将由工作流体的性质决定，此热管传热速率（$M$）可由下列四种参数组成

$$M = \frac{\rho_1 \sigma_1 L}{\mu_1} \tag{7-1}$$

式中，$\rho_1$ 为工作流体的密度；$\sigma_1$ 是表面张力；$L$ 是汽化热；$\mu_1$ 是工作流体的黏滞系数。由前面的关系式可发现若密度和汽化热大，流体单位体积的热吞吐量增大。若黏滞系数小，流体阻力减小，流体的输送效率较好；若表面张力大，毛细力增大，液体的吞吐量也会增加。

目前最常用的工作流体为纯水，由于纯水在正常压力（1atm）下的沸点约 100℃，但在真空下（$10^{-1}\sim10^{-3}$ Torr）的沸点只有 40~50℃，极适合用于一般 IC 芯片及 LED 芯片的操作温度（70~90℃）。且纯水的汽化热较其他工作流体高，而其与铜管不会产生化学反应，兼容性好，因此铜材热管是目前最常用的电子导热器件。

热管的毛细结构一般分成金属网（screen mesh）、烧结金属粉（sintered power）及内壁沟槽（inner grooves）等三种，如图 7-31 所示其代表的是不同的制程技术及生产技术，在效能上也有差异。表 7-9 为上述三种毛细结构热管的特性比较，一般而言，铜粉末烧结热管具有较好的毛细作用，具有比其他两种高的最大传热量，同时较不受重力的影响，是目前热管占有率较高的一种毛细结构，中国台湾大部分热管厂均采用此种粉末烧结工艺来制作热管，如业强科技、超众，但粉末烧结型热管的热性能会因折弯、打扁而降低。而沟槽型热管的热性能较不受折弯、打扁的影响，但其毛细作用较低且会受重力影响。

(a) 金属网

(b) 烧结金属粉

(c) 内壁沟槽

图 7-31　热管毛细结构的分类

表 7-9　不同毛细结构热管的特性比较

| 项目 | 金属网 | 沟槽 | 粉末烧结 |
| --- | --- | --- | --- |
| 材料成本 | 低 | 高 | 低 |
| 制造成本 | 低 | 低 | 高 |
| 毛细作用 | 中 | 低 | 高 |
| 渗透性 | 中 | 高 | 低 |
| 平坦度 | 中 | 低 | 低 |
| 弯曲性 | 中 | 高 | 低 |

如图 7-32(a)所示为各种折弯打扁后的热管,而图 7-32(b)则是热管结合冲压鳍片的散热器,此种散热器不但普遍应用于计算机散热,同时也开始导入于 LED 产品散热。另外热管因具有良好均热效果及长距离传热作用,也是一些大尺寸 LCD TV 的 LED 背光模块的重要散热组件,如 2004 年 8 月 SONY 首先推出型号 QUALIA 005 的 40in 及 46in LCD TV,此两款皆使用三色 LED 背光模块,当时 40in 功率为 470 W、46in 功率为 550 W,因此把热管做横向排列,利用热管、散热片及风扇来进行散热,如图 7-33 所示。

**(a)** 热管

**(b)** 结合热管的散热片

图 7-32    热管试样及其应用

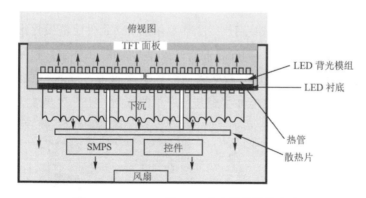

图 7-33    LCD TV 的 LED 背光模块散热方式

### 7.5.3 平板热管

平板型热管的原理与热管相同，因此当平板型热管局部位置与较小面积的发热电子器件接触时，平板型热管此处的工作流体因受热而处于饱和状态，所以能迅速蒸发（吸热），其蒸气因压力较高而流向板内较低压处，故能将局部热量借由工作流体的液气相变化传输至板内所有空间，再透过较大面积的板片表面或其表面所附加的散热片散热于大气之中，具有良好的热扩散性及均温性[25]，如图 7-34 所示。平板热管的毛细结构与热管类似，有铜粉末烧结型、金属网及微通道型（microchannel）等，这几种毛细结构都有人在研究，也各有优缺点。

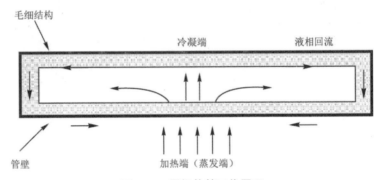

图 7-34　平板热管工作原理

由于平板热管具有极好的二维空间热扩散性，等效热导率大于 600 W/(m·K)，比铜的均热效果好，对于局部高热或高热流量的发热组件更能发挥很好的均热效果，避免 LED 热点的形成，因此目前有些人已开始将 LED 封装衬底黏结在平板热管上，并与散热片结合成为平板热管型散热器（vapor chamber heat sink），如图 7-35 所示，此种散热装置更能减少封装所产生的热阻，提升散热效果。

图 7-35　平板热管型散热器

## 7.5.4　回路热管

除了热管及平板热管利用气液双相流来达到传热效果外，另一种具有更高传热量及长距离传热的就是回路热管。回路热管最早是由俄罗斯科学院热物理学院的 Y.F. Maydanik 教授所研制[26]，后续便开始有许多单位进行相关的研究，其系统如图 7-36 所示，可分为蒸发器（evaporator）、冷凝器（condenser）、补偿室（compensation chamber）、蒸气段（vapor line）、液体段（liquid line）等部分，其中仅有蒸发器及补偿室具有毛细结构，其余组件均为光滑的圆管。毛细结构的用处为利用其细微孔径以产生高的毛细作用以推动工作流体循环。当加热于蒸发器管壁时，使得蒸发器管壁与毛细结构间的液体产生蒸气，且此蒸气利用毛细结构内的弯月形液面所产生的毛细作用推动经过蒸气段至冷凝器，此时蒸气在冷凝器内凝结且毛细作用持续将冷凝的液体推回蒸发器完成一个循环，而补偿室用来储存过多的液体并控制回路的操作温度[27]。由以上描述可知，回路热管的操作原理主要是利用毛细作用提供工作流体回流的驱动力，故毛细作用必须大于系统的流动阻力，才能确保系统的稳定操作。尤其增强毛细作用的毛细结构，更是性能提升的重要指标。

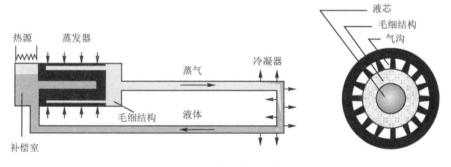

图 7-36　回路热管结构

回路热管由于其蒸气流动的方向与液相回流的方向是一样的，没有热管的蒸气流与液相流反向的问题，因此回路式热管具有高传热量（100~200W/cm²）、低热阻、长传热距离及高应用弹性等优点，适合应用在高发热密度及高功率的电子组件上，包括高阶 CPU、GPU 及 LED。例如台湾大学黄秉钧教授就将回路式热管应用在 48 W LED 路灯的散热上[28]，如图 7-37 所示。

**图 7-37　回路热管用于 LED 路灯散热**

## ● 结　语

随着 LED 材料及封装技术的不断进步，促使 LED 产品发光效率不断提高，其产品应用已涵盖便携式产品、广告牌、显示器背光源、汽车、照明及投光灯等领域，市场规模及成长动力相当可观，是政府积极推动的产业。但伴随高亮度高功率 LED 的发展及高密度封装的应用趋势，其散热问题如同 CPU 的发展一般也面临愈来愈严峻的考验，如不及时解决将影响 LED 的寿命及发光效率，因此 LED 的热管理问题愈来愈受到重视。欲解决 LED 的散热问题，必须从 LED 芯片级及衬底级开始着手，而其中最重要的就是散热衬底的材料选用及介电层（绝缘层）的热传导改善。散热衬底已从传统的 PCB 进展至目前的主流产品——金属芯印刷电路板（MCPCB）或金属绝缘衬底（IMS），未来更有可能用到高导热低热膨胀的金属复合衬底，再配合介电层热传导特性的改善，将可使 LED 模组的热阻降至最低，减少系统级的散热负担。除了改善封装级的热阻外，另外也必须解决 LED 产品应用时的散热问题，目前应用于计算机散热的许多散热技术及组件均有可能导入到 LED 产品的散热上，如散热片、热管、平板热管、回路热管等。由于中国台湾在计算机散热模块及散热组件的设计及生产制造方面居全球第一，这些上中下游产业结构完整的散热技术与能力将足以支持 LED 产业的发展，为 LED 产业发展排除"热"的障碍，创造更光明的未来。

# 参考文献

[1] 林志勋. LED 的发展趋势与市场应用. LED 散热技术研讨会，2006：1-14.

[2] Petroski J.Cooling High Brightness LEDs:Developments Issues, and Challenges.Next Generation Thermal Management Materials and Systems Conference, 2005:15-17.

[3] Paolini S.Future trends in solid state lighting. IMAPS Advanced Technology Workshop on Power LED Packaging and Assembly. Palo Alto, CA, USA: 2005:26-28.

[4] Steen R.Solid state lighting for general illumination.IMAPS Advanced Technology Workshop on Power LED Packaging and Assembly. Palo Alto, CA, USA:2005:26-28.

[5] Wall F.Bringing it all togetherxthe basics of building an LED module/assembly.IMAPS Advanced Technology Workshop on Power LED Packaging and Assembly. Palo Alto, CA, USA:2005:26-28.

[6] www.lumileds.com.

[7] Guenin B M.Effect for heat flow into a multi-layer printed circuit boards. Electronic cooling, 2004, 10(4).

[8] Stratford J,Musters A.Insulated Metal Printed Circuits-A User-Friendly Revolution In Power Design. Electronics cooling, 2004,10(4).

[9] Kolbe J.Benefits of Insulated Metal Substrates in High Power LED Application. IMAPS Advanced Technology Workshop on Power LED Packaging and Assembly. Palo Alto, CA, USA:2005:26-28.

[10] Morris T M.A high thermal efficiency substrate solution for LEDs. IMAPS Advanced Technology Workshop on Power LED Packaging and Assembly. Palo Alto, CA, USA:2005:26-28.

[11] Japan Marketing Survey Co.Ltd. 高放热基板市场之现况与将来展望. 2005.

[12] Roth A, Schulz-Harder J,Baumeister I.Direct copper bonded substrates for use

with Power LEDs. IMAPS Advanced Technology Workshop on Power LED Packaging and Assembly. Palo Alto, CA, USA:2005:26-28.

[13] Zweben C.Advances in Composite Materials for Thermal Management in Electronic Packaging JOM 50. 1998:47.

[14] Zweben C.High Performance Thermal Management Materials.Electronics Cooling,1999,5:36.

[15] www.luminaceramic.com.

[16] Dave Saums.Developments in CTE-Matched, High Thermal Conductivity Composite Baseplate Materials for Power LED Packaging. IMAPS Advanced Technology Workshop on Power LED Packaging and Assembly. Palo Alto, CA, USA:2005:26-28.

[17] 黄振东. LED 封装及散热基板材料之现况与发展.工业材料, 2006，231：70.

[18] Soule C A.Future trends in heat sink design. Electronics Cooling, 2001,7(1).

[19] 黄振东. 计算机散热片材料与制程技术介绍.工业材料，2001，171：130.

[20] 黄振东. 高性能散热片之发展现况.工业材料，2004，207：111.

[21] www.alphanovatech.com.

[22] www.mailo.com.

[23] Peterson G P.An introduction to heat pipe.John Wiley & Sons Inc, 1994.

[24] 简国祥. 热管在电子散热方面之应用. 工业材料，2001,171：145.

[25] www.thermacore.com.

[26] Maydanik Y F.Loop Heat Pipes.Applied Thermal Engineering, 2005,25,(5-6) :35.

[27] 张云铭，陈瑶明. 回路式热管的介绍与应用. 工业材料，2006，231：95.

[28] 黄秉钧. Solar-powered LED Lighting.LED 散热技术与照明应用研讨会. 2008：19.

# 第8章

## 白光发光二极管封装与应用

蓝光和白光发光二极管的问世，极大地拓展了 LED 产品的应用领域，目前白光 LED 的主要应用在背光和指示等领域，照明也逐渐成为 LED 大展拳脚的领域。本章重点介绍白光发光二极管封装与应用。

#  8.1　白光 LED 的应用前景

白光 LED 的优点是直流驱动、响应快、体积小、寿命长、全固态、结构简单、无毒、耐候性好、发光效率高，被认为是 21 世纪的新光源。随着 LED 的光效的提升和价格的下降，LED 的市场渗透率迅速提升。根据美国能源部关于固态照明的报告，2012 年，全球 LED 的渗透率为 5%，2013 年，全球 LED 的渗透率已经接近 10%，其中日本最高，达 30%。飞利浦公司的财报显示，2013 年 84 亿欧元的照明收入，LED 贡献占比为 34%。LED 照明迎来了迅猛发展的黄金时代。

白光 LED 从原理上而言有三种途径可以实现，第一种是红、绿、蓝三色光 LED 集成于一个灯具内，用二次配光实现混光，从而实现白色；第二种是紫外线 LED 芯片激发红、绿、蓝三色荧光粉，实现白光 LED；第三种是用蓝光 LED 芯片激发黄光荧光粉而形成蓝色混合黄色的白光[1]。对比以上三种白光的实现方式，第一种的可控制性和显色性最好，但是成本高，一般适应于对显色指数要求高的场合和实现多色变化的装饰场所中，单纯用该原理实现白光，封装成本和控制成本都比较高。第二种的显色性也很好，但是目前存在效率问题，一个是紫外线 LED 芯片的效率本身没有蓝光芯片高，另外红、绿、蓝三色荧光粉混合后的总体激发效率也没有单一黄色荧光粉高。除此之外，紫外线对很多材料的老化破坏，也是对封装材料选择的一个难点，很多材料不能长时间抵抗紫外线的照射。第三种方式的显色性没有前两种好，但实现方法简单，效率也比较高，是目前白光 LED 实现应用最多的方法。本章对白光 LED 封装的流程做了详细阐述，主要是基于蓝色芯片激发黄光荧光粉的白光 LED 实现原理的。

简单介绍一下白光 LED 发展的现状。长久以来，固态照明光源具有高能源效率、低维护成本、长使用寿命、广泛的设计适应性、对环境危害小等优点。固体照明光源技术的开发和商品化，长期被业界所关注。从十多年前开始，汽车、娱乐以及小型产品采用多色彩 LED 的数量愈来愈多，凭借着 LED 及封装技术的进步，白光 LED 在电梯和疗养设施乃至飞机的机舱、食品店的入口等的室内照明应用也有增加的趋势。

美国调查公司 Strategies Unlimited 的研究报告中显示，高亮度 LED 的市场，自 1995 年以来，每年以接近 50％的速率持续增长，至 2007 年已达到 5 亿美元。

现在的固态照明主要应用于包含彩色光的照明，但是白光的照明则是 LED 业界的最终目标。

白光 LED 照明已由实验室阶段跨入生活圈中，因此将白光 LED 从应用的场合分为以下四大类。

## 8.1.1  特殊场所的应用

比如矿场、加油站、隧道等，对防爆、防火有特殊的要求，而又要求灯具具有省电、使用寿命长、体积小、质量轻及携带方便等优点。目前只有 LED 灯具能同时满足上述要求，因此 LED 得以在矿灯、坑道灯、隧道灯、加油站照明等灯具中率先得以应用。对白光 LED 来说，最初的大型市场应该是电梯用照明，因为 LED 具备耐振动性，所以美国 Rensselaer 大学（RPI）的照明研究中心（LRC）也开始发展用以替换电梯内部低效率白炽灯的光源，对薄型 LED 天花板灯进行开发和评估，并且在美国加利福尼亚州能源委员会的公益能源研究项目和美国工业能源公司的资金援助下进行了两年的研究项目，提供 LRC 的研究小组与 OTIS 公司共同对电梯的天花板进行设计开发。LRC 相信，LED 将成为电梯的理想光源，并且把以往的电梯和采用薄型 LED 的电梯进行乘客抽访，抽访结果显示，无论从哪个角度来比较，乘客都判定采用薄型 LED 的电梯具有更好的识别性、舒适性、色彩和魅力度。

再以隧道灯为例，如图 8-1 所示，白光 LED 除了低压、低功耗、高可靠性、长寿命等众所周知的优点外，其可控制性也在隧道灯的设计中发挥了优势。隧道灯的应用场合特别，应适应隧道使用特点，保证行车安全、舒适，并能有效进行营运管理。隧道照明是为了给使用者提供一定的舒适性和安全性，保证行驶车辆以设计速度安全顺畅地接近、穿越和通过隧道。隧道照明必须符合以下要求。

（1）由于人眼对光强度的变化需要一定的适应过程，白天当司机驾车从隧道外进入隧道内时，隧道内外明显的亮度落差可形成黑洞效应，驶离隧道时将形成白洞效应。黑洞效应和白洞效应都将使司机的视觉出现暂时的盲状态，严重危及驾车安全。为克服这种视觉上的滞后现象，必须运用照明控制手段使隧道出入口和隧道内的亮度与隧道外的亮度相匹配。通常，人的视觉适应从亮到暗所需的过渡时间（暗适应）较长（约几分钟），由暗到亮的过渡时间（亮适应）较短（约几秒钟），由于车辆处于高速前进状态，一般将整个隧道的照明亮度按照视觉适应过程和行车速度等分成几段，如入口段、适应段、过渡段、基本段、出口段等（对双向隧道，出口段与入口段对称设计）。

图 8-1    白光 LED 应用为隧道灯

（2）道路表面的亮度对能否清晰地看到目标起着非常重要的作用，亮度越高，目标能见度越高。隧道内不同区段的亮度要求不同，通常入口段的亮度要求高，以减少洞内外亮度落差，避免黑洞效应；适应段亮度次之；过渡段亮度减弱；基本段亮度只要满足安全行车的照明要求即可；出口段亮度必须加强，以避免白洞效应。夜间出入口不设加强照明，洞外设路灯照明，亮度不低于洞内基本亮度的1/2。隧道内设应急照明灯，亮度不低于基本亮度的1/10。以上所述对隧道灯的亮度分段的要求，可以比较简单地通过调节 LED 灯的使用数目来达到所需的效果。

## 8.1.2    交通工具中应用

LED 的超长使用寿命、较小的灯具体积、比较轻的质量，对于交通工具来说是很大的一个竞争优势。质量轻，就是减少整个交通工具的自重，也就是降低能源的消耗，这方面的考虑，在飞行器中尤其显著，飞行器中的质量是以克来计量的。

白光 LED 技术的发展，已开始被飞机制造者高度关注，现在已应用在乘客用的读书灯上，让飞机内能源消耗得以减低。例如 QANTAS 航空在头等舱的照明中使用 LED，还有空客（Air Bus）也已采用白光 LED 作为机内读书灯，目前 LRC 的技术员们也正在和波音公司共同开发最新型的飞机用 LED 照明光源。

白光 LED 已经在船舱的内部照明中得到应用，比如应用为阅读灯、舱顶照明灯等。

汽车作为常规的交通工具，LED 的应用也被重视起来。目前 LED 已经可以用于汽车的每一个照明、信号、背光的地方。白光 LED 可用于车内的照明灯、阅读灯、指示灯等。车用的白光背光模块，白光 LED 已经占据很大的比例，包括汽车仪表板的背光、GPS 的背光模块、车载 DVD 背光的市场，也都是白光 LED 的用武之地。目前 LED 在车外主要应用在制动灯、前方转向灯、后方转向灯、左右两侧转向灯、后方雾灯和倒车灯方面，LED 用于汽车的最后一个堡垒（前大灯）也在被逐渐攻克。从 2004 年开始，已经有很多概念车开始用白光 LED 作为前大灯。2007 年，丰田公司（TOYOTA）首次把 LED 的前大灯应用于雷克萨斯（LEXUS）600h 车上（如图 8-2 所示），该款由日本小系（Koito）制作所推出的汽车头灯配备有 11 个白光 LED，包括 6 个近光 LED 灯，远光灯时则另加 5 个 LED。据该厂商表示，在近光灯点亮时的光通量可达到 800～1000 lm。另外，也可根据行驶状态，对近光灯用的白光 LED 模组进行控制。随后，很多高级轿车的制造商，也相继推出用 LED 作为前大灯的汽车，如奥迪（Audi）、凯迪拉克（Cadillac）等汽车制造商（如图 8-3 所示）。用第四代汽车照明（白光 LED）实现的汽车前照灯。白光 LED 将最后成为车用照明的主导者。白光 LED 的芯片级封装问题解决后，还需要 LED 的二次光学设计的配合。曾有汽车厂商电气专家表示，汽车厂其实很乐见"以白光 LED 光源来代替白炽灯的 LED 汽车头灯"，不过，在设计上必须要参照传统头灯的光源标准来设计，但 LED 光源的特点属于模组式，因此对白光 LED 头灯而言，是一项全新的思路。其技术路线必须要应用白光 LED 光源的单色性，不加滤光片直接选用不同波长的多个高效 LED 组件设计成分，才能满足汽车头灯具有设计及加工的特殊性。要满足前照灯的高亮度要求，一定需要多颗 LED 的集成，因此对 LED 的发光角度、色差、亮度、阈值电压、电流等光学、电学性能的一致性和可靠性要求更高，这也是白光 LED 应用的难点和成本高的原因之一。

图 8-2　LEXUS 600h 的 LED 前照灯

图 8-3　Audi 车使用的 LED 前照灯

## 8.1.3　公共场所照明

公共场所中 LED 的使用速度也非常迅猛，发展中的中国，LED 对城市夜晚的改变是日新月异的，连生活在城市中的人们，都能感受到 LED 给整个城市夜色带来的动态变化和流光溢彩（见图 8-4）。白光 LED 为城市的夜晚增添色彩，很多建筑物的轮廓，用白光 LED 勾勒，大楼的外墙[图 8-4(a)]，用白光 LED 洗墙灯照亮。目前在室内的装饰照明方面，白光 LED 作为辅助照明，也悄然替代了效率低下的白炽灯、卤钨灯。大桥的轮廓[图 8-4(b)]，江河的两岸，也都在近年内做了很多装饰的工程，白光 LED 给夜色添加了更多亮点。

(a) LED为大厦勾勒轮廓

(b) LED照亮桥梁

图 8-4　公共场所照明

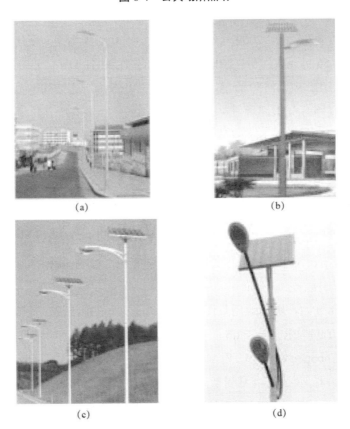

图 8-5　LED 路灯的工程及太阳能供电的 LED 路灯[2]

作为公共场所的照明，路灯是一个用电大户，如果能够实现白光 LED 应用于路灯，将大大节省能源的消耗，LED 在使用寿命上的优越表现，也将节省很多后期的维护费用。2007 年被 LED 业界称为中国的路灯元年，在政府的大力推动下，LED 路灯在很多城市已开展示范工程（如图 8-5 所示），为 LED 路灯的全面推广应用打开了局面。中国 LED 照明计划是从 2003 年启动的，由中央成立跨部门的国家半导体照明工程协调领导小组，"十一五"科技发展规划将半导体照明产品列入第一重点发展领域。2009 年，中国政府选择 LED 路灯作为切入点，并已制订出相关测试方法以及技术规范。

由于中国电力资源分布不均，采用 LED 路灯具有节能优势，促使 LED 路灯需求量激增。根据拓墣产业研究所估计，中国 LED 路灯 2007 年产值约 2.3 亿元人民币，2008 年达 8.2 亿元，2009 年约 27.5 亿元， 2010 年则是呈现倍数成长，LED 路灯年产值达 56 亿元人民币。2013 年，路灯的产值达到 110 亿元，装灯数量 2011 年为 40 万盏，2012 年为 150 万盏，2013 年为 230 万盏，连续几年实现高速发展。

中国 LED 路灯商机浮现，中国大陆和台湾的厂商都有受益，尤其是中国台湾以 LED 巨头的身份进入 LED 路灯的开发和推广，也大大加快了 LED 路灯的研发和使用，让普通人都能感受到这项高科技带来的便利与光彩。

## 8.1.4　家庭用灯

除了上述特殊场所、交通工具、公共场所中的应用，LED 也逐渐走进普通人的生活，走入与日常生活息息相关的场合，甚至开始整合到家电、家具中，进入千家万户。

从 2004 年开始，美国通用集团（GE）的子公司 GELcore、超级市场的 Price Chopper 以及 Taylor Refrigeration 一起合作，将配有 LED 照明系统的 4 门冰箱，设置于 Price Chopper 位于纽约州市场的冷冻食品区，以评估其性能和消费者的反应。就技术上来看，荧光灯容易受低温的影响，但是因为 LED 的低温稳定性很好，且使用稳定性好，应用 LED 照明的冰箱，长期使用能够节约能源和维护费用。液晶显示屏，利用白光 LED 作为背光模块，也悄悄进入家庭中。作为看得到的白光 LED 照明，也开始进驻到柜筒中[图 8-6(a)]、家具的辅助照明中，还有台灯[图 8-6(b)]、射灯等产品，也都开始改变着普通家庭的照明。当然目前作为主照明，白光 LED

的性价比还不能跟现有的节能灯相比，而且也没有到大量进入市场的时机。相信假以时日，白光 LED 将越来越多地走进普通家庭，照亮一个个温暖的家。

(a) LED柜管灯　　　　　　　　　　　　(b) LED台灯

图 8-6　白光 LED 照明

白光 LED 的应用前景非常广泛,而且随着白光 LED 发光效率的进一步提高、价格的进一步下降，其应用领域将更加广泛。随着电子产品种类的增多，白光 LED 也会开拓新的应用市场。随着白光 LED 的广泛应用，关于白光 LED 应用的课题也得到封装厂商和灯具开发商的重视。

 ## 8.2　白光 LED 的挑战

白光 LED 的广泛应用，还存在很多挑战。最重要的就是发光效率的提高，整体光通量的提高，当然除了亮度的提高，白光的均匀性、显色性、长寿命化等多方面也都是需要努力的。在白光 LED 的这个领域成为研发焦点的，除 LED 芯片本身效能的提高以外，还包括模组技术、封装技术，以及荧光粉和封装胶材等跟封装有关的技术问题。

### 8.2.1　白光 LED 效率的提高

高效率的白光 LED，需要从两方面实现，一方面是蓝光芯片的发光效率的提高，另一方面就是关系到封装用的荧光粉、硅胶、导热银胶等材料，综合光学、热学、电学控制等的综合封装效果的提升。

对于蓝光芯片效率的提升，从 LED 芯片的制作技术上，很多研究工作者希望开发出新一代的高效 LED 芯片。目前的研究方向包括采用 GaN 材料作为衬底材料，来代替蓝宝石或 SiC 生长外延，期望借此能够大幅提升内部量子效率[3]，因为注入电子数相对应放出光子数的外部量子效率，是由内部量子效率和光的取出效率的乘积所决定的，鉴于 GaN 的材料特性，产业界都对 GaN 衬底抱有很大的期待。但是，由于 GaN 衬底成本高，使得成本成为大量采用 GaN 材料作为衬底的最大瓶颈，因此在目前来说，普及化的可能性依旧不明朗。另外一个技术方向是采用图形衬底 PSS（patterned sapphire substrate）技术[4]，在蓝宝石基片上面刻蚀出规则的图形，然后生长 GaN 外延，这也是提高内部量子效率的一个方法。该方法已经被多家外延厂商采用。除此之外，利用芯片倒装的封装来提高光的输出效率正被业界积极开发中，另外包括 LED 芯片表面的构造和光子晶体构造也有多家企业投入研究。

与此同时，另一方面，期望由封装技术的进步来提高外部量子效率，进而提高整个 LED 的光通量输出，即成为 LED 封装者努力的目标，外部量子效率、封装胶材折射率的匹配性等不断提高后，封装器件的光通量也会提高。

## 8.2.2　高显色指数的白光 LED

显色指数（$Ra$）是衡量白光光源的一个很重要的指标。显色指数越高，白光光源跟自然光越接近，彩色的还原性越好，人眼感觉会越舒服。对博物馆等场合就需要显色指数比较高的光源，以还原藏品的真实色彩。现在白光 LED 的实现方法中，蓝光芯片配合黄光荧光粉的做法，显色指数接近 80，有待进一步提高。

关于提高 $Ra$ 的方面，荧光粉占相当重要的角色，为补充模拟白光 LED 中缺少的红光和绿光，目前有相当多的研究者开始开发在蓝光 LED 封装中搭配使用红色及绿色的荧光粉，以及利用在紫外线 LED 中加入红蓝绿荧光粉的技术，借此提高 $Ra$ 值，进而达到高显色性的目标[5]。

对于使用复合荧光粉的情况，不能简单地将各个颜色混合，必须要考虑当遇到蓝色光时，什么样的调配比例才能最接近自然白光。韩国 Seoul Semiconductor 的"New White LED"，为提高红色的成分，将荧光粉透过特殊工艺后使用，因此在色彩再现性上，与 NTSC 相比达到了 92％的水平。此外，松下电工在 2006 年 3 月所发表的照明用 LED "MFORCE"中，凭借蓝光 LED 和红光、绿光荧光粉的组合，使 *Ra* 值由原来约 80 成功提升至 90 以上。因此借由荧光粉，可以使模拟日光 LED，有机会达到自然光的表现水平和显色性，并且也能够因此而扩大应用范围，例如在颜色检查、临床检查、美术馆甚至道路的照明等方面，这些使用复合荧光粉的白光 LED，相信在未来的用途将进一步扩大。

## 8.2.3　大功率白光 LED 的散热解决方案

普通直插式白光 LED 的封装是在封装支架的中间固定 LED 芯片，并且在 LED 芯片的上面及周围灌入混合荧光粉的树脂，混合树脂的目的是让荧光粉的间隙被填满，芯片产生的热通过两个引脚散发。这样的封装形式不能承受大的输入功率，这是因为用于封装的环氧树脂抗热性较差，且其玻璃化转变温度低，受热后容易变黄，影响整个灯的使用。

因此大功率的白光 LED 封装，需要考虑整个散热的通道，做散热的仿真，尽可能降低整个封装的热阻，把芯片产生的热尽快传导到散热鳍片（heat sink）上，然后散发到环境中去。对于散热通路，要用热导率高的材料，尤其是界面黏合材料。对于封装用的胶材，大功率封装从业人员也越来越多使用硅胶材料，因为硅胶材料的耐热性更高，即使在 150~180℃的情况下也不会出现变色，所以正逐步代替环氧树脂用于 LED 的封装[6]。

## 8.2.4　光学设计

LED 作为光源，最终的光通量是衡量性能的标准。除光通量，还包括色温、色坐标、空间分布等跟光学相关的参数。考虑封装的光学问题外，白光 LED 最终应用于灯具的二次光学设计，其与传统光源不同，所以 LED 灯具的二次光学设计也是 LED 灯具应用的一个重要的课题。

## 8.2.5　电学设计

大功率白光 LED 的优势要得到体现，特别是要保证它的长寿命和色彩均匀的特点，其驱动设计非常重要。根据 LED 的 *I-V* 特性，其工作电流 $I_f$ 与正向电压 $V_f$ 呈指数关系。由于每个 LED 的正向电压 $V_f$ 值不同（与芯片制造方式有关），且温

度对 $V_f$ 影响较大，$V_f$ 的稍微增加，$I_f$ 值会急剧增大，使 LED 功耗和温度急剧增加，导致 LED 的破坏。因此，恒压驱动方式虽然结构简单，但可靠性差。而恒流驱动正相反，即使 LED 本身 $V_f$ 值有所偏差，或者温度发生变化，或者电源电压发生一定的波动，由于恒流源的存在，LED 本身的工作状态保持不变，并且由于 LED 光输出与 $I_f$ 基本成正比关系，一定的 $I_f$ 对应的光输出是一定的，从而也使 LED 本身的发热、亮度和色度维持在恒定的水平。

除上述挑战性课题外，还包括白光 LED 的标准与白光 LED 应用于不同照明场合的标准问题，都还没有一个业界认同的标准。关于标准的问题，各国也都在积极制订。中国在 2007 年年底已经初步确定 LED 路灯的标准规范，借以指导业界的操作，LED 相关的芯片、封装、灯具的检测和使用标准也在积极制订中。此外对于白光 LED 的应用来说，不仅仅是一般照明用灯，应用包括已经扩展到移动电话用的背光、键盘背光、照相机的闪光灯、LCD-TV 背光、汽车用的头灯、医疗用灯等，所以随着应用范围的日益广泛，生产出适合不同领域的白光 LED 技术变得相当重要，其发展趋势也是大家所关心的。

## 8.3 白光 LED 的光学和散热设计的解决方案

LED 封装由于结构和工艺复杂，并直接影响到 LED 的使用性能和寿命，一直是近年来的研究热点，特别是大功率白光 LED 封装。LED 封装的主要目的是确保发光芯片和电路间的电气和机械接触，并保护发光芯片不受机械、热、潮湿及其他的外部影响。此外，LED 的光学特性也必须通过封装来实现。LED 封装方法、材料和工艺的选择主要由芯片结构、电气/机械特性、具体应用和成本等因素决定。经过 40 多年的发展，LED 封装先后经历支架式（lead LED）、表面贴装式（SMD LED）、功率型 LED（power LED）等发展阶段。随着芯片功率的增大，特别是白光照明发展的需求，对 LED 封装的光学、热学、电学和机械结构等提出了新的要求，传统的小功率 LED 封装结构和方法难以满足要求。为有效降低封装热阻，提高出光效率，必须采用全新的设计思路。

大功率 LED 封装设计主要涉及光、热、电和机械结构等方面，这些因素彼此相互独立，又相互影响。其中 LED 封装的目的，热是关键，电和机械是手段，而性能是具体体现。从工艺兼容性及降低生产成本而言，LED 封装设计应与芯片设计同时进行，即芯片设计时就应该考虑到封装结构和方法。

## 8.3.1　LED 封装的光学设计

　　LED 封装的光学设计包括内光学和外光学设计。内光学设计是指灌封胶和荧光粉设计，用以提高光通量、光效和光色。由于光通量与光效有关，而光效则取决于内部量子效率以及荧光粉转换效率等，因此，内光学设计的关键在于灌封胶和荧光粉的选择与应用。在 LED 使用过程中，辐射复合产生的光子在向外发射时产生的损失，主要包括两个方面：芯片内部结构缺陷以及材料的吸收；光子在出射界面由于折射率差引起的全反射损失。因此，很多光线无法从芯片中出射到外部。在芯片表面涂覆一层折射率相对较高的透明胶层（灌封胶），由于该胶层处于芯片和空气之间，从而有效减少光子在界面的损失，提高出光效率。此外，LED 灌封胶的作用还包括对芯片进行机械保护，应力释放，并作为一种光导结构。因此，要求其具有透光率高、折射率高、热稳定性好、流动性好、易于喷涂等特性。为提高 LED 封装的可靠性，还要求灌封胶具有低吸湿性、低应力、耐候环保等特性。目前常用的灌封胶包括环氧树脂和硅胶。其中，硅胶由于具有透光率高（可见光范围内透光率大于99%）、折射率高（1.4~1.5）、热稳定性好（能耐受200℃高温）、应力低（杨氏模量低）、吸湿性低（小于 0.2%）等特点，明显优于环氧树脂，在大功率 LED 封装中得到广泛应用。研究表明，提高硅胶折射率可减少折射率低带来的光子损失，提高外部量子效率，但硅胶性能受环境温度影响较大。随着温度升高，硅胶内部的热应力加大，导致硅胶的折射率降低，从而影响 LED 光效和光强分布。

　　封装用的荧光粉是决定白光质量的最重要材料。荧光粉的特性主要包括粒度、发光效率、形状、转换效率、稳定性（热和化学）等，其中，发光效率和转换效率是关键。荧光粉的选择必须满足两个条件，一个是互补性，即荧光粉材料本身的发射光谱，必须能与芯片的发射光谱混合成白光。荧光粉发光特性直接影响 LED 的色温和显色指数，通过调节荧光粉含量和涂层厚度，可以调节色温，而荧光粉浓度增加会降低发光效率，且随着荧光粉涂层厚度加大，蓝色发光峰下降，黄光增加，色温降低。另一个是匹配性。由于荧光粉的转换效率与波长有关，故荧光粉的激发波长必须与所用芯片的发射波长相匹配，这样才能获得较高的光转换效率（一般要求荧光粉转换效率大于95%，$10 \times 10^4$h后光转换效率衰减小于15%）。此外，有研究表明，温度对荧光粉的性能影响很大。随着温度上升，荧光粉量子效率降低，出光减少，辐射波长也会发生变化，从而引起白光LED色温、色度的变化，较高的温度还会加速荧光粉的老化使发光效率降低。

常用荧光粉尺寸在1μm以上，折射率大于或等于1.85，而硅胶的折射率一般在1.5左右。由于两者间折射率的不匹配，以及荧光粉颗粒尺寸远大于光散射极限（30nm），因而在荧光粉颗粒表面存在光散射，降低出光效率。由于硅胶中掺入纳米荧光粉，可使折射率提高到1.8以上，降低光散射，可提高LED出光效率（10%~20%），并能有效改善光色质量。

传统的荧光粉涂覆方式是将荧光粉与灌封胶混合，然后点涂在芯片上，如图8-7(a)所示。由于无法对荧光粉的涂覆厚度和形状进行精确控制，导致出射光色彩不一致，出现偏蓝光或者偏黄光。而基于喷涂方法的保形涂层（conformal coating）技术可实现荧光粉的均匀涂覆，保障光色的均匀性，如图8-7(b)所示。但研究显示，当荧光粉直接涂覆在芯片表面时，由于光散射的存在，出光效率较低。有鉴于此，美国Rensselaer研究所提出一种光子散射萃取方法（scattered photon extraction method，SPE），通过在芯片表面布置一个聚焦透镜，并将含荧光粉的玻璃片置于距芯片一定位置，不仅提高器件可靠性，而且大大提高光效（60%）。基于SPE技术的LED封装结构，如图8-7(c)所示。

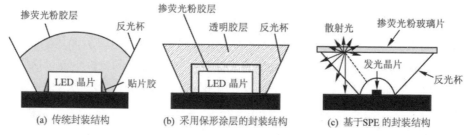

图8-7 大功率白光LED封装结构

LED封装外光学设计是指对出射光束进行会聚、整形，以使光强均匀分布。主要包括反射聚光杯设计（一次光学）和整形透镜设计（二次光学），对子模块而言，还包括芯片矩阵的分布等。

由于 LED 光源发出的光是属于朗伯分布，出射光束发散角大，光强分布不均匀，如果不对光束进行会聚，难以满足照明所需的高亮度要求。实际上许多 LED 应用中都需要对芯片发出的朗伯分布光进行会聚，使之变为高斯分布，并具有特定的发散角。分析表明，具有复合抛物线形状的反光杯的会聚效果最好，可以形成均匀的远场光分布。光束整形一般采用透镜方案，考虑到封装后的集成要求，用于光束整形的透镜必须微型化。微透镜矩阵在光路中可以发挥二维并行的会聚、整形、准直等作用，具有排列精度高，制作方便可靠，易于与其他平面器件耦合等优点，为实现大功率 LED 的光束整形提供了很好的解决方案。研究表明，采用衍射微透镜矩阵取代普通透镜或菲涅尔微透镜，可大大改善光束质量，提高出射光强度[7]，如图 8-8 所示。

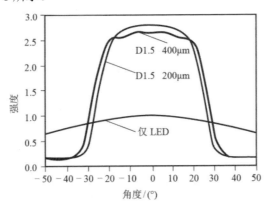

图 8-8  衍射微透镜矩阵对 LED 的光束整形效果

为提高大功率 LED 的光通量，可通过以下方法来实现：

①提高内部量子效率，减少热功率密度，由于技术所限，实现起来有一定难度；

②增加 LED 器件的工作电流，从而提高 LED 器件的电功率，但散热难度增加；

③采用大尺寸芯片或多芯片矩阵。

其中，采用大功率芯片会降低光效，而多芯片矩阵集成虽然受限于价格、空间、电气连接、散热等问题，仍不失为一种行之有效的方法。

当 LED 仅仅作为指示灯或者组合为数码管时，亮度稍微差一点或暗一点并不会有太大的关系，但是以后用到照明或背光源的话，对整个发光亮度的均匀性、显色性、色温、配光曲线、光强的空间分布等都有很高的要求，任一个指标有问题，都会影响到最终照明产品或者显示屏的产品质量。所以在白光 LED 的封装中，光学也是整个 LED 封装里面考虑与设计相当重要的一环。光在面对障碍物时有两种状态，一种是透射，另一种是反射，不管在反射或透射的过程中，都会有一部分光被吸收掉，所以如何在取出过程中尽量降低被吸收的部分，使光的出射达到最高的效率，如何把光混得均匀，如何实现光亮度的柔和，如何优化光的出射角度等，都是封装从业人员要面对和解决的白光 LED 封装中的光学问题。白光 LED 的应用场合有很多种，具体到最终应用的灯具，品种更加繁多。故只能针对不同的应用，进行不同的光学设计。例如手机中照相的闪光灯，照相机的闪光灯对于光的要求是需要在光源出射的一个角度中（通常是 50°），照亮的均匀度要达到一定的要求。比如路灯，其与路面照度的规定中心照度和中心到边缘的照度的差异都有标准。这就要求白光 LED 的设计者要针对不同灯具对光学性能的要求做相应的设计调整。此设计包括单颗 LED 芯片封装为白光 LED 灯的光学设计和白光 LED 灯用于最终产品时候的二次配光设计。白光 LED 相比其他光源，还是有很大的不同，LED 属于点光源，发光点的亮度很高，那么多颗 LED 组成灯具的时候就要考虑到照度的均匀性，以及消除眩光。

## 8.3.2　散热的解决

白光 LED 的应用，特别是大功率芯片甚至超大功率模组的应用，使散热成为使用白光 LED 最大的挑战。对于 LED 而言，输入电能的 80%~90% 转变成为热量（只有 10%~20% 转化为光能），且 LED 芯片面积小，因此，芯片散热是 LED 封装必须解决的关键问题。好的散热系统，可以在同等输入功率下得到较低的工作温度，延长 LED 的使用寿命，或在同样的温度限制范围内，增加输入功率或提高芯片密度，从而增加 LED 灯的亮度。PN 结温是衡量 LED 封装散热性能的一个重要技术指标，由于散热不良导致的 PN 结温升高，将严重影响到发光波长、光强、光效和使用寿命。LED 封装散热设计的重点在于芯片布置、材料选择（键合材料、衬底材料）与工艺、热沉设计等。

对于小功率 LED（如普通的 5 mm LED，其功率仅为 0.065 W），发热问题并不严重，即使热阻较高（一般高于 100℃/W），采用普通的封装结构即可。而半导体照明用的高亮度白光 LED，一般采用大功率 LED 芯片，其输入功率为 1 W 或更高，芯片面积约为 1mm$^2$，因此热流密度高达 100 W/cm$^2$ 甚至更高。此外，对于大功率 LED 封装，为提高光通量，一般采用矩阵模组方式，由于发光芯片的高密度集成，散热衬底上的温度很高，必须采用热导率较高的衬底材料和合适的封装方法，用以降低封装热阻。图 8-9 为一个典型的 LED 封装散热结构。

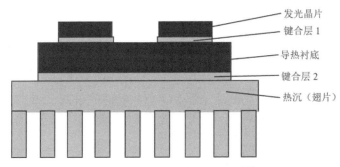

图 8-9　典型的功率型 LED 结构

对于 LED 封装器件而言，热阻主要包括材料（导热衬底和热沉结构）内部热阻和界面热阻。导热衬底的作用就是将芯片产生的热量导出，并传导到热沉上，实现与外界的热交换。常用的导热衬底材料包括硅、金属（如铝，铜）、陶瓷（如 Al$_2$O$_3$，AlN，SiC）和复合材料等。其中，硅和陶瓷材料加工困难、成本高，金属材料的热膨胀系数（CTE）和密度大，均难以满足高密度封装要求。金属基复合材料（如 AlSiC）可以将金属材料（Al）的高导热性和增强体材料（SiC）的低热胀系数结合起来，具有热导率高[大于 200 W/（m·K）]，热膨胀系数（CTE）可调，密度小，强度和硬度高，制造成本低等优点，在微电子、微波电子、光电子等功率型半导体封装中得到广泛应用，并已开始应用于大功率 LED 封装中。

Lamina Ceramics 公司自行研制了低温共烧陶瓷金属衬底（LTCC-M），并开发了相应的 LED 封装技术。该技术首先制备出适于共晶焊的大功率 LED 芯片和相应的陶瓷衬底，然后将 LED 芯片与衬底直接焊接在一起。由于该衬底上集成共晶焊层、静电保护电路、驱动电路及控制补偿电路，不仅结构简单，而且由于材料热导率高，热界面少，大大提高了散热性能，为大功率 LED 矩阵封装提出了解决方案。图 8-10(a)为 LED 封装用低温共烧陶瓷金属衬底。

德国 Curmilk 公司研制的高导热性覆铜陶瓷板，由陶瓷衬底（AlN 或 Al$_2$O$_3$）和导电层（Cu）在高温高压下烧结而成，没有使用黏结剂，因此导热性能好、强度高、绝缘性强，如图 8-10(b)所示。其中氮化铝（AlN）的热导率为 160 W/（m·K），热膨胀系数为 $4.0 \times 10^{-6}$/℃（与硅的热膨胀系数 $3.2 \times 10^{-6}$/℃相当），从而降低了封装热应力。

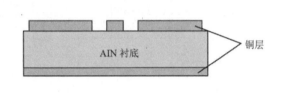

(a) 低温共烧陶瓷金属衬底　　　　　　　(b) 覆铜陶瓷衬底截面

图 8-10　LED 封装陶瓷衬底

研究表明，封装界面对热阻影响也很大，如果不能正确处理界面，就难以获得良好的散热效果。例如，室温下接触良好的界面在高温下可能存在界面间隙，衬底的翘曲也可能会影响键合和局部的导热。改善 LED 封装的关键在于减少界面和界面热阻，增强散热。因此，芯片和散热衬底间的热界面材料（TIM）选择十分重要。LED 封装常用的 TIM 为导电胶和导热胶，由于热导率较低，一般为 0.5~2.5 W/（m·K），致使界面热阻很高。采用低温焊片、焊膏或者内掺纳米颗粒的导电胶作为热界面材料，可大大降低界面热阻。

除选用高热导率导热衬底和热界面材料外，如何将 LED 器件产生的热量有效发散到环境中也是一个关键。常用的热沉结构分为被动和主动散热。被动散热一般选用具有高热导率的翅片，通过翅片和空气间的自然对流将热量发散到环境中。该方案结构简单，可靠性高，但由于自然对流换热系数较低只适合于芯片功率较低（＜10W）、集成度不高的情况。对于大功率 LED 封装，则必须采用主动散热，如翅片加风扇、热管、液体强迫对流、微通道制冷、相变制冷等，根据不同的应用需要选用不同的方案。比如在功率密度不高、成本要求较低的情况下，优先采用翅片加风扇的散热方法。对于成本要求不高、功率密度中等、封装尺寸小的应用，则采用热管比较合适。而对于功率密度较高，要求 LED 器件温度较低的场合，采用液体强迫对流和微通道制冷比较可行。图 8-11(a)为台湾 NeoPac 公司研制的高亮度 LED 灯，采用翅片加热管的主动散热方式。图 8-11(b)为华中科技大学研制的 200W 超大功率 LED 照明模组，采用强制水冷的主动散热方案。

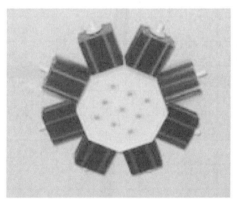 

(a) 台湾 NeoPac 公司研制的高亮度 LED灯　　　(b) 华中科技大学研制的 200W 超大功率 LED 照明模组

**图 8-11　大功率 LED 光源**

## 8.3.3　硅胶材料对于光学设计和热管理的重要性

业界都认同硅胶材料在白光 LED 封装中对于光学设计的重要性。硅胶材料的热稳定性也是 LED 封装热处理很好的材料性能。硅胶有很多种类，折射率、透光率是光学设计要考虑的参数。硅胶的黏度、固化条件就是封装工艺需要考虑的。由于 GaN 的折射率很高，所以需要用折射率相对较高的硅胶跟荧光粉混合，来提高 GaN 这个界面的透光率。透镜组装以后，就需要用折射率较小的硅胶填充到透镜下面，把空气赶走，减小界面的损失。

表 8-1 总结应用于 LED 芯片封装用的硅胶的相关参数，封装从业人员可以根据用途来选用不同折射率的硅胶。相近折射率的硅胶，其固化条件也有很大的不同，给不同的封装从业人员以选择的空间。

表 8-1　应用于 LED 芯片封装用的硅胶的相关参数对比

| 系列 | 元件 | 固化类型 | 特性 | 外观 | 黏度 (A) /Pa·s | 黏度 (B) /Pa·s | 混合比 (A:B) | 黏度 (混合) @23℃ /Pa·s | 折射率 ($n_D^{25}$) | 固化条件 |
|------|------|---------|------|------|------|------|------|------|------|------|
| 9022 | 2Part | 热固化 | 橡胶 | 透明 | — | | 9:01 | — | 1.41 | 120℃/0.5h |
| T900 | 2Part | 热固化 | 橡胶 | 透明 | 2.5 | 7.5 | 1:01 | 3.8 | 1.54 | 120℃/0.5h |
| NR7907 | 2Part | 热固化 | 橡胶 | 透明 | 2.5 | 7.5 | 1:01 | 3.8 | 1.54 | 130℃/2h |
| NR7921 | 2Part | 热固化 | 橡胶 | 透明 | 1 | 1.3 | 1:01 | 1.2 | 1.41 | 80℃/0.5h |
| NR7946 | 2Part | 热固化 | 橡胶 | 透明 | 1.1 | 2.2 | 1:01 | 1.8 | 1.41 | 80℃/0.5h |
| DSJCR6175 | 2Part | 热固化 | 橡胶 | 透明 | 12 | 2.5 | 1:01 | 5.5 | 1.53 | 150℃/1h |
| DSOE6336 | 2Part | 热固化 | 橡胶 | 透明 | 0.9 | 2.1 | 1:01 | 1.5 | 1.41 | 150℃/1h |
| DSQ14939 | 2Part | 热固化 | 橡胶 | 透明 | — | — | 1:01 | 4.9~5.8 | 1.41 | 150℃/2h |
| GEIVS4632 | 2Part | 热固化 | 橡胶 | 透明 | 7.5 | 1.4 | 1:01 | 3.2 | 1.41 | 150℃/1h |
| GEIVS5022 | 2Part | 热固化 | 凝胶 | 透明 | 2.4 | 2 | 1:01 | 2.2 | 1.51 | 150℃/1h |
| GEIVS4542 | 2Part | 热固化 | 橡胶 | 透明 | 5.7 | 3.2 | 1:01 | 3.8 | 1.41 | 150℃/1h |
| GEIVS5332 | 2Part | 热固化 | 橡胶 | 透明 | 5.6 | 2 | 1:01 | 3.3 | 1.53 | 150℃/1h |
| GEIVSM4500 | 2Part | 热固化 | 树脂 | 透明 | 350 | 50 | 1:01 | 30 | 1.42 | 150℃/1h |
| GEXE13-C0810 | 1Part | 热固化 | 橡胶 | 透明 | — | | | 14 | 1.41 | 150℃/1h |

选用硅胶代替环氧树脂是解决环氧的耐热性问题、热失配问题的关键，对白光 LED 封装热管理有重要贡献。热管理的最终目的，就是降低整个封装的热阻，那么封装从业人员除对封装热管理的改进，还可以尽量选择热阻低的芯片，有利于降低整个封装的热阻。GaN 基的 LED 芯片常用的是蓝宝石衬底，而蓝宝石是一个非常不好的热导体，热导率只有 20 W/（m·K）左右而已。当然科锐（Cree）公司也提供高导热材料（SiC）为衬底的芯片，但是目前主流的蓝光还是以蓝宝石为衬底。传统的正装 LED 芯片的散热要通过蓝宝石这一层，才能传导到支架上，然后通过散热片散热，而蓝宝石的热阻就成为芯片向外导热的一个瓶颈。相比于正

装芯片，倒装芯片和垂直结构芯片都能很好地解决散热问题。表 8-2 显示三种不同结构芯片的热阻数据。

表 8-2 三种不同结构芯片的热阻数据

| 项目 | 图片 | 主要参数 | 热阻/（℃/W） |
|---|---|---|---|
| 正装芯片 | 蓝宝石 | 蓝宝石厚度 85μm | 4.25 |
| 金凸点倒装芯片 | Si | 硅片厚度 250μm | 1.17 |
| 激光剥离垂直结构芯片 | Cu | 铜衬底厚度 300μm | 1.00 |

对比正装芯片、倒装芯片、垂直结构芯片的热阻，很明显正装芯片的热阻是倒装芯片的 3.6 倍，是垂直芯片的 4 倍，所以正装芯片在发展大功率 LED 方面还是有其结构上的局限。单纯从芯片的热阻来看，倒装结构芯片和垂直结构芯片的热阻更低，更有利于发展大功率的 LED 模组。倒装结构芯片虽然比垂直结构芯片的热阻略高一点，但是从后段封装的角度看，在金线键合的环节，倒装结构芯片不受金线键合过程的冲击，也不会产生潜在的损坏。垂直结构芯片虽然只要打一根金线，但是还是存在金线键合过程损坏芯片的可能。后面详细介绍了在形成超大功率 LED 模组时，正装结构芯片、倒装结构芯片以及垂直结构芯片的对比。

对于封装从业人员，芯片的热阻已经无法选择和改变，其能做的就是选用合适的封装材料，尽量降低整个封装的热阻，尽快地把芯片产生的热传导并发散到环境中去，保证芯片的正常工作。对散热的处理，封装从业人员还需要给最终的应用厂商以解决散热的方案，目前的做法基本是通过热学模拟的方式，对封装后的 LED

的热沉（heat sink）的表面积、鳍片形状、材料等做出一个解决的方案给应用厂商，应用厂商根据这个方案应用到最后的产品中，才能保证整个散热环节的解决。

以上主要就白光 LED 封装相关的光学、热学、电学等方面对白光 LED 封装面临的问题和挑战做综述，相信随着技术与材料的进步，这些问题将被一一克服，使白光 LED 真正发挥它的优势，应用到更多场合。

 8.4  白光 LED 的封装流程及封装形式

这一部分将详细讲述白光 LED 的封装流程，包括传统的直插式白光 LED 和功率型白光 LED 的对比，以及在封装流程上的区别。另外对于白光 LED 的封装形式也做了比较详细的解析。

## 8.4.1  直插式小功率草帽型白光 LED 的封装流程

（1）清洗  采用超声波清洗 PCB 板或者 LED 支架，并烘干。

（2）固晶胶的涂覆  用以固定芯片的银胶可以用点胶的方式点到支架里面，也可以用背胶的方式涂覆在芯片的背面。目前对于小尺寸的芯片，用背胶的方式更多，可以用背胶机实现，对于大功率的 LED 芯片的固晶用胶，还是用点胶的方式更多。

（3）固晶  固晶就是把 LED 芯片固定于支架内。手动的方式多数选择在 LED 芯片背面涂覆固晶胶，然后再对 LED 的蓝膜进行扩张，将扩张后的芯片安置在刺晶台上，在显微镜下用刺晶笔将管芯一个一个安装在 PCB 或 LED 支架相应的焊盘上。如果用自动机台，即为固晶机，先在支架内点银胶，然后用机械手臂把一个个芯片从蓝膜上抓起来，放在支架内的银胶上。手动和自动的固晶，最后都需要将支架整个放入炉内烘烤使银胶烧结。

（4）焊线  用铝丝或金丝焊机将 LED 芯片的电极连接到 LED 管芯上，以作电流注入的引线。通常用金线作为连接引线，金线直径从 0.8 mil 到 2 mil 不等。

（5）点粉  把事先按照配比配好的荧光粉和胶体的混合物，通过点胶机精确控制出胶的量，点到芯片的表面。小功率的芯片，荧光粉一般用环氧树脂混合，对于大功率芯片，荧光粉就需要跟高温性能好的硅胶进行混合。

（6）灌胶封装　直插式草帽型 LED 的封装采用灌封的形式。灌封的过程是先在 LED 成型模腔内注入液态环氧树脂，然后插入压焊好的 LED 支架，放入烘箱让环氧树脂固化后，将 LED 从模腔中脱出即成型。

（7）固化与后固化　固化是指封装环氧的固化，一般环氧固化条件在 135℃，1h。模压封装一般在 150℃，4min。后固化是为了让环氧充分固化，同时对 LED 进行热老化。后固化对于提高环氧与支架（PCB）的粘接强度非常重要。一般条件为 120℃，4h。

（8）切脚　由于 LED 在生产中直插的支架是连在一起的，直插式 LED 封装完成后，需要切脚分开成为单个的 LED 白灯，才可以点测和最后使用。

（9）分光分色　白光封装完成的 LED 需要分光分色才能交付给客户使用。分光分色机测试 LED 的光电参数、检验外形尺寸，同时根据客户要求对 LED 产品进行分拣。分拣的条件包括电学的和光学的性能指标，产品不能有漏电，另外根据驱动电压、亮度、色温（色温也可以用色坐标 $x$，$y$ 的值来做分拣的标准）等分成不同的等级，满足不同客户的需求。

（10）包装　将成品进行计数包装，包装袋要能防静电，避免出现在存储、运送途中被静电击穿造成漏电而不能使用的情况。

## 8.4.2　功率型白光 LED 的封装流程

相比上述直插式 LED，功率型的 LED 封装流程也很类似，但是大功率芯片封装的细节上又有区别，下面只是就有区别的步骤进行详细说明。

（1）固晶　目前大功率芯片的固晶方法，主要使用两种方式，一个是用高导热的银胶来粘接晶片与支架，先在封装支架内点好固晶胶，然后把芯片放置于固晶胶上，再烘烤烧结。除了银胶固晶，还有一种芯片可以用回流焊的方式，成为共晶焊。比如 Cree 的芯片背面就有几微米厚的金-锡合金，该合金可以在镀金的支架表面，在温度达到一定的回流条件的时候，金-锡合金熔化，同支架表面浸润，然后降温，合金再次固化，芯片就固定于支架的表面了。这样的方式可以实现批量化生产，并且合金的热导率比树脂基固晶胶的热导率高，大大降低了封装的热阻。当然，这需要芯片供货商提供的芯片可以做回流固晶，还需要封装从业人员有可以做回流焊接的设备才能实现。

（2）点粉　大功率芯片的应用场合通常是中高端的产品，所以对于白光封装的一致性的控制要求更高。大功率的荧光粉点粉技术跟小功率的封装有差异。首先是荧光粉的混合胶体，功率型 LED 的封装采用耐热性、透光性更好的硅胶来混合。其次是点粉，大功率的芯片要考虑到封装后白光的均匀性，要考虑芯片的侧面发出的光，所以侧壁也要粉体的涂覆，来消除蓝圈等不均匀的现象。另外，从折射率的匹配以及功率型荧光粉的耐热性考虑，也有厂商采取在芯片表面先涂覆透明硅胶一层，固化后再涂覆荧光粉同硅胶的混合体，来达到更好的出光效率，以减少因为芯片发热对荧光粉造成的激发效率下降的影响。

（3）组装透镜　这同直插式小功率 LED 白光灯有很大的不同。大功率 LED 白灯的出射角度和光的空间分布通过组装的透镜来调节，而直插式 LED 白灯是通过环氧树脂灌封的模具来实现，透镜是事先做好，与其支架有相应的配合，在点粉后装配上去的。随着技术的发展，利用硅胶直接透镜成型的工艺也在逐渐取代组装的 PC 透镜。

（4）硅胶的填充　此方法就是大功率 LED 封装所独有的。透镜装配到支架上以后，透镜跟荧光粉之间有空隙，因为空气的折射率很低，这个空隙在出光上面形成了两个对出光效率很不利的界面。如果用折射率适当的硅胶填充其间，就会大大提高出光效率。

（5）硅胶的固化　固化时间、固化温度等条件也取决于材料的特性，这和直插式的封装类似。

（6）焊接散热板　大功率 LED 的散热是一个重点问题，所以如果给终端客户使用，就需要支架同散热片之间实现电的连接和热的导通。在封装好的 LED 支架下面涂覆导热脂，然后紧压于散热片上面，把支架的正负极焊接于散热片对应的正负极上面。

（7）成品的分光分色、包装出货等　类似直插式的 LED 灯具，只不过机台的工模夹具需要配合大功率 LED 封装外形的变化。

以上列举大功率 LED 芯片的白光封装同直插式小功率的白光 LED 封装工艺

上的区别，就目前的封装产业现状来说，还是存在封装形式多样，自动化机台的支持率比较低的情况。当然这个问题会随着技术的发展和功率型 LED 的大规模应用和产业的逐渐标准化得到解决。

##  8.5　白光 LED 封装类型

白光 LED 从封装类型上分为好多种，最传统的就是直插式，也是目前产出量和用量最大的，虽然其他的各种封装形式也在不停地出新，但是最传统的直插式也没有"推陈"，还在被大量地运用着。其他的封装还包括点阵式、数码管式、表面贴装式等。大功率 LED 的封装主要为表面贴装式，但是由于大功率 LED 的封装处理比较特别，在此单独归为一类。

### 8.5.1　引脚式封装

LED 引脚式封装采用引线架作各种封装外形的引脚，是最先研发成功投放市场的封装结构，品种数量繁多，技术成熟度较高，封装内结构与反射层仍在不断改进。标准 LED 被大多数客户认为是目前显示行业中最方便、最经济的，典型的传统 LED 安置在能承受 0.1W 输入功率的封装内，其 90% 的热量是由负极的引脚架散发至 PCB 板，再发散到空气中。如何降低工作时 PN 结的温升是封装与应用必须考虑的。封装材料多采用高温固化环氧树脂，其透光性能优良，方法适应性好，产品可靠性高，可做成有色透明或无色透明和有色散射或无色散射的透镜封装。不同的透镜形状构成多种外形及尺寸，例如，圆形透镜分为 $\phi$2mm、$\phi$3mm、$\phi$4mm、$\phi$5mm 等数种，引脚可弯曲成所需形状。随着支架材料、支架形状以及封装材料的进一步改进，直插式也可以用来封装功率高达 0.3W 的高亮度白光，圆形透镜也可达到 $\phi$8mm、$\phi$10mm（如图 8-12 所示）。从目前来看，这个功率已经是直插式 LED 的功率极限，从业人员通过加粗引脚，甚至在引脚上加散热的鳍片以增大散热面积来保证所产生热量的及时发散。目前直插式可以有很多种封装外形及尺寸，供客户选用。

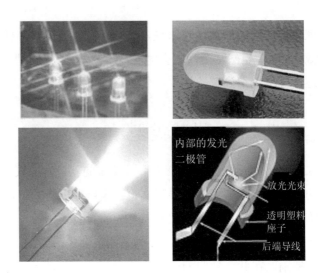

内部的发光
二极管

放光光束

透明塑料
座子

后端导线

**图 8-12　直插式白光 LED**

## 8.5.2　数码管式的封装

　　这种封装就是把 LED 封装到数码管或米字管、符号管、矩阵管组成各种多位产品的支架内，配合特别的驱动电路，来实现数字图案的变化，达到简单的显示功能。白光的封装除了多一步点荧光粉的制程外，其他方法跟别的颜色的数码管的封装是类似的。以数码管为例，有反射罩式、单片集成式、单条七段式等三种封装结构，连接方式有共阳极和共阴极两种，一位的就是通常说的数码管，两位以上的一般称作显示器。反射罩式具有字型大、用料省、组装灵活的混合封装特点，一般用白色塑料制作成带反射腔的七段形外壳，将单个 LED 管芯粘接在与反射罩的七个反射腔互相对应的 PCB 板上，每个反射腔底部的中心位置是管芯形成的发光区，用压焊方法键合引线，在反射罩内滴入环氧树脂，与粘好管芯的 PCB板对应黏合，然后固化即成。反射罩式又分为空封和实封两种，前者采用散射剂与染料的环氧树脂，多用于单位、双位器件；后者上盖滤色片与匀光膜，并在管芯与底板上涂透明绝缘胶，提高出光效率，一般用于四位以上的数字显示。单片集成式是在发光材料芯片上制作大量七段数码显示器图形管芯，然后划片分割成单片图形管芯，粘接、压焊、封装带透镜（俗称鱼眼透镜）的外壳。单条七段式将已制作好的大面积 LED 芯片，划割成内含一只或多只管芯的发光条，如此同样的七条粘接在数码字形的可伐架上，经压焊、环氧树脂封装构成。目前用小尺寸的白光实现封装于矩阵式的支架内（图 8-13），并将多只白光 LED 设计组装成对光通量要求不高，以局部装饰作用为主，追求新潮的电光源。这也发展成一类稳定地发白光的产品，而且每年的产量以数亿只计。

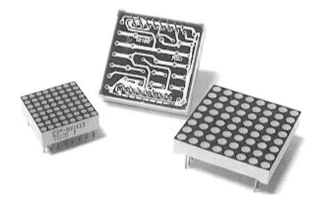

图 8-13　矩阵式 LED 模组（矩阵管）

## 8.5.3　表面贴装封装

从 2002 年起，表面贴装封装（surface mount device,SMD）的 LED 封装形式，逐渐被市场所接受，并获得一定的市场份额，从引脚式封装转向 SMD 符合整个电子行业发展的大趋势，很多生产厂商推出此类产品。早期的 SMD LED 大多采用带透明塑料体的 SOT-23 改进型，外形尺寸为 3.04 mm×1.11 mm，卷盘式容器编带包装。在 SOT-23 基础上，研发出带透镜的高亮度 SMD 的 SLM-125 系列，SLM-245 系列 LED，前者为单色发光，后者为双色或三色发光。近些年，SMD LED 成为一个发展热点，很好地解决了亮度、视角、平整度、可靠性、一致性等问题，采用更轻的 PCB 板和反射层材料，在显示反射层需要填充的环氧树脂更少，并去除较重的碳钢材料引脚，通过缩小尺寸，降低质量，可轻易地将产品质量减轻一半，最终使应用更趋完美。单色的表面贴装 LED，尤其适合室内，半户外全彩显示屏应用。白色的 SMD LED 逐渐成为电子产品背光源的主力军，手机的迅猛发展和近几年小尺寸（10in 以下）的液晶显示的迅猛发展，也大大带动了作为 LED 背光模块重要组成部分[图 8-14(a)]的白光 SMD LED，得到长足发展。

(a) 白光SMD LED作为LED背光模块的重要组成部分

(b) 小功率SMD芯片的封装

(c) 大功率SMD芯片的封装

图 8-14　表面贴装封装 LED

SMD LED 封装支架后面的焊盘是实现 LED 同 PCB 电路连接的电极，也是其散热的重要通道。而且 SMD 支架也有很多选择，小功率芯片的封装，可以用 PPA 等塑料材料，用注塑成型来大大降低支架的成本，也可以选用陶瓷等高导热材料，满足大功率芯片封装对低热阻的要求。所以 SMD 的封装形式既可以用于小功率芯片的封装[图 8-14(b)]，也可以实现大功率的封装[图 8-14(c)]。

## 8.5.4　功率型封装

LED 芯片及封装向大功率方向发展，在大电流下产生比 $\phi$5mm LED 大 10~20 倍的光通量，必须采用有效的散热与较好的封装材料来解决光衰问题，因此，支架的选材和设计，以及其他封装材料方法也是其关键技术，能承受数瓦功率的 LED 封装已出现。从 2003 年开始，1W 以上的封装已经由 Lumileds 公司供货，到后来 3W、5W、10W、数十瓦、上百瓦的 LED 光源也陆续制作出来，并开始应用到一些特种光源、公共照明等场合。

Lumileds 公司开发的 Luxeon 系列功率型 LED 是将 A1GaLnN 功率型倒装管芯倒装焊接在具有焊料凸点的硅载体上，然后把完成倒装焊接的硅载体装入热沉与管壳中，键合引线进行封装。这种封装对于出光效率，散热性能，加大工作电流密度的设计都是最佳的。其主要特点：热阻低，一般仅为 14℃/W，只有常规 LED 的 1/10；可靠性高，封装内部填充稳定的柔性胶凝体，在-40~120℃ 范围，不会因温度骤变产生内应力，使金丝与引线框架断开，并防止环氧树脂透镜变黄，引线框架也不会因氧化而玷污；反射杯和透镜的最佳设计使辐射图样可控和光学效率最高。另外，其输出光功率、外部量子效率等性能优异，将 LED 固体光源发展到一个新水平。Lumileds 公司于 2003 年推出的 Luxeon 系列的封装[图 8-15(a)]，也成为 LED 终端用户的一个标准，特别是 Luxeon 六角形的散热片，很多最开始应用 W 级 LED 灯的厂家就以 Luxeon 为基础，开发配套的模具。后来从事大功率 LED 封装的从业人员，不得不先模仿 Luxeon 的外形，来配合灯具厂商的模具要求。当然外形只是一个部分，每家大型的封装企业，都有自己核心的大功率芯片的封装专利技术才可以在业界占有一席之地。作为 LED 业界的先锋，Lumileds 公司陆续开发了 Luxeon K2[图 8-15(b)]，还推出 Rebel[图 8-15(c)]的封装形式，做到外形体积最小的功率型 LED。外形只有 3 mm×4.5 mm，350 mA 使用，可以达到 70 lm/W，使用电流可以用到 1 A，在高电流的情况工作，可以达到单颗 LED 输出高达 160 lm 的光通量。

图 8-15　Lumileds 的 Luxeon I，K2，Rebel 的封装

德国欧司朗光电半导体（OSRAM Opto Semiconductors GmbH）于 2007 年 3 月开发出单个可发出 1000 lm 以上光通量的白色发光二极管（LED）"OSTAR Lighting"（图 8-16）。作为单个 LED 发出的光通量，这一数值为业界最大，比耗电量 50 W 级的卤素灯（halogen lamp）更亮。这个高亮度的 6 颗 LED 组成矩阵的 OSTAR，可以用于小型投影仪的光引擎，也可用作普通照明器具等。OSTAR 的 LED 封装内配备有 6 个 1 mm$^2$ 大小的高功率 LED 芯片，用来提高亮度。使用配备有辐射角（radiation angle）为 38° 的反光镜的灯型，从 2 m 的高度向下照射时，可获得 500 lx 的照度。工作电流为 350 mA 时，发光效率为 75 lm/W，整个模组可以发出近 500 lm 的光，当电流提高到 1 A 时，整个模组消耗 20 W 的电能，效率下降至 50 lm/W，可以发出 1000 lm 的光。OSTAR 的出现，为多芯片的集成，实现千流明以上的单个白光 LED 模组的光通量，也为多芯片模组的发展开了先河。

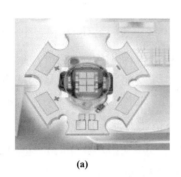

(a)                                                    (b)

图 8-16    欧司朗公司开发的 OSTAR 超高亮度模组，可以达到 1000 lm

Norlux 系列功率 LED 的封装结构为六角形铝板作底座（使其不导电）的多芯片组合，底座直径 31.75 mm，发光区位于其中心部位，直径约（0.375×25.4）mm，可容纳 40 只 LED 管芯、铝板同时作为热沉。管芯的键合引线通过底座上制作的两个接触点与正、负极连接，根据所需输出光功率的大小来确定底座上排列管芯的数目，可组合封装超高亮度的 AlGaInN 和 AlGaInP 管芯，其发射光分别为单色、彩色或合成的白色（图 8-17），最后用高折射率的材料按光学设计形状进行封装。这种封装采用常规管芯高密度组合封装，取光效率高，热阻低，较好地保护管芯与键合引线，在大电流下有较高的光输出功率，也是一种有发展前景的 LED 固态光源。

图 8-17    Norlux 公司开发的大功率芯片矩阵模组光源

在应用中，可将已封装产品组装在一个带有铝夹层的金属芯 PCB 板上，形成高功率密度 LED，PCB 板作为器件与电极连接的布线，铝芯夹层则可作热沉使用，获得较高的发光通量和电光转换效率。此外封装好的 SMD LED 体积很小，其可灵活地组合而构成模组型、导光板型、聚光型、反射型等各种形状、规格的照明光源。

以上就概括白光 LED 的几种封装形式，并就高亮度、高功率 LED 的封装形式，列举了几个公司的封装产品。相信随着封装技术的不断提高，相关的材料性能的日益改进，更高效、更小与更亮的 LED 将会越来越多地被制造出来。

## 8.6　超大功率大模组的解决方案

随着固态照明的快速发展，对大功率、高亮度 LED 的市场需求越来越大。这种需求包括隧道灯，矿业用的坑道灯，车用的前大灯，投影仪的光源等。这些灯具市场需求的迅速增长，也促进了大功率、高亮度 LED 光源的迅猛发展。另外，中国政府对 LED 路灯的政策性支持，也大大加快了大功率、高亮度 LED 光源的开发和应用。

由于单颗芯片的功率和亮度有限，常规用的量产芯片为 40 mil，达到 80 lm 已经属较高者。如果单纯加大单颗芯片的尺寸，就带来芯片制造成品合格率下降和单颗芯片的产热过高、散热更加困难等问题。在这样的技术背景下，用多颗芯片串并联而成的大功率模组应运而生，LED 的封装用户通常是用标准的 40 mil 芯片为单元，进行串并联的组合。下面对用正装芯片、单电极芯片和倒装芯片实现模组的技术层面的优缺点进行了比较。

### 8.6.1　传统正装芯片实现的模组

用传统芯片实现多芯片模组（图 8-18），需要把单颗芯片固晶排列成矩阵形状，然后把芯片的正负焊盘用金线键合的方式做串并联连接，形成一个芯片的矩阵模组，然后再通过金线键合同封装支架的正负极相连，实现电路的导通。芯片可以用银胶固晶，芯片有背金，也可以用共晶的方式实现固晶。

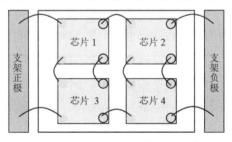

图 8-18　用传统芯片实现的多芯片模组

## 8.6.2 用单电极芯片实现的模组

单电极芯片，如 Cree 用 SiC 为衬底的芯片和旭明的薄 GaN 芯片，都是垂直电极结构，一个电极在上，一个电极在下面。这样的芯片在实现芯片间串并联时，需要承载芯片的支架上面有对应的电路，如图 8-19(a)所示。用以做模组的支架内要有一层电路，图 8-19 (b)中的四个芯片固晶之后，芯片之间的串并联要通过金线键合实现多芯片模组[图 8-19(b)]。芯片可以用银胶固晶，如果芯片有背金，也可以用共晶的方式实现固晶。当然对于单电极的芯片，采用共晶的方式能把芯片低热阻的优势发挥出来。

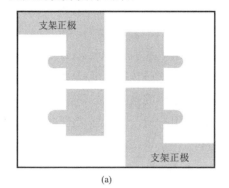
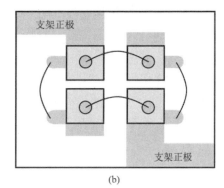

图 8-19　用垂直结构的 LED 芯片实现串并联模组用支架及组装后模组

## 8.6.3 用倒装焊接方法实现的模组

除用正装芯片和单电极芯片拼成的矩阵模组，还可以用倒装焊接的方法来实现 LED 芯片模组。如图 8-20 所示是用倒装焊接方法实现的模组，LED 芯片的矩阵倒装于衬底上面，衬底的材料可以是硅、陶瓷、金属基 PCB 等材料。为说明方便，以常规的硅衬底为例。硅衬底上面已经做好电路，芯片通过金属凸点跟衬底经过倒装焊接之后就实现了串并联连接，承载芯片的硅衬底成为一个完整的模组，引线用焊盘，也在硅衬底上。整个模组在使用时，只需要一次固晶，固晶后用金线连接硅衬底和支架对应的焊盘，就可以使用了。在固晶和联机过程中，芯片不会受到任何的损伤，模组的封装合格率也非常高。

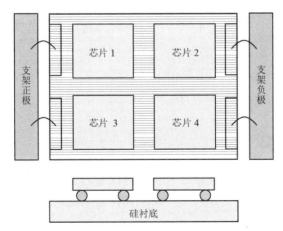

图 8-20　用倒装方法实现的多芯片模组

　　用倒装方法实现的模组同用正装芯片、垂直芯片封装的模组的区别，集中表现在封装合格率的提升、热阻的降低、封装流程的简化以及长期可靠性的提高四个方面。目前，香港微晶先进封装技术有限公司可以根据客户的需求来设计模组、单元芯片的尺寸、芯片的排布方式、模组的大小、模组底板的尺寸以及芯片之间的串并联连接方式[8]。

## 8.6.4　封装合格率的提升

　　用正装芯片和单电极芯片来组装模组都需要单颗芯片固晶，固晶之后再用金线键合方式来实现串并联电路连接。金线键合最大的问题是金线键合对芯片的损伤。金线键合的第一点同普通的单芯片封装没有区别，金线烧球同芯片焊盘连接，是一个热超声的过程，当用金线连接到第二颗芯片的焊盘时，就需要很大的力量把金线压断，所以金线键合过程中第二点的键合对芯片的冲击力量很大。这个过程会造成芯片的碎裂而使整个模组报废。即使芯片当时没有碎裂，这样大的冲击力量也会造成微细的裂纹，微细裂纹会在使用过程中扩展，大大降低整个模组的可靠性和整个光源的使用寿命。

　　同用正装芯片和单电极芯片组装的模组相比，倒装方法将一个个芯片通过热超声（TS bonding）的方式焊接于衬底对应的位置上，形成芯片之间串并相连的模组。用该方法实现的模组可作为一个整体芯片使用，只需要一次固晶，也省略了金线键合的动作，这个省略不仅仅是方法的简化，更重要的是不再对芯片有任何的冲击力量，就不存在上述两种实现方式中的芯片被破坏的可能，也大大提高了模组的整体合格率和使用可靠性。

## 8.6.5 散热的优势

目前模组的制作还是以正装芯片拼接为模组为主流。相比正装模组，倒装模组在芯片级的热阻上有很大的优势。散热的优势在大功率模组的使用中，更加凸显。传统正装的芯片 GaN 面向上，光从 GaN 一侧透出，芯片产生的热向下通过蓝宝石导出。GaN 下面有约 85 μm 厚的蓝宝石，蓝宝石的热导率为 24 W/(m·K)。而倒装芯片产生的光是从蓝宝石一侧透射出来，芯片产生的热向下通过金属凸点、硅衬底导出。金属凸点的材料是金，热导率很高，而硅的热导率为 147 W/(m·K)。参考表 8-2 中正装芯片同倒装芯片的热阻的对比，倒装芯片的热阻是正装芯片的 1/3~1/4。

## 8.6.6 封装流程的简化

同正装芯片、单电极芯片拼成的模组相比，用倒装技术实现的模组大大简化封装流程。

首先是固晶工序，单颗芯片需要单独固晶，固晶次数取决于组成模组的芯片数目。而对于倒装模组，整个模组只需要一次固晶就完成了。

其次是金线键合方法的大大简化。倒装模组不需要在芯片之间用金线键合连接，只需要把模组制作在硅衬底上面的正负焊盘，同支架的正负焊盘分别用金线连接就可以实现，而且在这里金线键合过程对芯片没有任何的影响。

后面的方法就是荧光粉的涂覆，倒装模组的芯片表面没有金线，胶层的涂覆和固化就不会有是否会拉断芯片表面的金线等顾虑。这一点也是倒装模组的一个优势，可以简化胶材涂覆与固化方法，扩大封装材料选择范围。

## 8.6.7　长期使用可靠性的提高

倒装模组的长期使用可靠性从三个方面体现，第一个方面是热阻的降低，让模组的热阻不成为散热的瓶颈。第二个方面是倒装模组彻底消除金线键合对芯片造成的碎裂损坏及微细裂纹等潜在的隐患。第三个方面是电性能匹配对可靠性的贡献。用正装或者单电极芯片拼装模组，还存在电性能匹配的问题，目前业界对芯片的分拣还是多注重波长、亮度、漏电，电压参数的分拣就没有很细。但是由于 LED 的 $I$-$V$ 特性，模组对组成芯片的电性能匹配要求很高，如果正向电压不能在一定范围内匹配，就会导致并联连接的芯片中部分芯片的电流不足，部分芯片的电流超高等现象，这样长期使用后，超载的部分芯片会过早衰减，并造成整个模组的失效，因此使用寿命会大大低于设计值。倒装模组可以在事先对芯片进行分拣，保证正向电压在 ±0.05V 范围内的芯片才会组装到一个模组内。这样的匹配条件，保证了模组的每个芯片上面的电压电流在很小的可承受的范围内变动，从而保证了整个模组的可靠性和使用寿命。

无论利用正装芯片连接而成的模组还是倒装的模组，固晶联机后的荧光粉封装、胶材的涂覆，跟单粒芯片的封装无异。只是由于模组的发热量大，整个模组的散热设计是关键。在散热问题上，各个公司有不同的专利技术来实现，从高导热材料的选用，到对流散热的设计等方面来保证及时有效地把模组产生的热导走发散掉，在这里不再一一详述。

## ● 结　语

随着世界各国对固态照明的重视和投入，以及全人类对绿色、环保能源利用的推动，白光 LED 必将越来越多地应用于照明，走进我们的生活，替代传统的灯具，照亮我们的生活。

# 参考文献

[1] 刘如熹，王健源编著. 白光发光二极管制作技术. 台北：全华科技图书股份有限公司，2001.

[2] http://www.dayeeled.com/

[3] Kim J K, Luo H, Schubert E F, Cho J, Sone C, Pank Y. JP-N J Appl Phys,2005, 44:649.

[4] Lee Y J, Hwang J M, Hsu T C, Hsieh M H, Jou M J, Lee B J, Lu T C, Kuo H C, Wang S C. Photonics Technology Lett IEEE ,2006,18:1152.

[5] 刘如熹，刘宇恒编著. 发光二极管用氧氮荧光粉介绍. 台北：全华科技图书股份有限公司，2003.

[6] 马红霞，钱可元，韩彦军，罗毅，等. 半导体光电，2007.

[7] 陈明祥，罗小兵，马泽涛，刘胜，等. 半导体光电，2006.

[8] 中国发明专利：ZL031424163 及 2006101406304.

# 第 9 章

## 高功率发光二极管封装技术及应用

**9.1** 高功率 LED 封装技术现况及应用

**9.2** 高功率 LED 光学封装技术探析

**9.3** 高功率 LED 散热封装技术探析

#  9.1  高功率 LED 封装技术现况及应用

随着 InGaN LED 的诞生，以及 LED 亮度的不断提升，发光二极管的应用也随之多样化，从早期的指示灯、交通信号灯到目前手机与液晶电视的背光源、车用光源与照明市场，可以说 LED 产业的版图正在日益扩大。随着应用领域的多样化，LED 封装技术主要朝两个方向发展，一个是 LED 微型化，主要应用在手机、照相机与笔记本电脑等产品上；另一个是 LED 高功率大面积化，主要应用在包括液晶电视背光源、投影机光源、车用头灯、建筑及室内外照明等领域。无论是 LED 微型化或 LED 高功率大面积化，如何改善 LED 芯片的发光效率以提升亮度是共同的课题。要增加 LED 的亮度可以从两方面着手，一方面是提高 LED 的发光效率，另一方面是提高输入功率。要提高 LED 的发光效率，就要提升 LED 芯片的内外部量子效率与封装器件的出光效率。这些效率的提升可以借由 LED 芯片与封装器件的设计改善来达成。若是要借由高输入功率来达到高亮度输出，则必须要解决 LED 器件的散热问题。

LED 常被称为冷光源，是指可见光 LED 不含红外线辐射，所以才被称为冷光源。事实上，目前 LED 也是一种发热的发光器件。以白炽灯泡为例，在 100 W 的输出功率下，约有12%能量转换成热，83%转换成红外线辐射(infrared radiation），仅有 5%转换成可见光。所以，一般人觉得白炽灯泡较热是大量的红外线辐射造成灯泡周围发热所致。相较之下，对于 LED 光源而言，约有 20%可转换成可见光，其余 80%全部转换成热，若直接接触发光的 LED 封装件，也会感觉到明显的热源存在，尤其是 LED 功率越高，产生的热也越多。一般 LED 的封装模组结构如图 9-1 所示，包括 LED 芯片、封装体、电路板与外加的散热系统。欲使整个 LED 模组有好的散热途径，必须从芯片、封装器件、电路板与散热系统以及它们之间的连接界面同时设计处理。

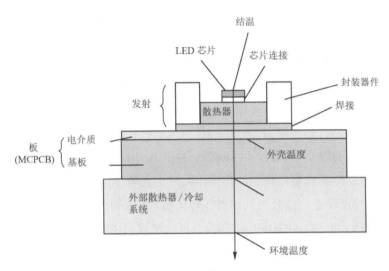

图 9-1　LED 的封装模组结构（LEDs Magzine.com）

## 9.1.1　单颗 LED 芯片的封装器件产品

目前单颗 LED 芯片的封装器件多数是以 Lumileds、OSRAM Opto Semiconductor、Cree Semiconductor 和 Nichia 等几家国际大型企业的设计为标杆，其基本封装方式差异性不大，多数都是通过共晶（eutectic）、焊接（solder）或黏着剂（adhesive）将 LED 芯片固定在散热的衬底上，然后在芯片上方涂布封装胶材，并可再覆盖一个透镜。所以固晶材料、散热的衬底与封装胶材的选择，结合界面的平整度都会影响到整个封装器件的散热效果。当结合界面不平整而无法紧密契合时，会严重阻碍到热的传递，通常可以借由选择流动性较好的固晶材料来填补之间的空隙，合适的固晶材料特性应该包括高导热性、高热稳定性、低热膨胀系数与适当的流动性。而散热的衬底则以金属材料和陶瓷材料较常见，主要取其高热传导性或低热膨胀特性。此外，多数高功率 LED 封装器件都以硅胶取代传统环氧树脂封装胶材，不仅热稳定性相对提高，也较能抗紫外线，不会有黄化变质现象发生。而适当的透过透镜的光学设计，可以有效增加封装器件的出光效率，或按实际应用改变 LED 的发光角度。现就几个主要的厂商在市场上的发展情况做一介绍。

### 9.1.1.1　Lumileds

Lumileds 的 Luxeon 产品是全球首次推出市场的高亮度大芯片单颗 LED 封装产品，LED 芯片以倒装（flip chip）技术直接与硅衬底透过焊料连接在一起再固定在封装体的铜散热块上，然后再放至散热金属铝衬底上，使芯片所产生的热通过硅衬底、铜块与铝衬底传导出去。以硅作为承载衬底的好处是，硅的导热性好，同时与芯片的热膨胀系数相近，可以减低热应力，增加器件的可靠性。采用倒装芯片封装则可以提高封器器件的散热性，同时出光效率也比传统封装方式增加约 1.5 倍。在芯片设计上，该公司利用器件转移技术（device transfer technology），将生长在 GaAs 上的 AlGaInP 移转至 GaP 衬底，并加工成平底倒金字塔状（truncated-inverted-pyramid,TIP），以提高芯片的出光效率。在 1mm×1mm 面积、100 mA 的电流输入下，605 nm 红光的发光效率可达 100 lm/W，外部量子效率（external quantum efficiency）可达 55%。在产品方面，Lumileds 目前主要的高功率 LED 产品包括 Luxeon Ⅰ、Luxeon Ⅲ、Luxeon Ⅴ 及 Luxeon K2 系列（图 9-2）。Luxeon K2 与先前产品的差异在于，可耐受的结温为 185℃，比原产品要高出 50℃。相较先前产品的封装，此款多了两个散热接脚，可以增加散热速率。而最高电流输入可达 1500 mA，亮度输出可达 130lm。若输入电流为 1000 mA 时，在 50000h 内，亮度可维持原来初始的 70%以上。Luxeon K2 白光 LED 的平均亮度输出为 100lm，比 Luxeon Ⅲ 的 60lm 及 Luxeon I 的 30lm 要高。

在产品应用方面，Lumileds 的 Luxeon 系列产品最早被应用为液晶电视的 LED 背光源，包括 2004 年 11 月 SONY 推出的 QUALIA 005 系列的 46in 和 40in 以及 2005 年 Samsung 推出的 LNR460D 46in 的液晶电视，都是采用 Luxeon 系列的 LED，其中 SONY 46in 液晶电视采用了 450 颗 LED，耗电量 550 W，色彩饱和度达 NTSC 标准的 105%。另外，Philips 也在 2005 年 5 月将 Luxeon 产品应用在迷你型投影机（mini-projector）和 LCOS 投影机上。在微投影机上采用了各两颗红色、绿色、蓝色 LED 作为光源，透过复合抛物状集光器（compound parabolic concentrator, CPC）将光收集在光波导，然后透过棱镜（prism）、穿透式高温多晶硅（HTPS）TFT-LCD 微型显示面板（micro-display）与 X-cube，将光从投影透镜导出，如图 9-3(a)所示。在 LED 9 W 的功率输入下，输出的光通量为 15lm，整个光学引擎的体积只有 110

cm³，投影出的画面如图 9-3(b)所示，对比度为 80∶1。LED 光源后装有散热片，在无强制冷却（forced cooling）下，热阻为 10℃/W，若有强制冷却装置，热阻为 2.5℃/W，目标为使每颗 LED 有 3 W 的散热设计。另一款单片 LCOS 面板投影机用了各 14 颗 RGB LED[如图 9-4(a)所示],输出的光通量超过 40lm，对比度为 341∶1，整个投影机的光机系统如图 9-4(b)所示。

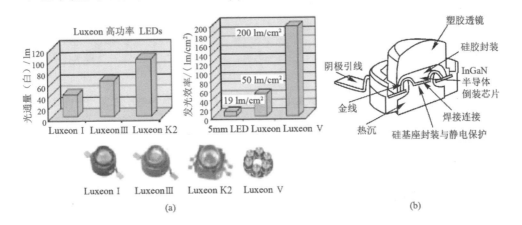

图 9-2　Lumileds 的 Luxeon 系列 LED 产品特性与结构（图片来源：Lumileds）

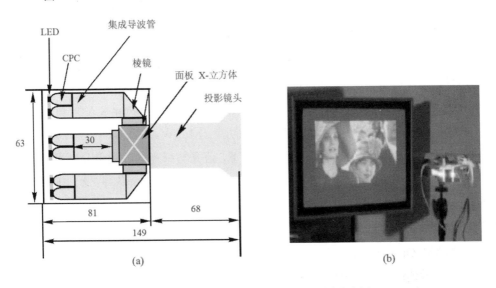

图 9-3　Lumileds 的微投影机的光机系统与投影（图片来源：Philips）

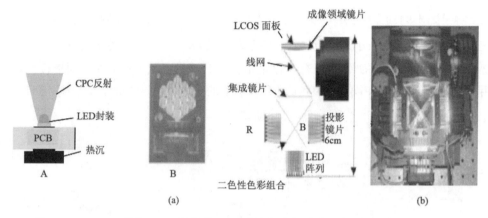

图 9-4　Lumileds 单片 LCOS 面板的 LED 光源与光机系统示意（图片来源：Philips）

### 9.1.1.2　OSRAM Opto Semiconductor

OSRAM Opto Semiconductor 的 LED 系列产品的封装方式，是将晶粒贴合在外有热塑性材质反射镜的引线支架或散热铜衬底上，再贴合至 MCPCB 上，热可以透过引线支架或散热铜衬底传到 MCPCB 后，再发散出去。在芯片设计上，透过激光剥离与芯片键合（wafer bonding）技术将原来绝缘、散热不好的衬底（如蓝宝石或 GaAs）换成导电、散热好的锗（Ge）衬底，同时搭配微棱镜（micro-prism）与反射层的设计，以提高芯片本身的取光效率及输入功率，其薄膜 AlGaInP 红光芯片的发光效率可超过 100 lm/W。ThinGaN 蓝绿光芯片在 1000 mA 的电流输入下，光通量可达 100 lm 以上。在产品方面，高功率 Golden Dragon 系列产品的输入功率可达 2 W，热阻值为 9℃/W，其红黄光 AlGaInP 芯片（700μm×700 μm）在 400 mA 的电流输入下，光通量可达 24lm，输入功率为 1.3 W，发光效率约为 20 lm/W。InGaN 芯片在 500 mA、2.3 W 的功率输入下，蓝光与绿光的光通量分别可达 11lm 与 38lm，发光效率分别为 6 lm/W 及 21 lm/W。Golden Dragon 的白光 LED 产品在 500 mA 的电流输入下可达 41lm，发光效率为 21 lm/W。该公司 2009 年白光 LED 的发光效率在 350 mA 的电流输入下，可达 80 lm/W，而光通量超过 80lm。图 9-5 为 OSRAM Opto Semiconductor 产品封装设计的改进，除了单颗产品，也发展了多颗芯片封装产品，热阻值希望可降低至 2.5℃/W，而功率输入可达 10~50W，光通量输出达 100~1000lm。

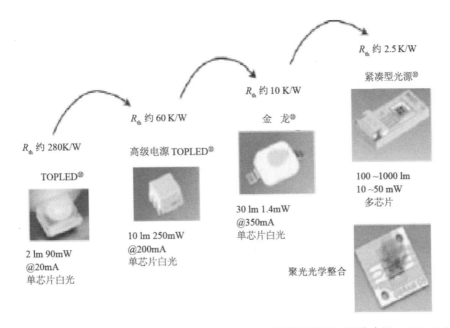

**图 9-5　OSRAM Opto Semiconductor 白光 LED 封装结构进展**（图片来源：OSRAM）

在产品应用上，OSRAM Opto Semiconductor 也积极推广显示应用市场，包括超轻巧投影机（ultra-compact projection）与液晶电视背光源，以及照明市场。2005年 5 月，OSRAM Opto Semiconductor 开发一款用于超轻巧投影机的 LED 光源，采用另一类高功率 LED 产品 Ostar，此款 Ostar"Projector"LED 是一个具有表面粗化用以增加出光效率的薄膜 LED 芯片。此款投影机灯源由红绿蓝三种 1 mm×1 mm 芯片大小的 LED 组成，可提供红光 120lm（$I_f$ = 750 mA）、绿光 160lm（$I_f$ = 750 mA）与蓝光 40lm（$I_f$ = 700 mA）的光通量输出，整个模组如图 9-6 所示。LED 芯片以焊接方式粘合于陶瓷的散热衬底上[热导率为 170~180 W/（m·K）]，然后再以导热胶黏合于 MCPCB 上。整个模组的热阻约为 5K/J，系统的输入功率可达 10~20 W。另外，OSRAM Opto Semiconductor 也开发一款 Oster"Lighting"，与前述产品类似，不同之处在于此白光 LED 是由蓝光芯片激发黄色荧光粉所致，此黄色荧光粉直接涂布在 LED 芯片上，而不在封装胶材中。在 700 mA 的电流输入下，光通量超过 200lm，是目前 OSRAM 推出亮度最高的光源，产品尺寸大小只有 3cm×1 cm×0.6 cm，主要应用在照明市场。

该公司在 2005 年 5 月 SID 会议上展出两款 LED 背光模块，使用的是金龙产品。其中一款尺寸达 82in，此款背光模块含有 1120 个 LED，其中包括红（625 nm）蓝（458 nm）色 LED 各 280 颗及绿（527 nm）色 LED560 颗，亮度达 10000 cd/m$^2$，耗电量为 1 kW，模块厚度为 40 mm，2006 年投产。另一款 32in 的背光模块共含 164 颗 LED，包括红蓝色 LED 各 41 颗及绿色 LED 82 颗，亮度达 7000 cd/m$^2$，耗电量为 140W，色彩饱和度达 NTSC 标准的 105%。另外，2005 年 10 月在横滨光电展上发表的一款用于笔记本电脑的 15in 背光模块，使用了该公司的白光边视 LED 产品共 69 颗，在 5.5 W 的耗电量下输出亮度为 220 cd/m$^2$，比起 CCFL 的 8~10 W 耗电量及 200 cd/m$^2$ 亮度输出，要省约 33% 的能源。以 LED 作为背光源，还可以借由测量周围环境明暗变化来适时调整实际所需的亮度，因此可进一步达到省电的功能。

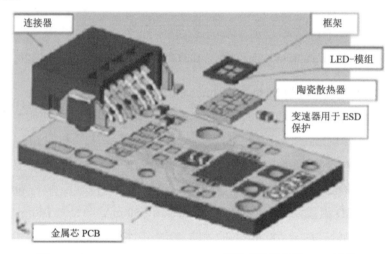

图 9-6　OSRAM Opto Semiconductor 超轻巧投影机的 LED 模块

### 9.1.1.3　Nichia

Nichia 的高功率 Jupiter InGaN 系列 LED 在 350 mA 的电流输入下（输入功率为 1.33 W），最大亮度输出达 51 lm，一般亮度输出在 47 lm，发光效率为 35 lm/W，该公司在 2010 年能够生产发光效率达 100 lm/W 的产品。Nichia 的白光 LED 芯片是目前手机面板背光源的主要供货商，2005 年 10 月与日本 Minebea 公司共同开发一款超薄的 2.4in LCD 面板的背光模块，厚度仅约 0.65 mm，主要应用在手机与数码相机等携带式产品上。为了整个背光模块的薄型化，LED 的厚度减小到 0.5 mm，导光板厚度减至 0.4 mm。此款背光模块采用 4 颗白光 LED，每颗 LED 的输入电流为 15 mA，发光效率为 76 lm/W，输出亮度为 6000 cd/m$^2$，比原产品提高 20%左右。亮度提高的原因在于将 LED 芯片的环氧树脂设计成透镜状，以提高出光效率，如图 9-7 所示。同时，由于透镜状的出光设计使光容易扩散传递，因此可以减少与导光板接合的损失，使 LED 亮度的提升完全转化成背光模块亮度输出的提升，亮度均匀性也达到 80%。

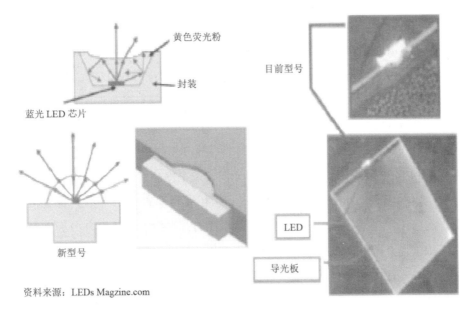

图 9-7　Nichia 与 Minebea 共同开发的 0.65 mm 厚背光模块

### 9.1.1.4　Citizen Electronics

日本 Citizen Electronics 公司的单颗白光 LED 的封装结构如图 9-8(a)所示。特别之处在于，其电路组件并非放置在 LED 的散热衬底上，而是放置在 MCPCB 上，通过与衬底的连接来传递电流。因为这些电路组件不需特别的散热装置，不仅方便设计，也可以降低成本。单颗白光 LED "CL-652S 系列" 的产品在 350 mA 电流输入下，可产生 60 lm 的光通量输出，发光效率为 50 lm/W。Citizen Electronics 在 2005 年 6 月宣称成功开发出由 24 颗蓝光 LED 芯片（面积为 300 μm×300 μm）和黄色荧光体材料所构成的白光 LED "CL-L100 系列"，在 3.5W 的功率输入下，可产生 245 lm 的光通量，发光效率高达 70 lm/W，其蓝色 LED 芯片购自 Nichia 公司。为了避免在高功率输入下出现温度上升以致影响到发光效率，其采用了导热性好的铜作为散热衬底，包括芯片在内，封装模块的热阻为 6℃/W，仅为 CL-652S 系列产品的 1/5。如果将 10 颗 "CL-L100" 白光 LED 连接起来用 12 V 的电源驱动，在 35 W 的功率输入下可以输出 2450 lm 的光通量，与车用卤素灯的 60 W 输入功率、1500 lm 的光通量输出相比，LED 灯比汽车卤素灯在节省约 40%耗电量的同时能够达到 1.6 倍的光通量输出，如图 9-8(b)所示。此款 LED 模块的面积为 4 mm×40 mm，厚度仅 0.75 mm，因此可以把模块按纵向排列，得到直线光源。如果将模块横向排列，可以得到平面型光源，也可以把模块竖起来排列成圆形，设计成车灯状，如图 9-8(c)所示。Citizen Electronics 于 2006 年起开始量产此款产品，将其用于照明设备、液晶面板背光灯、汽车前照灯等，并在 2006 年底前把白光的发光效率提高到了 90 lm/W，在 2008 年时白光发光效率提高到 110 lm/W。

　　除了照明应用，Citizen Electronics 也积极拓展其下的 LED 模块产品在液晶显示器上的应用，包括手机面板与大型液晶电视的背光模块。2005 年 9 月，该公司发表一款仅厚 0.65 mm 的液晶面板背光灯模块，厚度比此前的产品减小了 23%左右。透过导光板的光学设计、射出成形技术和模具加工技术，成功将导光板的厚度减小到原来的 2/3，即只有 0.4 mm，LED 光源厚度也仅为 0.4 mm，堪称是当时世界最薄的背光模块，在 2006 年 1 月以后投产。该公司还在 2006 年 10 月展示了一款 "CL-751S" 的 40in 液晶电视用的 LED 背光模块，该背光模块共有 2660 个 LED，其中红色 LED 和蓝色 LED 各 665 个、绿色 LED1330 个，整个模块的厚度为 25 mm。背光源亮度在 6000 cd/m² 输出时的耗电量为 210 W，面板的亮度为 450 cd/m² 左右，色彩饱和度可达 NTSC 标准的 100%。此款模块的 LED 输入电流为 50 mA，耗电量较低。

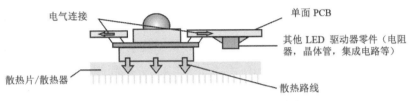

尺寸：14.0（深度）mm×14.0（宽度）mm×7.25(高度) mm

(a)

| 光源比较 | 输入功率 | 发光效率 | 光通量 |
|---|---|---|---|
| CL-L100（计件） | 3.5 W | 70 lm/W | 245 lm |
| 40W 白炽灯 | 40 W | 约 15 lm/W | 600 lm |
| 40W 长条状荧光灯 | 40 W | 50~100 lm/W | 2700 lm |
| 荧光灯灯泡类型 | 8 W | 约 60 lm/W | 480 lm |
| 40W 等效 | | | |
| CL-L100 灯泡组件 | 35 W | 70 lm/W | 2450 lm |
| 汽车卤素灯 | 60 W | 约 25 lm/W | 1500 lm |
| CL-L100 线型组件 | 35 W | 70 lm/W | 2450 lm |

(b)

线型组件　　　　面板组件　　　　灯泡组件　　　0.4mm 厚的导光板

(c)

**图 9-8　Citizen Electronics LED 相关产品**

### 9.1.1.5　Cree

不同于其他公司，Cree 与 OSRAM 的 InGaN LED 芯片是以 SiC 为衬底，SiC 不仅导热好，与 GaN 的晶格不匹配度仅 3.5%，远低于蓝宝石（sapphire）与 GaN 的 13.5%，同时又导电，可做成垂直式组件（PN 电极分别在组件上下侧），提高组件的出光效率。虽然 SiC 价格比蓝宝石要高，但好的散热性与导电性，加上 SiC 相对蓝宝石易于形状加工，可提高外部量子效率与功率输入，同时 3in SiC 衬底的批量生产（标准 InGaN 的蓝宝石衬底大小为 2in），使得每单位流明输出的价格具有竞争力。该公司宣称已可提供 4in 的 SiC 衬底与芯片，对生产成本的进一步降低将有所帮助。其白光 7090 XLamp LED 产品在 350 mA 电流输入下（约 1 W 的输入功率），最大光通量输出可达 86 lm，而发光效率可提升至 70 lm/W。

## 9.1.2 多颗 LED 芯片封装模组

虽然随着单颗芯片封装技术的不断进步，单颗 LED 的输出功率可达数瓦之多，每瓦的输出可达数十流明之高，但对于许多终端产品，如车用及照明用光源所需的数千甚至上万流明的光通量输出，显然需要通过多颗芯片的封装设计才能达到。多颗芯片封装在一起，最大的关键技术在于如何做好散热管理，避免因过多的热无法顺利排出，造成 LED 器件温度过高而降低发光效率，甚至影响组件的寿命。

目前市面上数千或上万流明亮度输出的 LED 矩阵模块产品大多是由单颗已封装好的 LED 所组成，包含所谓的 T-Pack LEDs 及表面贴装 LEDs，如图 9-9(a) 所示。这种封装方式的好处是生产流程与产品尺寸可标准化，缺点是成本较高，因为每颗LED都需先进行个别封装。另一种方式是直接将多颗LED芯片（bare chip）进行封装，如图 9-9(b)所示。美国 Stocker Yale 公司结合了散热与光学的特殊设计而发展出反射矩阵封装结构，称为 chip-on-board reflective array（COBRA），如图 9-9(c)所示。其 COBRATM Linescan Illuminator 有 125 mm、250 mm 及 500 mm 等三种长度的产品，并可依实际需求弹性增加长度或并排数量。其 125 mm 白光照明产品在 8.3 W 的功率输入下，可提供 175000lm 的亮度输出；而 250 mm 及 500 mm 白光照明产品的功率输入可分别达到 17 W 及 33 W。除了 Stocker Yale 公司外，意大利的 Sololuce、奥地利的 Tridonic Atco 及美国的 Enlux 等公司也都推出了类似的产品。

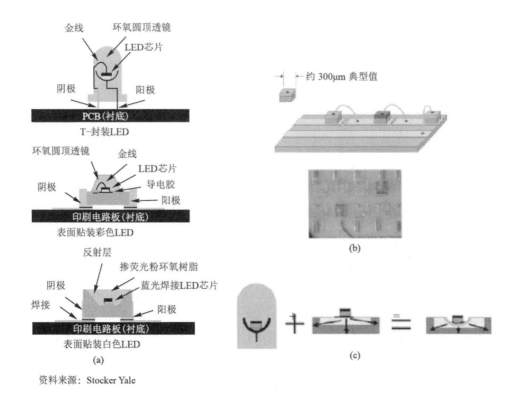

资料来源：Stocker Yale

**图 9-9 COB（chip on board）多颗 LEDs 矩阵结构设计**

OSRAM 也将板上芯片（chip-on-board，COB）封装技术应用在 LCD 监视器用的背光模块上，此单颗 Multi-LED 产品内含有红（617 nm）、绿（528 nm）、蓝（469 nm）色芯片各一个，在 20 mA 电流输入下，输出的光通量分别达 3.5 lm、5.7 lm 及 0.88 lm。多颗 LED 直接贴合在挠性电路板（FPC）上，FPC 再透过环氧树脂粘贴至散热的金属铝板上，如图 9-10 所示。透过 100 多颗 LED 产品组合成17in 监视器产品，面板亮度达 220 cd/m$^2$，耗电量约 30 W，背光模块光通量为620 lm。由于无需外加散热装置，整个模块厚度仅 16 mm。此外，由于红、绿、蓝色芯片在封装时已进行第一次混光，所以当多颗 LED 产品组合在一起时，只需约 7 mm 的距离就能均匀混光，比起单颗封装好的红、绿、蓝光 LED 进行混光，可减少约 4 倍的混光距离，如图 9-10 所示，这也是背光模块可以如此薄的原因之一。

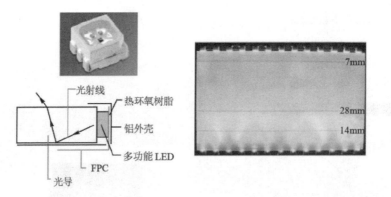

图 9-10　OSRAM 应用在 LCD 监视器的 COB LED 封装背光源模组（图片来源：OSRAM）

美国 Lamina Ceramics 公司利用低温陶瓷共烧（low temperature ceramic cofired directly on a metal core, LTCC-M）技术，将多颗 LED 电路与电阻、电容内埋在 LTCC 陶瓷衬底上，同时与散热衬底进行共烧结合。电路内埋的好处是可以缩小封装面积，或是在相同的面积下有较多的芯片，整个封装结构如图 9-11 所示。为了避免因两衬底间的热膨胀系数（CTE）差异过大，导致衬底间界面处热应力过大，散热衬底采用 Cu/Mo/Cu 的材料设计，不仅热膨胀系数与 LTCC 陶瓷衬底相近（CTE 约 $5.8 \times 10^{-6}/℃$），而且仍可维持一定的热导率[$z$ 方向为 170 W/（m·℃），$x$-$y$ 方向为 210 W/（m·℃）]。LED 芯片矩阵透过铅锡焊料与散热衬底直接接触，同时为了增加出光效率，在焊料与散热衬底间镀上 Ag 作为反射层，从发光界面到衬底的热阻约仅 2.3℃/W。其中 BL-3000 系列的产品，在 26.7mm×31.8mm×2.3mm 体积中含有 39 个腔，每个腔含有 6 颗小面积的 LED 芯片，在 26 W 的功率输出下可以产生 567lm 的白光（色温为 5500 K），而在 104 W 的功率输出下可以产生 2045lm 的红光（波长为 618 nm）。BL-4000 系列的点光源产品中，含有 6 颗大面积 LED 芯片，每颗芯片输入 700 mA 的电流，在 5.3 W 的功率输出下可以产生 120lm 的白光（色温为 5500 K）。2005 年初，Lamina Ceramics 推出更高亮度输出的白光 LED 光源引擎——Aterion$^{TM}$，于 5 in$^2$ 的面积下放入 1120 颗 LED，在 1400 W 的功率输出下产生 28000lm 的白光。另外，该公司也与 Super Vision International 公司合作在 2005 年 11 月展出一款用于 SPA 及游泳池的 LED 灯——SaViTM Pool Light，可搭配 12 V 或 120 V 的电压。由于 LED 颜色、色温与亮度调变的多样性，使用者可选择所需要的情境，可以增加与环境的互动性。

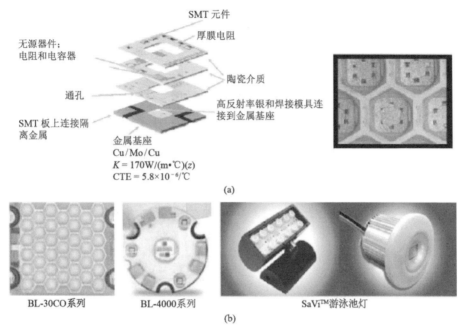

SMT 元件

厚膜电阻

无源器件；
电阻和电容器

陶瓷介质

通孔

高反射率银和焊接模具连
接到金属基座

SMT 板上连接隔
离金属

金属基座
Cu/Mo/Cu
$K = 170\text{W}/(\text{m}\cdot^\circ\text{C})(z)$
CTE $= 5.8\times10^{-6}/^\circ\text{C}$

(a)

BL-30CO系列　　　BL-4000系列　　　SaVi™游泳池灯

(b)

图 9-11　Lamina Ceramics LTCC-M 技术与相关产品（图片来源：Lamina）

除了芯片、散热衬底与电路板及其相互接口的散热管理外，为了能进一步降低结温以提高 LED 组件的寿命，系统层面的散热管理也很重要，而常见的技术包括散热鳍片（heat sink）、热管（heat pipe）与风扇（fan），视可允许的空间与成本而有不同的设计。台湾新强光电（NeoPac Lighting）公司引入半导体系统构装（system-in-package）概念，加上热管与圆状散热鳍片的铜质材料设计（其热导率是 Cu 的 100 倍），可使 1 mm² 面积的高功率 LED 有 5 W 的散热，即模组达到 500 W/cm² 的散热效果。整个封装结构如图 9-12 所示，散热效果取决于热管长度与散热鳍片直径，以 8 cm 长的热管搭配直径 2 cm 的散热鳍片为例，其系统的热阻 $R_{\text{j-a}}$（从发光接面至周围环境）为 12℃/W。若 11 cm 长的热管搭配直径 3 cm 的散热鳍片，将造成系统的热阻降低至 6.6℃/W。新强光电公司利用此散热结构在 0.49 cm² 单一封装空间内，用 16 颗高功率 LED 芯片，在 20 W 的高功率下光通量达 500lm。此外，该公司在 2005 年 10 月，也发表了以 10 颗高功率 LED 在长 30cm、宽 28 cm、高 7 cm 的模块体积下设计成两排矩阵，在 80 W 的输出功率下，LED 模块光通量可超过 2000lm。

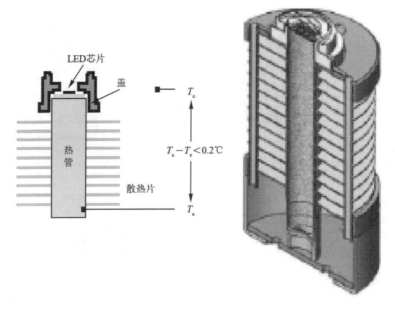

**图 9-12 NeoPac Lighting 多芯片 LED 封装模组散热结构设计**（图片来源：NeoPac）

由台湾大学机械系新能源中心黄秉钧教授与俄罗斯科学院 Maydanik 教授的研发团队，共同研发出以回路热管（loop heat pipe,LHP）作为 LED 模块的散热装置，如图 9-13 所示。在 108 W 的输入功率下，LED 模块可达 3000~3500 lm 的光通量输出，热阻 $R_{board\text{-}air}$ 仅为 0.25℃/W。此热管材质为铜，以水作为冷却液体。回路热管与传统热管最大的差异在于，回路热管将蒸气通路与液体通路分离，形成同心圆的管中管，可排除因蒸气流与液流间的相互影响，所以可增加热通量，散热效果优于传统热管。

以上所述为高功率 LED 封装技术应用状况。由全球 LED 的发展趋势来看，毫无疑问，这个世界需要高功率的高亮度 LED，不仅是高功率白光 LED，也包括高功率的各色 LED，用 LED 背光取代手持装置原有的 EL 背光、CCFL 背光，不仅电路设计更简洁容易，且有较高的外力耐受性。用 LED 背光取代液晶电视原有的 CCFL 背光，不仅更环保而且显示更逼真亮丽。用 LED 照明取代日光灯、卤素灯等照明，不仅更光亮省电，使用寿命也更长效，且点亮反应更快，用于制动灯时能减少后车追撞率。

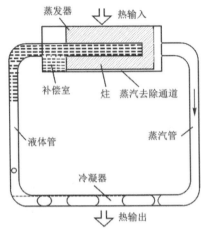
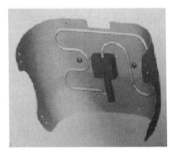

图 9-13　台湾大学黄秉钧教授研发团队的回路热管装置（图片来源：台湾大学）

所以，LED 从过去只能用在电子装置的状态指示灯，进步到成为液晶显示的背光，再扩展到电子照明及公众显示，如车用灯、交通信号灯、广告牌信息跑马灯、大型影视墙，甚至是投影机内的照明等，其应用仍在持续延伸。

更重要的是，LED 的发光效率就如同摩尔定律（Moore's law）一样，每 24 个月提升一倍，过去认为白光 LED 只能用来取代过于耗电的白炽灯、卤素灯，即发光效率在 10~30 lm/W 内的层次，然而在白光 LED 突破 60 lm/W 甚至达 100 lm/W 后，就连荧光灯、高压气体放电灯等也开始受到威胁。

虽然 LED 持续增强亮度及发光效率，但除了最核心的荧光粉、混光等专利技术外，封装也将是愈来愈大的挑战，且是双重难题的挑战。一方面封装必须使 LED 有最大的出光效率、最高的光通量，使光损耗降至最低，同时还要注重光的发散角度、均匀性、与二次光学组件（如导光板）的匹配性。另一方面，封装必须使 LED 有最好的散热性，特别是目前高亮度 LED 几乎等同高功率 LED，输出 LED 的电流值持续在增大，倘若不能做好散热管理，则不仅会使 LED 的亮度减弱，还会缩短 LED 的使用寿命。

所以，持续追求高功率的高亮度 LED，其使用的封装技术若没有对应的强化提升，那么高亮度表现也会因此打折。接下来分别针对高功率 LED 光学封装技术与散热封装技术分别进行说明。

## 9.2 高功率 LED 光学封装技术探析

### 9.2.1 LED 的光学设计

要提高 LED 的发光效率，就要提升 LED 芯片的内外量子转换效率与封装器件的出光效率。这些效率的提升可以利用 LED 芯片与封装件的设计改善来达成。目前，高功率 LED 的封装形式有两大类，一是扩大 LED 芯片的面积，也就是说将长宽各为 1 mm 的高功率芯片提高到 1 mm 以上，借此增加发光面积来提高发光量。其次是把几个中小型芯片一起封装在同一个模组下。当然配合这两种封装形式，为能够获得最好的出光效率，封装件的光学设计也就必须做一些改变。

一般 LED 的光学设计可分成透镜（lens）光学系统及反射（reflector）光学系统两大类，而且一般 LED 组件通常都包含此两种光学设计，例如传统灯泡（lamp）形态的 LED（也多俗称成"子弹形"），根据透镜形态区别，可区分成传统（lamp）LED、椭圆（oval）LED、超椭圆（super oval）LED、平面（flat）LED。其看似是透镜光学系统的代表，其实只不过是光学设计时偏重透镜设计，但是其支架反射杯（reflective cup）的光学设计会影响光学效率。而表面贴装型 LED 中的顶视（top view）LED、边视（side view）LED 与圆顶（dome）LED 等，看似是反射光学系统的代表，其实也是同样的道理。所以，两者应该是相辅相成的。

为何要有各种不同的光学设计？其实是为了各自的应用需求。一般而言，传统 LED 用来做信号指示灯，椭圆 LED 用于户外标示或信号标志，IC LED 用来做直下式的背光灯，平面 LED 与边视 LED 配合导光板做侧边入光式的背光源，半球形 LED 作为小型照明灯泡、小型闪光灯等。应用不同，外形不同，发光的可视角度（view angle）也就不同，这部分需要根据需求，设计不同的透镜光学系统与反射光学系统，来获得不同的发光角度、光强度、光通量。此方面常见的有四种做法是：中轴透镜（axial lens）、平直透镜（flat lens）、反射杯（reflective cup）、岛块反射杯（reflective cup by island）。

一般的传统灯泡 LED 用的是中轴透镜法，半球形 LED 及椭圆 LED/超椭圆

LED 等也类似，但椭圆 LED/超椭圆 LED 的光亮比传统灯泡 LED 更集中在轴向的小角度内。而平面 LED 则是用平直透镜法，好处是光视角比中轴透镜法更大，缺点是光通量降低、光强度减弱。至于顶视 LED、边视 LED 等则多用反射杯或岛块反射杯，此做法是在封装内加入反射镜，对部分发散角度的光束进行反射、折射等，使角度与光强度能取得平衡。

就技术难易来说，如果只用上透镜的中轴透镜、平直透镜确实较为简易。只要考虑透射与光束发散性，相对的有反射杯就不同了，原有的透射、发散一样要考虑，还要考虑反射、折射以及光束收敛，确实更加复杂。

实际上，每多增加一层封装结构，都可能会对出光效率带来一些影响，不过，这并不代表着增加封装结构就一定会增加更高的光损失，就像日本 OMRO 所开发的平面光源技术，就能够大幅度地提升出光效率。其原理是将 LED 所射出的光线，利用以反射光学系统及透镜光学系统来做控制，称为"双反射光学系统"，如图 9-14 所示。其主要是降低全反射概率以提高出光效率。利用这样的结构，可将传统球面镜设计的侧光所造成的光损失，利用光学结构反射侧光来获得更高的出光效率。更进一步，在透镜表面上进行加工，形成双层的反射效果，这样可以得到不错的出光效率。因为这样的特殊设计，这些利用反射效果达到高出光效率的 LED，主要的用途是针对 LCD TV 背光。

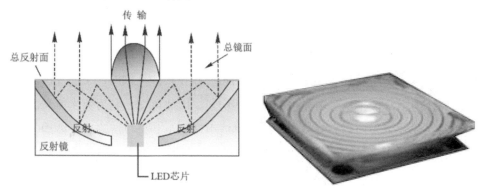

图 9-14　OMRO 双反射光学系统与成品

## 9.2.2　白光 LED 的色彩封装技术

目前高功率 LED 中，白光 LED 为其中一个重要领域，白光 LED 封装分为多种，不过都是利用多色混合产生白光，而对白光 LED 应用来说，都希望其具有高色彩表现性。因此，如何增加白光 LED 的色彩表现能力是此领域的关键技术之一。

在多种白光 LED 封装中，利用红、蓝、绿三颗 LED 芯片混色产生白光的方式，使之具有最高的色彩表现能力，但由于三颗芯片不易控制且较占空间，所以目前多专注在特定应用市场，如大型液晶显示器市场。其色彩混合方式，可采用前述的光学设计，以透镜光学系统及反射光学系统构成。至于利用单一芯片搭配荧光粉产生白光的形式，如蓝光芯片+黄色 YAG 荧光粉或紫外线芯片+RGB 荧光粉等，利用荧光粉配比变化混色产生不同的白光，色彩表现能力虽不如 RGB LED 产生的白光，但有封装与工艺较简化等优势。在可携式或通用照明市场，其色彩混合方式除前述的光学设计外，还涉及荧光粉的封装技术。因为，在此种单芯片类型的白光 LED 中，荧光粉分布情况会影响发光色泽与均匀性，以单一芯片激发黄色荧光粉的白光 LED 为例，产品时常出现光斑，导致颜色、亮度不均，其主因在于芯片周围的荧光粉分布不均，使其各方向的蓝-黄混色配比不一致，引发所谓的光斑。从 Lumileds 的研究结果中发现，当芯片周围荧光粉分散不均时，如图 9-15(a)所示，白光 LED 各角度所发出的白光色温变化起伏较大；反之，当荧光粉以规则形态覆盖于芯片周围时，如图 9-15(b)所示，对芯片任何角度发出的蓝光而言，与之作用的荧光粉数目一定，使其色温稳定，避免了白光颜色、亮度不均。实际作用结果如图 9-16 所示，当荧光粉均匀分布在芯片周围时，LED 发出的白光很均匀，但当分散不均时白光也会分布不均匀。由此可知，利用荧光粉表面改进与树脂搭配等方式使荧光粉分散在封装材料中，避免其聚集沉降后，被均匀覆在芯片发光层外围，是这种单芯片+荧光粉型白光 LED 封装中的重点。而影响荧光粉对树脂分散状况的因素，有荧光粉尺寸、浓度、表面形态、化学结构与搭配树脂等，所以从荧光粉的尺寸、形状到分散状况都必须有效控制，才可能达到预期的混色效果。

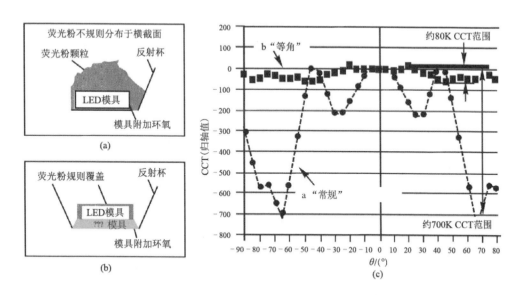

图 9-15　荧光粉分布与白光发光二极管各角度色温的关系（图片来源：Lumileds）

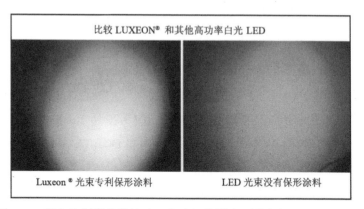

图 9-16　荧光粉/树脂分散性对 LED 光源的影响（图片来源：Lumileds）

## 9.2.3　LED 用透明封装材料现况

此外，材质也会影响 LED 的光学设计，在反射部分，通常采用高反射率的材料，例如银、铝等金属材料，以降低反射损失。在透镜部分，除了可持续用原有的封装胶材外，也可以改用其他材质，因为透镜已较为讲究透光率而较不讲究芯片防护，如此还可使用塑料、丙烯酸树脂、玻璃、聚碳酸酯等。透光率与波长有关，不同波长透光率不同，再加上有不同的材质，会造成不同的影响。

　　一般来说，常用的透明性高分子有环氧树脂、丙烯酸树脂、硅胶与聚碳酸甲酯树脂（PC）等，而基于成本与工艺等的考虑，传统 LED 用透明封装材料多由环氧树脂组成，分为液态胶与固态胶两种，相关物性见表 9-1。由双酚 A 型（DGEBA）环氧树脂搭配脂肪族酸酐固化剂（MHHA 或 HHPA）组成，详细化学结构如图 9-17 所示，通常分为主剂、固化剂两液，经短烤离模后进入烘箱长烤完成固化，透光率利用 UV VIS 测量，结果如图 9-18 所示。当试片厚度等于 3 mm 时，其在可见光范围（400~700 nm）的透光率皆大于 90%，折射率则介于 1.50~1.53，玻璃化转变温度依照配方与固化条件不同，从 100℃到 150℃不等，通常利用差示扫描量热仪（DSC）或热机械分析仪（TMA）来加以检测。以图 9-19 为例，该树脂固化后利用 DSC 测量得知其玻璃化转变温度在 138℃左右。至于 LED 固态模封材料，化学结构与性能表现类似于液态封装材料，但具有高产速率的优点。对此种环氧树脂封装材料而言，光学特性要求很严苛，因此杂质含量（如氯离子）不可过高，须控制在 $10 \times 10^{-6}$ 以下，以免在加热或 LED 工作过程中产生黄变，影响 LED 外部出光效率与发色纯度。再者，封装树脂折射率会影响 LED 芯片的外部量子效率，这是因为芯片的折射率通常介于 2~4，如果封装胶材的折射率与芯片差异太大，会增加全反射概率，降低芯片的外部量子效率。一般来说，受化学结构影响，以无色透明环氧树脂而言，环化脂肪族系统（如图 9-20 所示）的折射率为 1.50，低于 DGEBA 系统（如图 9-17 所示）的 1.53，因此 DGEBA 系统对 LED 亮度提升的效果胜于环化脂肪族。至于环氧树脂封装材料的机械特性都呈现刚性特征，其热膨胀系数为 $(50\sim70) \times 10^{-6}/℃$，远大于芯片或电路板的热膨胀性，对于高功率 LED 应用来说，极易因彼此热膨胀系数差异造成应力累积，导致界面脱层，器件损坏。因此，目前大部分高功率 LED 采用硅胶封装（其物性如表 9-2 所示）填充在芯片上，利用柔软的硅胶作为界面缓冲层，松弛累积应力，避免损伤 LED 芯片。典型硅胶封装材料结构如图 9-21 所示，由 Si—O—Si 键组成，根据需求接上不同的其他侧链官能基团。以道康宁（Dow Corning）光学用硅胶为例，分为 A、B 两剂，混合搅拌后经烘箱加热完成固化，具有较好的抗热与抗紫外线黄变性，不过因为其较为柔软，所以无法直接配置在封装最外部保护器件，而须在其外部多加一个保护效果的透镜。另外，硅胶折射率通常介于 1.4~1.5，与芯片折射率差异更大，不利于芯片光线取出，造成 LED 亮度下降。综观目前环氧树脂系列与硅胶系列 LED 用透明封装材料，尚有许多特性未臻完善，面对高功率 LED 高亮度、高色彩性与高产速率的需求，LED 用透明封装材料有许多待努力的目标，以下便针对 LED 用透明封装材料未来技术趋势加以说明。

表 9-1　LED 用透明封装材料环氧树脂的物理性能

| 编号 | 项　目 | | 测试方法 | 单　位 | 数　值 | 备注 |
|---|---|---|---|---|---|---|
| 1 | 相对密度 | | JIS K 6911 | — | 1.21 | |
| 2 | 硬度 | | 邵氏硬度 D | — | 84 | |
| 3 | 成型收缩率 | | 100 $\phi \times 2$ mm | % | 1.6 | |
| 4 | 吸水率 | | JIS K 6911 | % | 0.140 | 质量分数 |
| 5 | 沸水吸收 | | JIS K 6911 | % | 0.423 | 质量分数 |
| 6 | 抗弯强度 | | JIS K 6911 | N/mm$^2$ | 115 | |
| 7 | 弯曲模量 | | JIS K 6911 | N/mm$^2$ | 3130 | |
| 8 | CTE | $\alpha_1$ | JIS K 6911 | 1/℃ | $6.3 \times 10^{-3}$ | |
| | | $\alpha_2$ | JIS K 6911 | 1/℃ | $1.7 \times 10^{-4}$ | |
| 9 | 玻璃化转变温度 | TMA | JIS K 6911 | ℃ | 100 | |
| | | DSC | JIS K 6911 | ℃ | 95 | |
| 10 | 体积电阻 | | JIS K 6911 | Ω·cm | $3.3 \times 10^{15}$ | |
| 11 | 介电常数 | | JIS K 6911 | — | 3.68 | 1MHz |
| 12 | 损耗因数 | | JIS K 6911 | % | 2.84 | 1MHz |
| 13 | 透光率 | | | — | 98.0 | 在 1 mm 940 nm |
| 14 | 折射率 | | 阿贝法 | — | 1.571 | 在 589.3 nm |

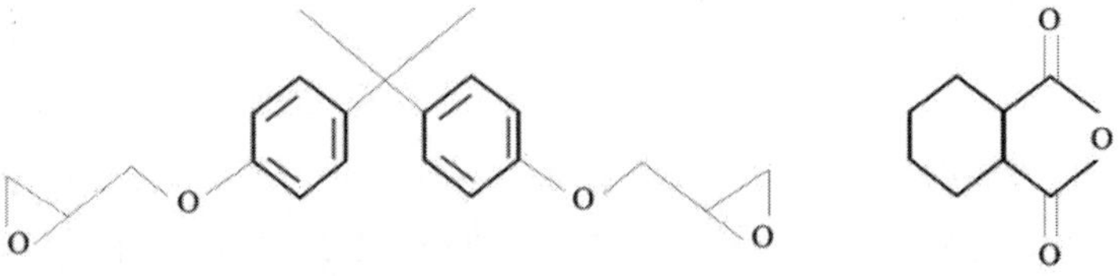

低分子量 DGEBA HHPA

图 9-17  LED 用透明封装材料化学结构（DGEBA 系统）

表 9-2  LED 用透明封装材料硅胶的物理性能

| CTM[①] | ASTM[②] | 属 性 | 单 位 | 数 值 |
|---|---|---|---|---|
| 供应商提供 | | | | |
| | | 颜色 （Part A/Part B） | | 透明/透明 |
| 0050 | D1084 | 黏度 Part A | mPa·s | 680 |
| 0050 | D1084 | 黏度 Part B | mPa·s | 650 |
| 0022 | D792 | 25℃相对密度 Part A | | 0.97 |
| 0022 | D792 | 25℃相对密度 Part B | | 0.97 |
| | | 混合比, 按质量或体积 | mPa·s | 1:1 |
| 供应商提供-混合（1:1）/ | | | | |
| （Part A : Part B） | | | | |
| 0050 | D1084 | 黏度 | mPa·s | 675 |
| 0055 | D1824 | 25℃生存期 | h | 8 |
| 0088 | | 最大钠含量 | $10^{-6}$ | 2 |
| 0088 | | 最大钾含量 | $10^{-6}$ | 2 |
| 0018 | | 最大氯化物含量 | $10^{-6}$ | 5 |
| 物理性质, 150℃ | | | | |
| 固化 15min | | | | |
| 0155 | | 渗透 | 1/10mm | 60 |
| 电子性质, 150℃ | | | | |
| 固化 15min | | | | |
| 0249 | D257 | 体积电阻 | Ω·cm | $3.7 \times 10^{13}$ |

①CTM：公司测试方法，要求提供 CTM 副本。

②ASTM：美国试验与材料协会。

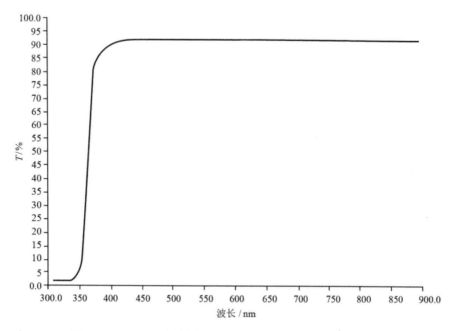

**图 9-18　LED 用环氧树脂（3 mm 厚）透光率（400~700 nm）**

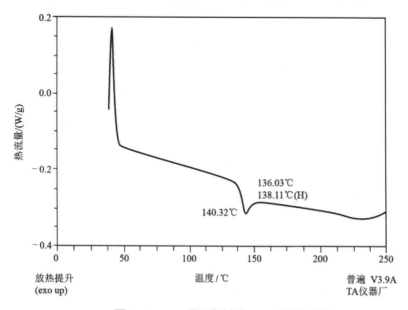

**图 9-19　LED 用环氧树脂 DSC 吸放热图谱**

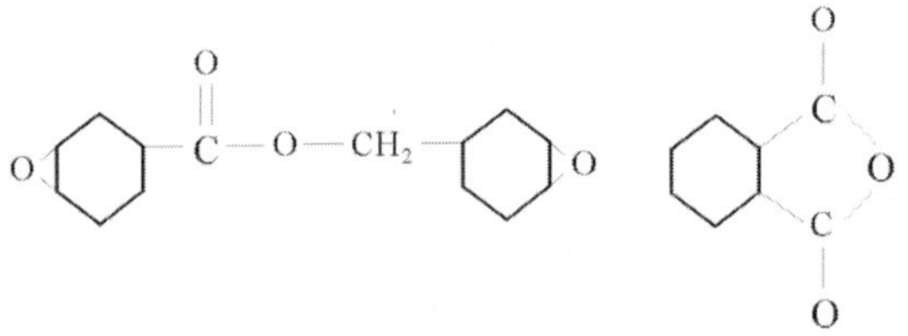

图 9-20　LED 用环氧树脂封装材料化学结构（环化脂肪族系统）

R＝甲基苯基（芳香碳环）－1,1,1－三氟乙基

图 9-21　硅胶封装材料结构

## 9.2.4　LED 用透明封装材料发展趋势

LED 器件效率分为 LED 芯片的内部量子转换效率与封装体的出光效率。内部量子效率是 LED 芯片通电后，电光转化的效能，一般而言，芯片的量子转化效率很高，但因 LED 芯片出光效率低落，导致 LED 器件最终亮度低于芯片内部量子转换效率。造成 LED 器件的出光效率低落的原因，主要是不同介质间的全反射损失与封装材料本身的吸收。就 LED 组件来说，经由电子、空穴结合，光从 LED 芯片活性层发出后，经过封装材料才到达空气，而从光所行经的路径来看，必须经过许多折射率不同的介质，如外延层或封装材料层等，若光从高折射率材料进入低折射率介质，其界面就会发生全反射现象，使得部分光波无法有效导出，进而促使 LED 外部量子效率降低。由此可知，若要增加 LED 芯片的外部量子转换效率与封装的出光效率，则须改变封装形式或封装材料来将光导出器件。许多 LED 企业从封装角度来改变芯片形状、粗化芯片表面、增加窗口层、使用透明衬底、倒装芯片（flip chip）、添加布拉格反射镜等手段来提升出光效率，甚至有人尝试在芯片表面加上一层光子晶体，取出芯片内部的光线。然而，除了改变封装形式可增加 LED 外部量子转换效率，封装材料光学特性的调整也有助于 LED 器件亮

度提升，其中以调整折射率匹配与透光性作为重点发展方向。

一般来说，LED 芯片折射率（$n$=2~4）远高于环氧树脂或硅胶封装材料的折射率（$n$=1.4~1.53），因此当芯片发光经过封装材料时，在其界面发生全反射效应，造成大部分光线反射回芯片内部，无法有效导出，使发光效率直接受损。为解决这个问题，须提高封装材料的折射率来减小全反射损失。以中国台湾工研院电光所软件仿真的研究结果来看，随着封装材料折射率的增加，使得 LED 亮度获得增加，以蓝光芯片+黄色 YAG 荧光粉的白光 LED 器件为例，蓝光 LED 芯片折射率为2.5，当封装材料折射率为 1.53 时，出光效率约为 0.32，而提高封装材料折射率至 1.7 时，则出光效率增加为 0.42，上升将近 30%，如图 9-22 所示。因此，如何开发高折射率透明封装材料，来缩小芯片与封装材料间的折射率差异，为 LED 光学封装技术的重要一环。通常若在高分子结构中导入分子折射率（molar refractivity）较高、分子体积（molar volume）较小的有机物，例如芳香环、苯环等，有助于提高材料的折射率，不过往往会吸收可见光或降低透明性，因此可尝试加入其他具有高分子折射率、低分子体积的元素（如硫）或硬质基团（如液晶基团），在维持无色透明的情况下，增加封装材料的折射率。但是，高功率 LED 操作功率通常须增至 1 W 以上，伴随而来的是高温问题。以封装材料为例，当工作温度过高时，高分子会断链产生自由基，使封装材料产生黄变，所以加入有机物需要小心行事。

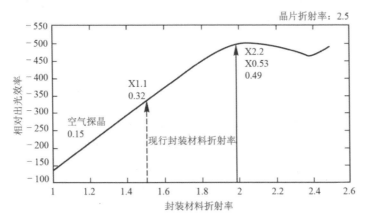

图 9-22　封装材料折射率与白光 LED 亮度关系（中国台湾工研院电光所）

较芯片增加的出光效率

----▶ 较 $n$ = 1.53 的封装材料增加的出光效率

表 9-3　无机纳米粉光学特性

| 项目<br>纳米粉 | 折射率（$n$） | 吸收可见光 |
|---|---|---|
| $TiO_2$ | 2.31 | 不会 |
| $Nb_2O_5$ | 2.25 | 不会 |
| $Ta_2O_5$ | 2.04 | 不会 |
| $ZrO_2$ | 2.05 | 不会 |
| Si | 4.30 | 不会 |
| Ge | 4.34 | 会 |
| GaP | 3.59 | 不会 |
| InP | 3.82 | 会 |
| PbS | 4.35 | 会 |

　　另外，许多无机物具有高折射率的特性（如表 9-3 所示），因此过去都将高折射率无机物与有机树脂进行混拌，试图提升有机树脂的折射率，但该无机物尺寸过大，且可能对可见光产生吸收，以致在折射率增加之际，丧失原有材料的无色、透明性。为改善这种情况，可使用有机/无机纳米混成技术，在经过特殊的界面处理后，将不吸收可见光的高折射率纳米级无机粉均匀分散在有机封装材料中，避免无机粉造成光散射与吸收效应，以达到高折射率且透明的目的。而有机/无机纳米材料提升折射率的方法早期多应用在光学涂布材料并且获得不错的效果，因此验证了这种方法的可行性。以 PMMA/$TiO_2$ 的纳米薄膜为例，如图 9-23 所示，随着 $TiO_2$ 含量增加，折射率也随之上升，当粉体含量为 40%时，树脂折射率增加至 1.7，这种技术同样可以应用在硅胶封装材料上，但是同样会降低封装材料的透光性，所以如何在不降低封装材料的透光性前提下，提高其折射率是一个重要研究课题。

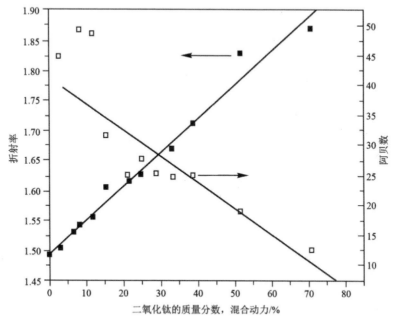

图 9-23　TiO$_2$ 含量与 PMMA/TiO$_2$ 纳米复合材料折射率间的关系

如上面所说，高功率 LED 无论在工作还是加工上都需面临高温的挑战。因此，材料界面的连接性会直接牵动到器件结构的稳定性。而 LED 相关封装材料热膨胀系数一般来说都小于 $20 \times 10^{-6}/℃$，以蓝光 LED 芯片的 GaN 与蓝宝石为例，热膨胀系数分别仅为 $5.6 \times 10^{-6}/℃$ 与 $7.9 \times 10^{-6}/℃$。封装材料的热膨胀系数通常介于 $(50 \sim 80) \times 10^{-6}/℃$，远高于 LED 其他封装材料，如此一来，当 LED 在工作时，因温差增大所产生的应力累积问题愈显严重，导致封装材料与芯片或金线间发生脱层，引起白光 LED 内部断线无法正常工作。由此可知，若要减小累积应力则必须缩小封装材料的热膨胀系数来增加尺寸稳定性，或是以应力松弛的方式将应力缓解，避免造成器件毁损，提高 LED 操作效能与使用寿命。就缩小有机材料的热膨胀系数而言，目前日本已有研究团队添加纳米纤维（nanofiber）至有机材料（如环氧树脂或 PMMA）中，利用特殊机械展开纳米纤维后，再浸于透明高分子中加以固化，当纳米纤维质量分数为 75%时，热膨胀系数大幅下降至 $6 \times 10^{-6}/℃$，且维持不错的透明性，如图 9-24 所示，因此以高含量纳米纤维降低有机材料的热膨胀系数似乎是可尝试的途径。

图 9-24　低热膨胀系数纳米纤维/高分子复合材料

另外，常用的方法是采用硅胶（silicone）换替环氧树脂，利用柔软的硅胶作为界面缓冲层，松弛累积应力，避免损伤 LED 芯片，例如美国 Lumileds 公司的 Luxeon 系列 LED 即是采用硅胶。除了对低波长有较好的耐受性、较不易老化外，硅胶还能阻隔近紫外线使其不外泄也是对人体健康的一种保护，此外硅胶的透光率、折射率、耐热性都很理想，GE Toshiba 的 InvisiSi1 具有高达 1.5~1.53 的折射率，波长在 350~800 nm 间的透光率达 95%，且波长低至 300 nm 时仍有 75%~80% 的光透过，或者与折射率进行取舍，将折射率降至 1.41，如此即便是 300 nm 波长也能维持 95% 的透光率。同样的，Dow Corning Toray 的 SR 7010 在 405 nm 波长以上时透光率达 99%，且固化处理后折射率也有 1.51，另外耐热上也都能达 180~200℃ 的水平。

此外，也有业者提出所谓的无树脂封装，即用玻璃来作为外套保护，如日本京瓷（Kyocera）提出的陶瓷封装，都是为了抗老化而提出的，其中陶瓷也有较好的耐热效果。

## 9.3　高功率 LED 散热封装技术探析

自从 1996 年日亚化学公司（Nichia）发表全球第一颗白光 LED 之后，许多科技人员致力于 LED 技术开发，以作为取代白炽灯和荧光灯的光源。经过将近二十年来的发展，高功率 LED 在住、行、育、乐上的应用逐渐扮演着不可或缺的角色。由于材料特性以及封装技术的限制，LED 在亮度及使用寿命上还无法达到一般照明灯源的规格，其中一个十分重要的原因是 LED 封装体发光时会产生热量，因此若散热设计不好，高温将会导致 LED 晶体本身亮度降低、寿命降低、颜色漂移等，所以 LED 整体的散热能力是高功率 LED 的稳定特性的重要指标。

## 9.3.1　LED 整体散热能力的评估

电子产品的结构精密，温度变化对于产品的使用寿命有很大的关系。由于 LED 有散热、长时间使用亮度衰退的问题，尤其以红光 LED 最敏感，温度上升时会大幅变暗，温度下降会变亮，而蓝光 LED 虽然较不敏感，但长时间操作会有不可逆的亮度衰减。照明用 LED 功率属于中高功率（大于 3W），操作温度通常比室温高出许多，因此温度因素更是整个封装架构考虑的重点。

LED 整体的散热能力通常可以用结温（junction temperature）与热阻（thermal resistance）来表示，表述如下。

### 9.3.1.1　结温

LED 发光原理为电子-空穴对在 PN 结，大部分能量以光的形式传递，少部分转成热能，换句话说，PN 结处的温度即为整个封装体温度的最高处。在相同功率输入下，结温越高，代表热量越不容易传递到外界而累积在界面处，经过长时间的点亮后，LED 的发光强度就会渐渐衰减，如图 9-25 所示。

一般测量温度的热电偶，必须与待测物接触才能得到温度值，但是 LED 体积小不易测量，且 PN 结处无法接触，如图 9-26 所示，因此通常是以其他方式来间接计算出结温。

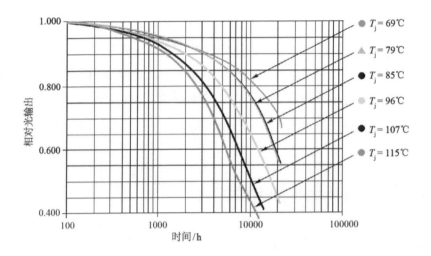

图 9-25　结温 $T_j$ 对 LED 光输出与操作寿命的影响（中国台湾工研院电光所）

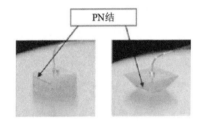

图 9-26　LED 的 PN 结位置

### 9.3.1.2　热阻

热阻是另一种衡量散热能力的指标，其意义类似于电路的电阻，热阻的计算公式如式（9-1）：

$$R_{j-a} = \frac{T_j - T_a}{Q} \tag{9-1}$$

式中　$R_{j-a}$——结到环境的热阻；

　　　$T_j$——结温；

　　　$T_a$——环境温度（ambient temperature）；

　　　$Q$——传递热量。

由上述公式可知，只要热量传导时，经过每一个传导物，量出这个传导物两端的温度，就可以计算出传导物的热阻值。因此一个封装体的热阻可视为热传导途径的所有物体热阻值的总和。以一般 LED 为例，热传导的路径为芯片结→焊接点（solder point）→热沉（heat sink）→外界环境，如图 9-27 所示，热阻可表示为式（9-2）：

$$R_{total}=R_{j\text{-}sp}+R_{sp\text{-}s}+R_{s\text{-}a} \tag{9-2}$$

式中　$R_{j\text{-}sp}$——由结至焊接点的热阻；

　　　$R_{sp\text{-}s}$——由焊接点到热沉的热阻；

　　　$R_{s\text{-}a}$——由热沉到环境的热阻。

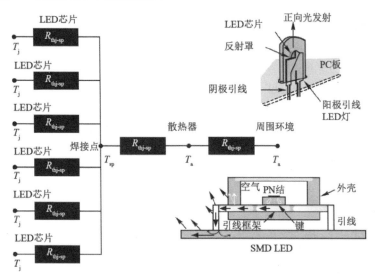

图 9-27　LED 的热传递路径与热阻计算方式

热传导路径（传导物）的热阻值越大，代表热越不容易通过，必须累积到更大的温度差（$\Delta T$）时，才有驱动力驱动热通过传导物。

图 9-28 为两种市售产品的结构，由此可知，一般 LED 封装体通常包含有 LED 芯片、衬底（substrate）、热沉（heat sink），为了光学及可靠性需求，通常会覆盖一层树脂（resin）并加上透镜（optical lens）。由于包覆芯片的树脂的热导率很低[0.2 W/（m·K）]，因此常以热导率高的铝[266 W/（m·K）]或铜[402 W/（m·K）]作为衬底，将热导至热沉，再由热沉上的散热装置发散到空气中。测量这两种产品的热阻值，由结到焊接点的热阻分别为 17℃/W 与 20℃/W。

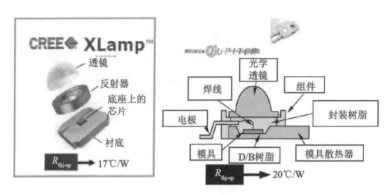

图 9-28　市售 LED 产品的结构

## 9.3.2　散热设计

2003 年 Lumileds Lighting 公司 Roland Haitz 依据过去的观察整理出一个经验性技术推论定律，从 1965 年第一个商业化的 LED 开始算，在这 30 多年的发展中，LED 每 18~24 个月提升一倍的光输出，而在往后的 10 年内，光输出可以再提升 20 倍，成本将降至现有的 1/10，这也是近年来开始盛行的 Haitz 定律，且被认为是 LED 界的 Moore（摩尔）定律。依据 Haitz 定律的推论，发光效率达 100 lm/W 的 LED 在 2008 年至 2010 年间出现，不过实际的发展似乎已比定律更超前，2007 年日亚化学公司（Nichia）已经开始提供可达 150 lm/W 白光 LED 的工程样品。

不仅亮度不断提升，LED 的散热技术也一直在提升，1992 年一颗 LED 的热阻（thermal resistance）为 360℃/W，之后降至 125℃/W、75℃/W、15℃/W，而今已到了每颗 6~10℃/W。简单来说，以往 LED 每消耗 1 W 的电能，温度就会增加 360℃，现在则是相同消耗 1 W 电能，温度却只上升 6~10℃。

既然发光效率提升、散热效率提升，是否应当就没有散热问题？其实不然，事实上散热问题的加剧，不在高亮度，而是在高功率，不在传统封装，而在新封装、新应用上。首先，以往只用来当指示灯的 LED，每一颗的顺向电流多在 5~30 mA，一般为 20 mA，但由于目前要将 LED 拿来做手机照相的闪光灯、小型照明用灯泡、投影机内的照明灯泡，仅高亮度是不够的，还要高功率。所以，现在的高功率 LED，每一颗就会有 330 mA~1A 的电流输入，"每颗用电"增加了十倍、甚至数十倍。这时散热就成了问题。上述 LED 应用方式，仅是使用少数几颗高功率 LED，闪光灯 1~4 颗，照明灯泡 1~8 颗，投影机内十多颗。闪光灯使用机会少，点亮时间不长，单颗的照明灯泡则有较宽裕的周围散热空间，而投影机内虽无宽裕散热空间但却可装置散热风扇。可是，现在还有许多应用是需要高亮度，但又需要将高亮度 LED 密集排列使用的，例如交通信号灯、广告牌的跑马灯、用 LED 组装成的电视墙等，密集排列的结果便是不易散热，这是应用所造成的散热问题。更有甚者，在液晶电视的背光上，既要使用高亮度 LED，也要密集排列，且为了讲究短小轻薄，使背部可用的散热设计空间更加拮据，且若按一般要求来看也不应使用散热风扇，因为风扇的嘈杂声会影响电视观赏者的情绪。所以，LED 少颗数高功率及多颗密集排布是高热产生的根本原因。

倘若不解决散热问题，而使 LED 的热量无法排出，进而使 LED 的工作温度上升，会有什么影响呢？最主要的影响有两个：发光亮度减弱和使用寿命衰减。举例而言，当 LED 的 PN 结温为 25℃（典型工作温度）时亮度为 100lm/W，而温度升高至 75℃时亮度就减至 80 lm/W，到 125℃剩 60 lm/W，175℃时只剩 40 lm/W。很明显，结温与发光亮度是呈反比线性的关系，温度愈高，LED 亮度就愈暗。温度对亮度的影响是线性的，但对寿命的影响就呈指数性了，同样以结温为准，若一直保持在 50℃以下使用则 LED 有近 20000h 的寿命，75℃则只剩 10000h，100℃剩 5000h，125℃剩 2000h，150℃剩 1000h。温度光从 50℃变成 2 倍的 100℃，使用寿命就从 20000h 缩成 1/4 的 5000h，伤害极大。

在过去 LED 只被用作状态指示灯的时代，其封装散热从来就不是问题，但近年来 LED 的亮度、功率都极大提升，并开始应用于背光与半导体照明等领域后，LED 的封装散热问题已突出出来。由于 LED 在受热环境下会产生亮度衰退、寿命降低等问题，因此需要具有散热设计的封装架构，而散热能力可由两项指标判断，结温代表 LED 遭受热效应的程度，热阻代表整个 LED 封装架构的散热效果。LED 的热传方式是将热量由 PN 结传到衬底再到散热金属块（heat slug），此为芯片级，第一级；散热金属块传递到电路板，此为电路板级，第二级；电路板再传递到机壳，此为系统级，第三级。因此散热设计通常针对这三个阶段的需求加以规划。

## 9.3.2.1　芯片级，第一级

关于 LED 的散热，我们从最核心处逐层向外讨论，先是在 PN 结部分，解决方案是将电能尽可能转化成光能，少转化成热能，也就是光能提升，热能就降低，以此来降低发热。如果更进一步讨论，电光转换效率即是内部量子效率（internal quantum efficiency，IQE），一般而言，现在都已有 70%~90%的水平，真正的症结在于外部量子效率（external quantum efficiency，EQE）的低落。以 Lumileds Lighting 公司的 Luxeon 系列 LED 为例，$T_j$ 结温为 25℃，正向驱动电流为 350 mA，如此以 InGaN 而言，随着波长（光色）的不同，其效率在 5%~27%之间，波长愈高效率愈低（草绿色仅 5%，蓝色则可至 27%）。 AlInGaP 方面也是随波长而有变化，但却是波长愈高效率愈高，效率从 8%~40%（淡黄色为低，橘红最高）。由于增加出光效率（extraction efficiency）也就等于降低热发生率，等于是一个事物的两个方面。

如何在芯片层面增加散热性，改变材质与几何结构为必要的手段，目前最常用的有三种方式：

①换替衬底（substrate）的材料；

②芯片改用倒装芯片（flip-chip）结构；

③芯片改用共晶（eutectic）方式固定。

先说衬底部分，衬底的材料并不是说换就能换的，必须能与芯片材料相匹配才行，现有 AlGaInP 常用的衬底材料为 GaAs，InGaN 则为 SiC、蓝宝石、硅（并使用 AlN 作为缓冲层）。对光而言，衬底不是要够透明使其不会阻碍光，而是要在发光层与衬底之间再加入一个反光性的材料层，以此避免光能被衬底所阻碍、吸收，形成浪费。例如 GaAs 衬底是不透光的，因此再加入一个 DBR（distributed bragg reflector）反射层来进行反光。蓝宝石衬底则是可直接透光的，透明的 GaP 衬底可以透光。除此之外，衬底材料也必须具备良好的导热性，负责将芯片所释放出的热，迅速传导到更下层的散热金属块上，不过衬底与散热金属块间也必须使用导热良好的介质，如焊料或导热膏。同时，芯片上方的环氧树脂或硅胶（即是指封胶层）等也必须有一定的耐热能力，以便符合从 PN 结开始，传导到芯片表面的温度。除了优化衬底外，另一种做法是芯片倒装式结构，将过去位于上方的芯片电极转至下方，电极直接与更底部的铜箔连接，如此热也能更快传导至下方，此种散热法不仅用在 LED 上，现今高热的 CPU、GPU 也早就实行用此方法来加速散热。最后一种做法，是将芯片改用共晶（eutectic）方式固定，以高热传导的金属材料取代传统的固晶胶，将芯片固定在散热金属块上，可以有效地解决热传导问题。

### 9.3.2.2　电路板级，第二级

将热由散热金属块传递到电路板后，其中最重要的是散热衬底材料的选用及

介电层导热的改善，过去是直接运用铜箔印刷电路板（printed circuit board，PCB）来散热，也就是最常见的 FR4 印刷电路衬底，然而随着 LED 的发热量愈来愈高，FR4 印刷电路衬底已逐渐难以承受，理由是其热导率不够[仅 0.36 W/（m·K）]。为了改善电路板层面的散热，提出了所谓的金属芯的印刷电路板（metal core PCB,MCPCB），即是将原有的印刷电路板附贴在另外一种热传导效果更好的金属上（如铝、铜），以此来强化散热效果，而这片金属位于印刷电路板内，所以才称为金属芯(metal core)。MCPCB 的热导率就高于传统 FR4 PCB，达 1~2.2 W/(m·K)。不过，MCPCB 也有局限性，在电路系统运作时不能超过 140℃，这个主要是来自介电层（dielectric layer，也称 insulated layer，绝缘层）的特性限制，此外在制造过程中也不得超过 250~300℃，这在回流焊前必须事先了解。

MCPCB 虽然比 FR4 PCB 散热效果好，但 MCPCB 的介电层却没有太好的热导率，大体与 FR4 PCB 相同，仅 0.3 W/（m·K），成为散热金属块与金属芯导热板间的导热瓶颈。为了改善这一情形，有人提出了 IMS（insulated metal substrate，绝缘金属衬底）的改善法，将高分子绝缘层及铜箔电路以环氧方式直接与铝、铜板接合，然后再将 LED 配置在绝缘衬底上。此绝缘衬底的热导率就比较高，达 1.1~2 W/（m·K），比之前的热导率高出 3~7 倍。更进一步的，若绝缘层依旧被认为导热性不好，也可直接使 LED 底部的散热金属块在印刷电路板上穿孔（through hole），使其直接与核心金属接触，以此加速散热。

除了 MCPCB、MCPCB + IMS 法之外，也有人提出用陶瓷衬底（ceramic substrate），或者是所谓的直接铜接合衬底（direct copper bonded substrate，DBC），或是金属复合材料衬底。无论是陶瓷衬底或直接铜连接衬底都有 24~170 W/(m·K) 的高热导率，其中直接铜连接衬底更允许制作温度、工作温度达 800℃以上，不过这些技术都有待更进一步的发展。

### 9.3.2.3　系统级，第三级

除了芯片、散热金属块与电路板及其相互界面的散热管理外，为了能进一步降低结温，系统层面的散热设计也很重要，其中最重要的是热导率与热对流效率的改善，而常见的技术包括散热鳍片（heat sink）、热管（heat pipe）与风扇（fan），视可允许的空间与成本而有不同的设计。如前述台湾新强光电（NeoPac Lighting）公司采用热管与圆形散热鳍片的铜质材料设计（其热导率是 Cu 的 100 倍），如图

9-12 所示，可使 1 mm$^2$ 面积的高功率 LED 有 5 W 的散热，即模组达到 500 W/cm$^2$ 的散热效果。台湾大学机械系新能源中心黄秉钧教授与俄罗斯科学院 Maydanik 教授的研发团队，共同研发出以回路热管（loop heat pipe，LHP）作为 LED 模块的散热装置，如图 9-13 所示。在 108 W 的输入功率下，热阻值 $R_{\text{board-air}}$ 仅为 0.25℃/W。这些都是很好的例子。

最后，从 LED 芯片周围的组成物来看，一面是衬底，另外五面都受封装材料环绕，所以，除可利用高传热衬底导热外，若能增加封装材料的导热性，相信对高功率 LED 散热性能的提升必能起到很好的效果。一般来说，有机材料的热导率很低，以环氧树脂为例，其热导率仅为 0.2 W/（m·K），因此当务之急是如何有效提高封装材料的导热性。改善有机材料导热性能最常用的方法为分子结构设计，添加一些电子活动能力较强的分子至其中，利用该电子来提升材料的导热性，不过此种方式成效有限。目前另有一种利用有机/无机混成的方法，将高导热无机物（如 AlN、BN、SiC 等）混入高分子中，从而增高封装材料热传导能力，如图 9-29 所示。但该无机物通常不透明且不易分散，使得整体材料热导率增加，透明度下滑。由此可知，高导热透明封装材料不易开发，如何同时兼顾导热与透明性是其中的核心技术。

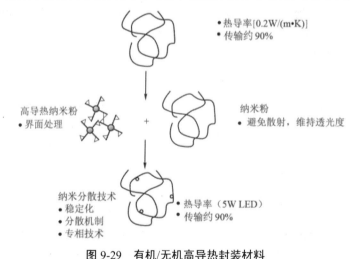

图 9-29　有机/无机高导热封装材料

## ● 结　语

LED 材料及封装技术的不断进步，促使 LED 产品发光效率不断提高，其产品应用已涵盖可携式产品、广告牌、显示器背光源、汽车、照明等领域，市场规模及成长动力相当可观，是全球瞩目的新兴产业。伴随着新应用领域的拓展，对 LED 封装技术来说也是愈来愈大的挑战，且是双重难题的挑战。

一方面，封装技术为满足多样化的光学要求，首先必须使 LED 有最大的出光效率、最高的光通量，使光损耗降至最低，同时还要注重光的发散角度、亮度均匀性与二次光学组件（如导光板）的匹配性。此外，不论是单纯芯片封装成的 LED，或是利用芯片搭配荧光粉封装成的 LED，都要有最高的色彩表现能力，且色光混合都要颜色均匀。所以，在光学封装技术上，不能像以前一样，单一偏重设计透镜光学系统或反射光学系统，而是要对两种光学系统做优化设计，同时也得对所选用的封装材料的光学特性（如折射率）做适当的组合，甚至需要调整特定物料（如荧光粉）的工艺技术，以达到最好的光学效果。

另一方面，封装技术还要面对高功率 LED 的发展及高密度封装的应用趋势，其散热问题如同 CPU 的发展一般也面临愈来愈严峻的考验，如不适时解决，将影响 LED 的寿命及发光强度。欲解决 LED 的散热问题，必须从芯片级开始着手，其中最重要的就是散热衬底的材料选用及介电层（绝缘层）热传导的改善。接着为电路板级，其中最重要的也是散热衬底的材料选用及介电层热传导的改善，如电路板已从传统的 PCB 进展至目前的主流产品——金属芯印刷电路板（MCPCB）或金属绝缘衬底（IMS），未来更有可能用到高导热低热膨胀的金属复合衬底。最后则是系统级，其中最重要的是热导率与热对流效率的改善，可采用散热鳍片、热管与风扇等方法来解决。如此才能真正解决高功率 LED 所面临的散热问题。

最后，LED 被人强调为"绿色照明"，言下之意对"环保"有很高的要求，所以不仅要无铅（Pb free）封装，还要符合欧洲 RoHS（restriction of hazardous substances directive，限用危害物质指令）的法令规范，无论封装与 LED 整体都不能含有汞、镉、六价铬（hexavalent chromium）、多溴联苯（poly brominated biphenyls，PBB）、多溴联苯醚（polybrominated diphenyl ether，PBDE）等有害物，此外，WEEE（waste electrical and electronic equipment directive，废弃电子电机设备指令）等其他相关法规也必须遵守。因此，高功率 LED 的封装技术，除了本身的 LED 封装核心技术外，还必须整合上游的原料特性与下游的应用需求，并顾及世界节能与环保趋势，才能发展出最好的高功率 LED。

# 参考文献

[1] 郭长佑. 高亮度 LED 之封装光通原理技术探析. http://china-heatpipe.net/heatpipe 05/03/2008-1-22/LED_30.htm.

[2] 黄振东. LED 封装及散热基板材料之现况与发展. 工业材料，2006：70.

[3] 田运宜. 白光 LED 用透明封装材料技术工业材料. 工业材料，2006：85.

[4] 张志祥. LED 封装模块与产品应用近况发展介绍. 工业材料，2006：69.

[5] 史光国. 高功率半导体发光二极管及固体照明之近况. 工业材料，2006：155.

[6] 姜雅惠. LED 光形设计与应用. 工业材料，2006.

[7] 陈智礼. 高功率 LED 的散热处理. 工业材料，2006：139.